Recruitment Management

招聘管理

丁志達◎著

序

與其教一隻火雞爬樹，不如直接找一隻松鼠比較快。

——西方諺語

徵才、選才、用才和育才是企業人力資源管理與開發的重要課題。一家企業要有效地利用人力資源，發揮人才作用，關鍵在於要選對人，做事就會「事半功倍」。《雍正皇帝語錄》說：「從古帝王之治天下，皆言理財、用人。朕思用人之關係，更在理財之上。果任用得人，又何患財之不理，事之不辦乎？」它明確的指出了「有人斯有財」的道理。

《禮運大同篇》提到「選賢與能」四個字，從企業經營角度來看，它指出了企業在「招兵買馬」時，要遴選有品德、有才幹、有智慧、有執行能力的人來做事，這種人才能爲企業「招財進寶」。賢，就是要有「智慧」、要有「度量」、要有「願景」、要有「親和力」、要有「職業道德」；能，用現代流行的管理術語而言，就是指「核心職能」（core competency），例如具備工作經驗（歷練），即能把企業「願景」轉換爲「政策」，並加以完整「規劃」、細膩的「設計」和有效的「執行力」，以達成企業經營目標，賢能兼備，才能實現「得人者昌」、「得人者旺」，成就萬世不朽的偉業。

基於個人過去在外商企業從事招聘的實務經驗，以及在各大企管顧問公司傳授「人才甄選與面談技巧」等一系列人力資源管理的實務課程，在教學相長下，於2008年出版《招募管理》，其立論普獲企業界人資主管的肯定與採納，並受到各大專院校講授人資課程教授的推薦，指定爲教科書。

第二版《招聘管理》的框架，乃依據初版《招募管理》的架構爲基礎，透過更專業、更深入的材料取得，來補強人才取得的實務操作面知識。本書共分爲十一章，循序漸進，逐章來闡述招聘管理互連性，從宏觀面的招聘管理總論（第一章）起頭，再鋪陳出人力規劃與人力盤點（第二

章）、工作設計與工作分析（第三章）、職能徵才與選才（第四章）、徵才實務作業（第五章）、招聘評鑑技術（第六章）、選才面談技巧（第七章）、錄用決策（第八章）、人才管理與留才戰略（第九章）、招聘的法律風險（第十章），再以著名企業招聘實務作法（第十一章）做爲總結，使理論與實務相輝映。

本書的亮點是旁徵博引，從大量的招聘實務中總結、提煉出一套有效的徵才與選才的系列體系，並使用了二百多張的圖、表、小常識及個案來佐證書中所提到的各項論點，讓讀者可現學現用。

在本書付梓之際，謹向揚智文化事業公司葉總經理忠賢先生、閻總編輯富萍小姐暨全體工作同仁敬致衷心的謝忱。限於著者學識與經驗的侷限，書中疏誤之處，在所難免，懇請方家不吝賜教是幸。

丁志達 謹識

目 錄

圖目錄

表目錄

個案目錄

第一章

招聘管理總論

- 招聘策略
- 招聘收益金字塔
- 非典型僱用型態
- 派外人員的甄選
- 招聘團隊的職責

當今之世，非獨君擇臣也，臣亦擇君矣。

——《後漢書．馬援傳》．范曄

唐朝賢臣魏徵答唐太宗曰：「知人之事，自古爲難，故考績黜陟，察其善惡。今欲求人，必須審訪其行。若知其善，然後用之，設令此人不能濟事，只是才力不及，不爲大害。誤用惡人，假令強幹，爲害極多。但亂世惟求其才，不顧其行。太平之時，必須才行俱兼，始可任用。」這段話一語道破了知人之困難與用人謹愼之必要。

企業如果要永續經營或追求事業成功，成敗均在於人。很多企業失敗在於人謀不臧，或錯用了人才。負責招聘（recruitment）的人員必須先知道人才需求的數量和職位，瞭解用何種招聘策略可以找到企業所需要的人才，而整個員工僱用週期的範圍從人才招募、選才、用才、育才到養才的規劃，逐級而上，形成人才的供應鏈。否者，企業隨便找人，等於幫了競爭對手一個大忙，因爲不適用的人找進來容易，請出去難，平白拉垮了業績。

第一節　招聘策略

招聘管理與人力資源管理（Human Resource Management, HRM）的生產力和競爭力有密不可分的關係。因爲企業所招聘進來的員工，當然是依據補實生產力和競爭力之基本要求。因此，招聘員工並不是塡補組織的編制職缺，而是塡補公司的實力，這是招聘的基本哲理。

管理大師麥可．波特（Michael Porter）說：「策略（strategy），就是幫助公司的地圖。」隨著各種競爭壓力接踵而至，採用何種招聘策略對許多企業來說至關緊要。不同的策略對人力資源管理與招聘有不同的意涵。招聘在策略上的選擇與改變，在策略變革的推動上扮演相當重要的角色。

聯邦快遞（FedEx）的招聘成功經驗

聯邦快遞（FedEx）被評為全球最適合工作的企業之一。在招聘員工時，該公司首先考慮的應徵者是否是一個善良正直的人；然後考察的是，應徵者的人格特質是否具有比較開放的社會觀和人生觀。在該公司看來，具備開闊的視野的人才是可塑之才。當然，應徵者還應具備一定的文化水準和職業技能，這就要與其所應聘的職缺的要求相匹配；最後，則要考察應徵者是否有出色的服務意識。因為聯邦快遞所處行業的宗旨是為客戶服務，能夠把客户放在心裡的員工，才是優秀的員工。

資料來源：唐秋勇（2006）。《人事第一：世界500強人力資源總監訪談》，頁5。北京：中國鐵道出版社。

一、招聘的決定因素

企業無論規模大小，當組織產生了人力需求，最主要的手段還是藉由招聘來取得所需的人力，但在招聘工作之前，都必須做出下列的決定：

1.企業需要招聘多少人員？
2.企業將涉足哪些勞動力市場（labor market）？
3.企業應該僱用哪一類型的員工（固定工、契約工、派遣工、外籍勞工）？
4.內部招聘（internal job posting）或外部招聘（external job posting）？在內部晉升上，是否採取不同選才標準？
5.什麼樣的知識、技能、能力（talent）和經歷是該職缺眞正必備的資格條件？
6.在招聘中應注意哪些法律因素的影響（如《性別工作平等法》的規定）？
7.企業應如何傳遞關於職務空缺的信息？

8.企業招聘工作的力度（優勢）如何？

9.招聘目標設定完成的時限（全年度企業徵才活動計畫）？

10.如何編列人事廣告預算與追蹤計畫，達到合理的成本效率？

11.哪些人在經過訓練後，如仍無法符合工作要求時，有辭退的機制嗎？

12.確保哪些被僱用的個人會留在公司？（**表1-1**）

表1-1　企業策略與招聘策略

企業整體策略規劃	招聘策略
企業期望建立何種經營哲學和使命？	企業組織希望任用哪些種類和專長的員工？
企業在其所處的環境中存在哪些經營機會與威脅？	企業對其組織內外中不同專長背景的勞動力預測供給情況如何？
企業組織在經營中的強勢和弱勢為何？企業期望達成的目標為何？企業如何去達成企業目標？	企業應執行哪些步驟以甄選足以符合其所需運用的人才？

資料來源：李漢雄（2000）。《人力資源策略管理》，頁140。台北：揚智文化。

二、多樣化的招聘策略

如果企業內部組織有任何策略變革或組織重設計，勢必造成整個組織人力供需的變化。當然，外部環境的變化也勢必影響企業內人力供應鏈，所以企業在不同發展階段有不同招聘策略考慮（**表1-2**）。

表1-2　人力資源管理各階段招聘策略

類別	創業期	產品轉型期	進軍多行業期	全球競爭期	原則
招聘	精簡為主，不必過於強調專業知識，重視可塑性。	所需人才多，以外部取得為主，從同業中挖掘人才。	行業技術特點鮮明，分公司重要人員一般從內部提拔，一般人員傾向於當地化。	世界範圍內網羅人才，高層人員必須具備跨文化行為能力。	適合於特定崗位的人就是最優秀的人。

資料來源：諶新民（主編）（2005）。《員工招聘成本收益分析》，頁7。廣州：廣東經濟。

在招聘的對象上，許多企業愈來愈需要有創意的員工及國際化的人才，因此，相關的心理測驗（psychological test）、語言測驗等甄選（selection）工具的使用，變得更加迫切需要。同時，未來的工作職場需要專業、科技人才，因此，未來的招聘作業上，雇主與應徵者（求職者）的權力分享勢必重新調整，尤其一些擁有「無法替代性」專長的應徵者，其薪酬與勞動條件的談判力量不可忽視。甄選、評估的方法勢必要隨著職場人力供需消長的潮流做必要的調整，而為了引導組織變革，招聘的策略將會朝向強調組織所期待的技能、價值觀及人格特質，重視工作者其未來所需的知能（李漢雄，2000：142-143）。

三、招聘的哲理上思考

招聘是一個過程，說明了招聘過程中各項相關性的活動，從人力需要的產生開始，經過人力規劃、找尋、羅致、到報到入職一系列的作業流程，其目的乃是在吸引足夠的適合該職缺的人選來應徵。因而，企業在招聘員工時，應先要有下列的哲理上思考（李長貴，2000：170-171）：

1.應徵者的件數愈多，才有可能選到最合適的人選。

2.從申請表到考試，從考試到面談，從面談到選擇任用，其間的比率愈小愈好。

3.招聘的方法正確，才能選出更好的員工，好的員工才會有好的工作績效。

4.招聘要依據部門或高階主管所提出的能力標準來選才。

5.應徵者愈多，薪資的人力成本也會降低。

6.薪資愈高，愈能吸引更佳的人力資源。

7.選擇愈有技術經驗的人和愈有能力的人，還是要有較佳的薪資和福利給付。

8.選擇有能力、有技術的應徵者，訓練成本會降低，工作績效會提高。

9.訓練方式的適切，也可彌補招聘時的缺點。

10.工作安置及工作負荷的合適度，會提高員工的工作滿意度。

11.公司的形象良好，就會吸引更多的應徵者來求職。

當部門內有人升遷（promotion）或離職（quit）時，必須先探討一下能否由現有的內部人力承接該工作。如果確認必須招聘新進人員，就應該先界定其工作內容，考慮它的職掌、功能與責任，以及所需要的技術、學識和經驗，並檢討前任工作者在執行這份工作時是否有什麼困難，也要檢討這份工作的待遇福利與各種條件，以及這份工作與部門內其他人員的配合關係等等。一旦界定了工作內容之後，還要考慮下列事項（Mathis & Jackson著，李小平譯，2000：122）：

1.這是不是個長期性的職位？
2.是否可由公司內的現有人員遞補該職缺？
3.是否需要特殊的學識背景或專業知識？
4.是否能吸引優秀的人才來應徵？
5.是否仍可將這份工作與其他工作合併以提高其吸引力？（**表1-3**）

然後，企業就可以決定招聘人才的來源。

表1-3　請神容易送神難？

想一想	切入點
這個職位有必要增設嗎？	增人
這個職位仍舊有必要存在嗎？	職缺
這些職責能夠分配給其他職位的員工負責嗎？	工作內容
這個職位可被工作流程簡化嗎？	自動化
有其他人擔任相同或類似的職能嗎？	職責重分配
組織內有「半閒置」人員嗎？	訓練
這個職位「存活率」還有多久？	階段功能
人力派遣公司有提供此一專業服務嗎？	外包

資料來源：丁志達（2014）。「人才策略與人才傳承」講義。新店就業中心編印。

四、招聘人才的來源

一家公司的組織，可以使用組織內部員工或外部人員來遞補特定的職缺。由組織內部調任升遷或向組織外部招募人才的來源，各有其優缺點，人力資源部門在做招聘決策時須慎重考量。

(一)內部人才來源

內部人才來源，主要透過內部升遷、工作輪調等方式取得。大量的事實證明，內部甄選是企業保持長期發展，從一般到優秀，從優秀到卓越，再保持繼續卓越的最重要保障條件之一。

內部甄選的優勢有：

1.內部甄選可以保證企業核心價值觀的一貫性：內部甄選與外部聘僱最大的不同，並非是人員素質的不同，而是人員的工作連續性（不間斷）與核心價值（理念、價值觀、使命、目標、產品、服務、政策、制度等）的一貫性。只有擁有持續性的儲備幹部培育、發展、接班人規劃與措施，才能保證企業永續發展。

2.內部甄選爲優秀人才提供了職業發展舞台，能夠留住高素質核心人才：內部甄選制度能夠很好地爲員工提供個人發展的機會，增加員工對組織的信任感，從而有力激發員工的工作熱情，提高員工的士氣，有利於員工的職業生涯發展，有利於保留核心人才，最終有利於企業的績效提高。

3.內部甄選簡化了招聘程序，節省了人力資源事務性工作成本：內部甄選可以爲組織節省大量的費用，例如：廣告費、招聘人員與應聘人員的差旅費、招聘人員的機會成本、被錄用人員的生活安置費、培訓費等等，減少了因職位空缺而造成的間接成本損失等。

4.內部甄選提高了用人決策的成功率，降低了用人決策的風險：由於對內部員工有較爲充分的瞭解，再加上企業採取一系列科學、嚴格、長時間的選拔、培育與考核措施，能夠比較客觀、深入地考察評價，使得被內部甄選的人員更加可靠，從而提高了招聘的質量與

成功率。

5. 內部甄選提供了員工對企業的忠誠度：由於企業採取了內部甄選的制度，使員工看到了企業對員工的關懷與照顧，從而也激發了他們對企業的忠誠度與責任感。對被選拔並任命為企業各階層的管理人員，他們就會有高瞻遠矚，在制定管理決策時，更能樹立長遠工作觀念，避免短期行為，能做出長遠的、有利於實現企業總體目標的規劃與行動。

然而，內部甄選也無可避免存在著下列的一些盲點：

1. 人才甄選宏觀面相對較窄小，對於那些新興的、發展比較快速的企業，由於工作發展與新職務的不斷出現，只靠內部甄選、培養與培訓，一方面速度跟不上企業的發展，另一方面，內部人員也沒有那麼多可供選擇的人才。在這種情況下，可能採取更為靈活的措施會更好，例如：用內部甄選與外部補充人員相互結合的方法，或內部甄選加外部顧問指導的方法等等。
2. 不利於吸引外部高層級人才，不利於企業人才結構的優化，容易造成企業內部活力不足、長時間形成思維方式與觀點趨向一致性的現象。（王福明，2003/05：27-28）

(二)外部人才來源

外部人才的招聘來源可分為：無工作經驗的畢業生，或已有經驗的工作者，甚至為配合企業的人力短期計畫或淡、旺季人力的適度調配，引進部分工時者，或者將部分業務外包（outsourcing）給其他人力派遣公司。

外部招聘的優點，是比自行培養員工更加省時與快速，同時帶進異質化的工作觀點（洞察力）與思考方式，可刺激內部員工創意以及促進組織活性化。

外部招聘的缺點是外部人員因是空降部隊，故容易招致內部員工的排斥，或引起內部員工士氣低落等問題（**表1-4**）。

表1-4　內部與外部人才來源的優缺點比較

區別	優點	缺點
內部人才來源	·內部升遷者士氣高昂，增加其滿足感與對組織的向心力。 ·熟悉組織政策與實踐，增進對組織忠誠度，計畫易延續。 ·可評價員工能力及貢獻，不易選錯人。 ·招聘成本低、花費少。 ·激勵工作表現優良者。 ·充分運用員工的生產力。 ·落實職涯發展雙軌制。 ·提升組織對現有人員的投資報酬率。 ·公司對升遷者的優缺點較為瞭解。 ·降低離職率，促使技術生根。	·缺少外來刺激，形成「近親繁殖」的內部狹隘思考和局限觀念的範圍。 ·未被升遷而工作表現優異者的士氣低落。 ·增加內部的鬥爭和壓力。 ·企業組織偏向官僚氣息及獨裁作風。 ·造成「彼得原理」效應，員工被提升到一個不能勝任的職位。
外部人才來源	·有較充分的人力可供選擇。 ·加入新血、新刺激、新看法。 ·比自行訓練人才更加快速、成本較低。 ·不易形成派系，勇於突破現狀。 ·帶進新的創見與觀點。	·可能招聘不到適當人選。 ·可能影響現有人員的士氣，需要較長時間調適與適應。 ·不同意見導致衝突。 ·新聘人員的成功率難料，增加招聘與甄選的風險。

資料來源：丁志達（2008）。「員工招聘與培訓實務研習班」講義。台北：中華企業管理發展中心。

小常識　人才招聘策略

思科系統公司（Cisco）把招聘人才當做一件策略性工作，先把目標界定清楚——思科需要什麼樣的員工，然後設法瞭解這些員工喜歡什麼，不喜歡什麼，接著運用各種方式吸引並留住這些員工。

思科公司的策略是，先舉辦焦點群訪談，找來一些競爭對手的優秀員工，和他們進行深入訪談，瞭解他們的嗜好、習慣和特性，然後根據這些資料研擬一套招聘策略。例如，思科發動一項「朋友招募計畫」，邀請全公司的員工推薦朋友加入思科公司，每位推薦成功的人最少有五百美元的獎金，並可參加抽獎免費到夏威夷旅遊。

資料來源：編輯部。〈思科公司的人才招募策略〉。《EMBA世界經理文摘》，第137期（1998/01），頁6-7。

一般企業在網羅和僱用績優人才最理想的時機，就是在景氣低迷的時候。企業在這個時候能夠延攬到通常原本被各企業緊抓不放的人才，如果這個時候儘量招兵買馬，等到景氣一復甦，就能享有充足的人力運用。因此，企業在招聘人才時，應該視當時的環境與所希望達成的目標，訂定適當的招聘政策，選擇由組織內部或外部招聘人才（陳正芬譯，2006/05/04：27）。

第二節　招聘收益金字塔

招聘係從獲得應徵信函開始，經過筆試、面試等各個篩選環節，最後才能決定正式錄用或試用，在這一過程中，應徵者的人數會變得愈來愈少，就像金字塔一樣（**圖1-1**）。

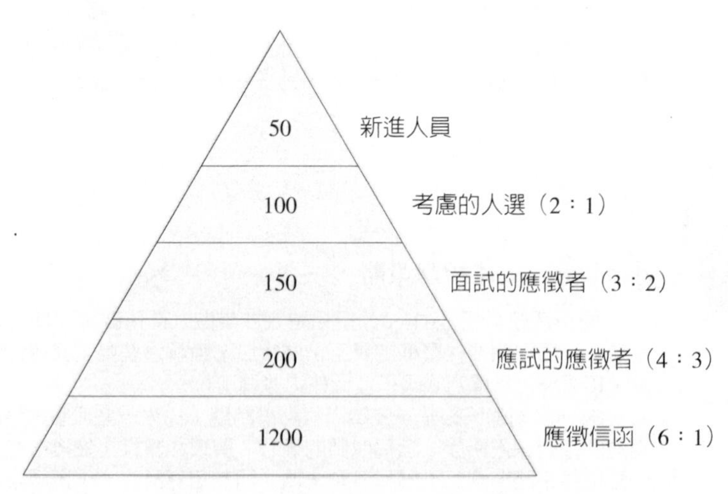

圖1-1　招聘金字塔

資料來源：Gary Dessler著，李茂興譯（1992）。《人事管理》，頁111。台北：曉園。

一、招聘收益金字塔的運用

招聘收益，指的是經過招聘過程中的各個環節篩選後留下的應徵者的數量，留下的數量大，招聘收益就大，反之就是招聘的收益小。企業中的工作職位可以劃分爲許多種，在招聘過程中，針對每個職位空缺所需要付出的努力程度是有差別的，到底爲招聘到某種職位上足夠數量的合格員工應該付出多大的努力，可以根據過去的經驗數據來確定，招聘收益金字塔（recruiting yield pyramid）就是這樣一種經驗分析工具。例如：洛斯會計公司（Ross Accounting Company）在下個年度必須聘用五十位會計人員，由過去的經驗得知，考慮的人選當中，大約有二分之一會錄用；同樣地，面試的應徵者，只有三分之二成爲考慮的人選，而應試過的應徵者只有四分之三會有面試的機會，而大概只有六分之一應徵者信函會有應試的機會。有了上面這些比例之後，該公司知道他們所做的努力必須產生一千二百封應徵信函，然後經過一連串的篩選之後，最後僱用五十位應徵者（Gary Dessler著，李茂興譯，1992：111）。

由此可見，招聘收益金字塔可以幫助人力資源部門對招聘的宣傳計畫和實施過程，有一個準確的估計與有效的設計，它也可以幫助人資單位決定爲了招聘到足夠數量的合格員工，需要吸引多少應徵者來應徵。

在確定工作申請資格時，組織有不同的招聘策略可以選擇。一種策略是把申請資格設定得比較高，於是符合遴選標準的申請人比較少，然後組織花費比較多的時間和金錢來仔細挑選最好的應徵者；另一種策略是把申請資格設定得比較低，於是符合遴選標準的申請人就比較多，這種策略有比較充分的選擇餘地，招聘的成本也會比較低。

一般而言，如果招聘的職位對於組織而言至關重要，員工素質是首選的話，這種狀況就應該採取第一種策略；如果勞動力市場供給形式比較吃緊，組織也缺乏足夠的招聘費用，同時招聘的工作對於組織不是十分重要，就應該採取第二種策略（張一弛，1999：98-99）。

二、招聘評價與成本

在企業的招聘過程中，要考慮到招聘的效率問題。招聘的效率衡量指標，是指招聘成本的多少才能發現有關招聘作業在時間和花費上是否符合盡可能節約的原則。招聘成本決定於招聘的工作職位的類型、招聘活動的周延與細緻程度、使用的應徵者來源的種類和數目，以及所招聘的人員數量的多寡（**表1-5**）。

表1-5　招聘成效研究整理表

學者	年代	研究
Gannon	1971	從招聘廣告所透露的資訊角度，比較一家紐約銀行運用七種招聘管道與錄取後員工離職率的關聯，結果發現以內部招聘及員工薦舉是較穩定的招聘方式；而報紙廣告及職業介紹所的離職率最高。
Decker & Cornelius	1979	從招聘廣告所透露的資訊角度，比較四種招聘管道在三家不同產業的公司（保險業、銀行、專業顧問公司）其員工存活率，結果發現員工推薦是最佳的招聘管道；而職業介紹所及報紙廣告是較差的招聘管道。
Miner	1979	從招聘廣告所透露的資訊角度著手，以數種招聘管道針對五個職業群體（文書，工廠／服務，銷售，職業／技術，管理）做比較，結果發現報紙廣告、毛遂自薦、私立職業介紹所、大學校園招聘及獵人頭公司是最有效的招聘方式。同時，他的研究也支持不同的行業適用不同的招聘方法。如獵人頭公司適用於經理級的招聘；員工薦舉則適用於銷售、專業／科技、管理及文書人員。
Breaugh	1981	從招聘廣告所透露的資訊角度著手，用了四種招聘管道（期刊廣告、報紙廣告、校園招募及毛遂自薦），比較錄取後，員工的缺席率、工作態度及工作績效，以評估不同招聘管道的成效，相較之下，發現校園招聘與報紙廣告效果最差；而毛遂自薦的效果最佳。
Taylor & Schmidt	1983	從個體的差異著手，比較七種招聘管道在一家美國中西部的包裝工廠的招聘成效。結果發現不同的招聘管道對於工作績效、出席率及該名員工的存活率也都不同。最佳的招聘管道為僱用先前的員工或重僱。
Blau	1990	針對招聘管道與績效表現進行分析，招聘管道包含了報紙廣告、職業介紹所、自薦以及推薦等。研究結論指出，經由自薦所僱用的員工相較於其他管道來說，會有較好的績效表現。

（續）表1-5　招聘成效研究整理表

學者	年代	研究
Wiley	1992	從個體的差異著手，比較不同的招募管道在不同的產業與不同的職業類別其成效是否有差異，探討不同的招募管道是否可以找到更適合的招募人才，包括應徵者及合格率。前五大招募管道分別是員工薦舉、報紙／特定的廣告、先前的員工或重僱、職業介紹所／獵人頭公司、毛遂自薦。
Milkovich & Boudreau	1994	報紙廣告應用最廣。不同的招聘管道適合不同類型的工作。
Byars & Rue	1995	員工推薦、報紙廣告、私人就業輔導機構、毛遂自薦為四項最有效率的招聘管道，而經由員工推薦被僱用的員工，其離職率較其他管道低。
管理雜誌暨哈佛企管顧問公司市調中心	1995	企業招聘辦公室員工，一般職員最常透過登報求才（64.3%），而管理階層則最常透過內部調升（67.3%）。
唐郁靖	1996	台商和日商較美商傾向利用內部招聘管道填補主管級職缺。
Winter	1996	以測驗計畫法評估教師招聘的成效，針對工作特質（工作本質、內容）、工作訊息（人員，非感情的）及應徵者的反應，來判斷職缺的填補率，以瞭解招聘的成效。
Griffeth, Hom, Fink, & Cohen	1997	針對某一家醫學中心的新進護理人員進行抽樣，樣本數為二十一個，蒐集一年後其離職與缺席的狀況，並以問卷方式進行其他資料的蒐集，其他資料包含招聘管道、個人資料、工作滿意度等等。在這個研究中，證明了招聘管道的確對於僱用後的成效會有直接的影響，並且這樣的影響可以經由招聘管道所傳達的資訊來加以解釋。
McManus	1998	針對網站招聘做研究，從回收的履歷表評估招聘的成效，發現在技術性較高及來源的區域較廣時，回收的履歷表較佳。同時該研究也指出，網路招聘中，當收到履歷表後，通知其前來面試，不來面試的比率較其他媒體高。
Fein	1998	現職員工推薦、校園招募、實習、報紙廣告回應、公司網頁徵才回應，為受訪公司認為相當重要或重要之比例較高的管道，將近50%或是超過一半。

資料來源：柯璟融（2006）。《企業聲望、招募管道、招募成效與組織人才吸引力關係之研究——以高科技產業爲例》，頁46-48。高雄：國立中山大學人力資源管理研究所碩士論文。

從企業的角度來看，招聘工作的成績可以用多種方法來檢驗。但是歸根究柢，所有的評價方法都是落實在花費的資源既定的條件下，爲工作

職位招聘到的應徵者的適用性。這種適用性可以用全部應徵者中合格的數量所占的比重、合格申請人的數量與工作職缺的比率、實際錄用到的數量與計畫招聘數量的比率、錄用後新進員工的離職率等指標來衡量（**表1-6**）。

表1-6　招聘評價指標體系

一般評價指標	・補充空缺的數量或百分比。 ・即時地補充空缺的數量或百分比。 ・平均每位新進員工的招聘成本。 ・業績優良的新進員工的數量或百分比。 ・留職至少一年以上的新進員工的數量或百分比。 ・對新工作滿意的新進員工的數量或百分比。
基於招聘者的評價指標	・從事面試的數量。 ・被面試者對面試質量的評級。 ・職業前景介紹的數量和質量等級。 ・推薦的應徵者中被錄用的比例。 ・推薦的應徵者中被錄用而且業績突出的員工的比例。 ・平均每次面試的成本。
基於招聘方法的評價指標	・引發的申請數量。 ・引發的合格申請數量。 ・平均每件申請的成本。 ・從方法實施到接到申請的時間。 ・平均每位被錄用的員工的招聘成本。 ・招聘的員工質量（業績、出勤等）。
僱用時成效指標	・填補職缺的成本。 ・填補職缺的時效。 ・填補職缺的數目。
僱用後成效指標	・參與招聘過程的工作人員所付出的時間成本、差旅費與工資。 ・招到一位應徵者所花費的成本與時間。 ・新進人員最初的工作績效表現。 ・新進人員一年內的留任率。 ・新進人員的出勤率。 ・新進人員的就職費用。 ・新進人員工作上軌道（熟練）所需的時間。

資料來源：丁志達（2008）。「員工招聘與培訓實務研習班」講義。台北：中華企業管理發展中心。

三、人員招聘的效用

一事無成的面談，可能造成的後果不堪設想，遑論其間牽涉到的金錢損失。許多面試者（官）都沒有注意到甄選新進人員的潛在成本，將面談過程延伸到第二次面談都會增加招聘成本（**表1-7**）。

表1-7　影響求才真正成本的要素

・薪水。 ・領這個薪水的職缺數目。 ・這份工作求才的頻率。 ・每一次求才僱用花費的成本。 ・廣告或仲介費用。 ・參與求才過程的員工所付出的時間成本。 ・求才過程花費的人力時數。 ・新進員工的就職費用。 ・訓練。 ・新進人員工作要上軌道所需的時間。

資料來源：David Walker著，江麗美譯（2001）。《有效求才》，頁11。台北：智庫文化。

(一)招聘成本

如同其他的管理程序，在招聘的過程中，必須小心謹慎，以避免不必要的成本耗費。對於所刊登的廣告及其所造成的成效，應該記錄並加以控制（**表1-8**）。

一般而言，招聘成本控制方法有：

1.是否可以用其他花費較少的方式尋求新的人力資源？
2.是否可以採用花費較少的人員甄選方式？
3.應徵使用的表格是否過於複雜，包含過多不必要的資訊？或是過於簡化，忽略掉許多重要的訊息？
4.內部可能的候選人是否已全部被考慮過？
5.擇人標準是否過高或過低？

表1-8　僱用一個人的來源成本

A. 僱用一個人的來源成本公式：

SC/H＝（AC＋AF＋RB＋NC）/H

B. 說明

AC：廣告成本，月支出總額（例如：＄28,000）

AF：當月的介紹費總額（例如：＄19,000）

RB：介紹獎金，薪資總額（例如：＄2,300）

NC：無成本的僱用，未經預約而來的人、非營利的服務機構介紹等（例如：＄0）

H：僱用總人數（例如：119）

C. 把範例數字代入到公式中計算得出

SC/H＝（＄28,000＋＄19,000＋＄2,300＋＄0）/119

＝＄49,300/119

＝＄414（每僱用一人的招聘來源成本）

資料來源：G. Bohlander、S. Snell著，楊慎淇、張姮燕譯（2005）。《人力資源管理》，頁129-130。台北：新加坡商湯姆生亞洲私人有限公司台灣分公司。

(二)效用比例

對於大規模的人員招聘結果，企業可以經由以下的數字比例來分析其效益性：

1.職缺未受到填補的平均時間。
2.廣告的回應數量／有資格參加面談的人數。
3.面談的人數／公司的錄用人數。
4.公司的錄用人數／接受公司錄用的人數。
5.新進員工的人數／在試用期中表現的人數。
6.新進員工的人數／進公司一年後仍留任於公司的人數。
7.人員招聘的成本／新進人員的人數。
8.公司的職缺數量／由公司人員遞補的數量。
9.公司針對當時職缺所提供的薪資總額／哪些職缺所造成的人員招聘成本。

除了第9項之外，以上任何一種比例若有下降的趨勢，則表示人員的招聘過程已獲得改善（**表1-9**）（Graham & Bennett著，創意力編輯組譯，1995：84-85）。

表1-9　衡量人員招聘及配置之效能

此表係用以衡量人員招聘及配置之效能，請試著回答，如果「是」的答案愈多，代表這個單位的人員招聘及配置之效能愈好，愈有績效。

1.招聘員工是否根據工作說明書？
□是　□否
2.招聘員工是否說明所需要的教育程度、經驗及技術？
□是　□否
3.內部調動、晉升是否優先？然後考慮對外招聘。
□是　□否
4.是否有職缺公告辦法？
□是　□否
5.若「是」，適用於：
□非管理職位
□管理職位
□兩者
6.人事部門是否過濾所有應徵者？
□是　□否
7.主管是否曾受過面談技巧之訓練？
□是　□否
8.人事部門是否有人曾受過面談技巧之訓練？
□是　□否
9.未獲錄取者是否會接到通知？
□是　□否
10.是否所有的應徵者都會接到回信？
□是　□否
11.是否有人員招聘及配置之負責人？
□是　□否
12.是否有明確的人員招聘及配置政策？
□是　□否
13.此項政策是否公開？
□是　□否
14.是否與主管溝通此項政策？
□是　□否
15.是否備有公司簡介資料？
□是　□否
16.是否給予面談者公司簡介資料？
□是　□否
17.是否有人負責與學校之就業輔導單位保持聯繫？
□是　□否
18.對未來的人員需求是否已有所規劃？
□是　□否

（續）表1-9　衡量人員招募及配置之效能

19.若「是」，此項規劃的期間有多久？ □一年 □二年 □三年 □ 20.員工對人員招聘及配置的評價如何？ □很好　□平平　□不好 21.主管對人員招聘及配置的評價如何？ □很好　□平平　□不好 22.你對人員招聘及配置的評價如何？ □很好　□平平　□不好

資料來源：張瑞明（1993）。《人力資源管理：人力資源管理之衡量》，頁237-239。台北：中華民國管理科學學會。

總而言之，企業要想更快、更準確的招聘到人才，應從下列幾個方面下功夫（劉興昭，2006/07：31）：

1.招聘要有長遠的規劃，以便形成人才蓄水池。

2.要明確用人標準，並確保人力資源與用人部門對用人標準的理解一致。

3.要拓展招聘管道，並根據需求人員的特點選用最先進、最恰當的管道。

4.選用科學的甄選方法與手段，保證招聘到的人就是最合適的人。

5.要規範招聘程序，簡化招聘流程，提高面試者（官）的識人與用人水平。

6.人力資源單位要充分瞭解業務，以確保對招聘標準的準確認識。

第三節　非典型僱用型態

受到全球化經濟浪潮的影響，企業不但要尋覓較爲節省成本的生產方式，也發展出彈性僱用的人力運用模式，以提升經營彈性、降低經營成本，以及面對不確定環境的預應與回應能力，使用非典型工作型態（包括部分工時、定期工、勞動派遣、外包等工作安排）已成爲多數國家勞動市場的新趨勢。管理大師彼得・杜拉克（Peter Drucker）指出：「在十至十五年內，任何企業中僅做後勤支持而不創造營業額的工作，都應該將它外包出去；任何不提供向高級發展的機會和活動、業務也應該採取外包形式。」

非典型工作型態，是一些有別於典型或傳統工作型態者，也就是指一種非全時、非長期受聘僱於一個雇主或一家企業的工作型態。一般而言，部分時間工作、定期契約工作、派遣工作和自營作業或自僱型工作都是屬於「非典型工作型態」的範圍。但是，隨著資訊與通訊科技的發展與運用，網路工作和電傳工作也已被納入「非典型工作型態」之列（**表1-10**）。

表1-10　非典型僱用中各種僱用方式的意義

僱用方式	意義
部分工時勞工	工作時間較所屬事業單位正常工時顯著短少之經常性受薪工作者。
定期契約工	泛指從事短期的非繼續工作者。原則上勞動契約不超過一年，有臨時性、短期性、季節性、特定性工作。
季節性	受季節性原料、材料來源或市場銷售影響之非繼續性工作，一年內其工作期間在九個月以內者。
家用勞動	在家工作，從事家務者。
電傳勞動	藉電腦資訊技術及電子通訊設備從事勞務給付活動者。
蘇活族	個人工作室、自由工作者等傳統辦公室以外發生的謀生方式，稱為蘇活（SOHO）族。
自由僱用	自營作業，自己僱用自己的勞動者。
派遣勞工	使勞工在受派企業的指揮下提供勞務者。

資料來源：李毓祥（2002）。《部分工時人力運用與組織績效之實證研究：以量販店爲例》。台中：靜宜大學企業管理研究所碩士論文。

對於企業而言，在面臨全球化無分畛域、無所不在的嚴酷競爭時，對於營運成本無不錙銖必較，力求最低廉。因此，對於非自我核心業務進行委外，才能以最適規模、最低成本、最大彈性予以靈活運用人力，因應市場的瞬息萬變（**表1-11**）。

表1-11　使用派遣人力的時機

企業使用時機	情況說明
臨時須補充人力時之狀況	‧員工請產假、育嬰假。 ‧員工長期休假（留職停薪）。 ‧員工突然離職。
企業常態忙碌期間	‧會計部門年度結算、報稅。 ‧公司進行自動化前客戶資料輸入。 ‧股務部門發放增資股票、股東禮品。 ‧郵寄傳單或宣傳品。
因應旺季需短期人力時	‧促銷活動、業務開發。 ‧客戶資料整理、輸入。 ‧協助業務人員聯繫客戶。 ‧電話行銷、催帳。 ‧寄發促銷活動贈品。 ‧郵件收發整理。 ‧跨年活動舉辦活動人員。 ‧展覽會場翻譯或解說人員。 ‧公文及文件的收發。 ‧選舉期間之電話催票人員。 ‧臨時接到大量訂單急需人力協助。
策略性運用人力時	‧短期專案人力補充（市場調查人員）。 ‧協助業務人員提供售後服務。 ‧招募季節，協助整理大量履歷表及聯絡面談工作。 ‧賣場試吃活動的人員。 ‧降低非核心人力的人事成本支出。 ‧配合專案型或契約型工作之人力配置。 ‧新事業或投資剛成立時之短期人力支援。 ‧彈性運用部分工時人力，以因應不確定的景氣循環。 ‧公營企業久未晉用人力，採人力派遣方式活化組織與注入新活力。
員額限制	‧公營事業限於員額或有臨時性業務時，透過政府公開招標方式，請人力銀行派員支援。 ‧民營企業限於員額但臨時又有短期新業務須營運時。
篩選人才與晉用	‧大量人才需求（電話行銷與客戶服務）。 ‧流動率高的職務（電話行銷）。 ‧公司為了避免用人錯誤，會先以派遣或約聘模式晉用，等待表現優良後才正式以正職錄用。
外商來台籌備分公司	‧無法加入勞、健保。 ‧無人資單位。 ‧業務急迫。 ‧技術客服／國外客戶售後服務。

（續）表1-11　使用派遣人力的時機

企業使用時機	情況說明
專業分工	・網站設立／技術客服。 ・行銷廣告／電話行銷。 ・人事外包。

資料來源：丁志達（2008）。「人力資源管理作業實務班」講義。台北：中華企業管理發展中心。

一、非典型僱用類型

近年來台灣企業面臨產業結構調整，追求經營效率及彈性運用人力資源，促成就業型態的多元發展和非典型僱用型態興起。企業爲了因應勞動相關法令的修正與推動、產業環境的丕變，以及國內和國際市場競爭加劇，企業在勞動力運用上爲尋求更大的彈性，因此多種非典型僱用型態應運而生（**表1-12**）。

表1-12　派遣勞動市場形成原因

派遣勞動市場形成原因	
	1.勞動法規愈來愈嚴格繁多
	2.受僱者福利需求增加
	3.人力成本的降低
	4.人力資源的彈性運用
	5.減少經常性人力運用及因應業務量波動
	6.淡旺季人力的合理調配

資料來源：丁志達（2015）。「人力規劃與人力盤點實務」講義。台北：中華人事主管協會編印。

非典型僱用型態，主要包括以下三種類型：

(一)部分工作時間

部分工時工作（part-time work）是非典型工作型態之一。根據經濟合作暨發展組織（OECD）的定義，每週工作時數少於三十小時者即稱爲部分工時工作。

原則上，部分工作時間又可細分爲兩種：

1.自願性部分工時工作：從事此種工作型態大都是因本身因素考量情況下而選擇的，例如：爲兼顧家庭與工作，或學習與工作，婦女或青少年通常會做這方面工時的選擇。
2.非自願性部分工時工作：從事此種工作型態者，則係無法獲得全時間工作者，例如：在經濟不景氣因素影響下，勞工只能獲得從事這樣的工時選擇。

(二)定期聘僱契約工作

定期聘僱契約（fixed duration contracts of employment），是指由勞雇雙方直接訂定契約，而契約的終結取決於一些客觀要件，例如：特定日期的到來、特定工作的完成，或特定事件的發生等。

《勞動基準法》第9條第一項規定，勞動契約，分爲定期契約及不定期契約。定期契約爲不定期契約之相對概念，即定期契約爲臨時性、短期性、季節性及特定性之工作；不定期契約應爲有繼續性之工作，並在《勞動基準法施行細則》中明訂這四種工作的認定標準。不過整體而言，這類勞工都是由雇主直接聘用，聘僱關係都不具持續性。

如同部分工時工作一樣，定期聘僱契約工作，亦有自願與非自願性之區分。長期僱用型或定期契約，並不以某種「職務」爲認定基準，而是視該項工作是不是有「繼續性」，主要是看該事業單位的業務性質和經營運作。勞工所從事的工作是持續性的需要時，就應視爲「繼續性」工作，例如客運業的司機，就不能視爲「定期契約」，但如果有公司臨時遷廠，短期間需要有專車接送，所聘僱的司機就屬於「定期契約工」。

又如事業單位要擴廠，必須聘請一些土木、機械、電機等專家規劃，因擴廠不是長期性工作，所聘請的工程師、建築師、建築工人、司機、清潔人員等，雇主可在預估的工期下，簽訂工作期限，合約期間到了即可終止契約。另外，公司更新設備，需要臨時僱用一批專業人員和技術人員協助，也可以訂立定期契約，像工程建設公司也常會發生聘僱定期契約人員的問題，例如高速鐵路沿線工程，有許多工程標分別給不同建築公司承攬，且每一工程標都有一定的工期，工期結束，所聘請的技術工契約就算終止。另外，公司整頓期間需要聘請一些專家、顧問來診治，或者是新商品、新技術研發期，須聘請專業人員來協助時，就可聘請短期性的人員來支援協助（**表1-13**）。

二、派遣勞動

派遣勞動是一種非傳統的聘僱關係。對於「派遣勞動」有許多不同的稱呼，例如：「臨時勞動」（temporary work）、「機構勞動」（agency work）或「租賃勞動」（leased work）。大體上，見諸歐美國家文獻或紀錄的，以「臨時勞動」名詞使用的次數最頻繁，而「員工租賃」（employee leasing）這個名詞，則常見於美國的一些文獻與紀錄。

美國年輕人喜歡從事派遣工作，因爲可嘗試不同企業文化，讓人生歷練更加豐富，派遣的工作型態讓他們可以在企業生存更輕鬆，無升遷和競爭壓力，工作幾個月後，還可放假去玩（魏紘鈴，2014/04：44）。

表1-13　典型僱用型態與非典型僱用型態之比較

僱用型態	典型僱用	非典型僱用
常見名稱	正式員工、正職人員、正式社員。	定期契約工、部分工時工、臨時工、隨傳工、派遣勞工、電傳工作者、自僱型工作者等。
教育程度	一般而言，平均教育程度較非典型勞動者高。	除了具有特殊技能或專業性之自僱型工作者（如專欄作家）及電傳工作者（蘇活族）外，一般而言，教育程度較勞動市場中之平均水準低。
雇傭關係	屬於全時性、長期性、持續性並由企業直接僱用。	屬臨時性、短期性、非持續性，由企業直接僱用或透過第三者（如人力派遣公司）間接僱用。
企業僱用之動機與原因	為維持正常經營活動與組織運作之主要核心功能而僱用。	為減少勞動成本、代替缺席之正式員工、增加人力運用之彈性、應付臨時增加之業務量等原因而僱用。
工作性質	屬核心工作或非核心工作。	一般多屬於非核心工作。

（續）表1-13　典型僱用型態與非典型僱用型態之比較

僱用型態	典型僱用	非典型僱用
薪資結構	常見方式為月薪制。一般而言，除基本薪資外，亦包括各類津貼、獎金、紅利、配股等其他經常性與非經常性給予。	常見方式有月薪制、日薪制、時薪制、論件計酬制。一般而言，薪資內容除基本薪資外，較少包含其他薪資名目。
其他薪資外之福利制度	除薪資外，有其他福利。例如：員工旅遊、健康檢查、團體保險、子女獎（助）學金、生日禮金等。	通常除法定之勞、健保、退休金提繳外，無其他福利，或僅享有少數幾項福利。
升遷管道	工作表現優秀之員工有升遷機會。	一般而言，無升遷機會，但有可能轉任正職。
教育訓練	機會較多。企業較願意對其做未來性與持續性的教育訓練計畫與員工發展之投資。	僅有基本訓練。企業僅對其實施工作任務上必要的基本訓練。
企業對其工作滿意度的重視程度	較重視。企業會透過定期或不定期的員工工作滿意度調查來得知其滿意程度。	普遍較不重視。由於契約期間最長通常不超過一年，因此企業普遍比較不重視其工作滿意度。

資料來源：林曉雅（2005）。《雇用形態對工作涉入之影響》，頁12。新竹：國立交通大學經營管理研究所碩士論文。

(一)派遣勞動的界定

派遣勞動涉及一個三角互動關係（triangular arrangement），而這個三角關係包括：派遣公司（dispatched work agency）、要派公司（user enterprise）和派遣員工（dispatched worker）三方當事人（**圖1-2**）。

派遣公司接受要派公司之委託尋找適合人選，經過要派公司與派遣員工同意，派遣員工與派遣公司簽訂勞動契約，並直接前往要派公司提供勞務並接受要派公司的指揮與監督，要派公司與派遣員工之間並沒有勞動契約的存在。

(二)派遣勞動發展原因

派遣勞動的形成與時代的變遷，以及企業對技術與經濟條件改變的反應有密不可分的關係。僱用派遣人力是企業人力資源策略（human resource strategy）的一環，而人力資源策略更須搭配企業整體經營策略才能發揮其效益。所以派遣業發展的原因，可以歸納出下列幾項：

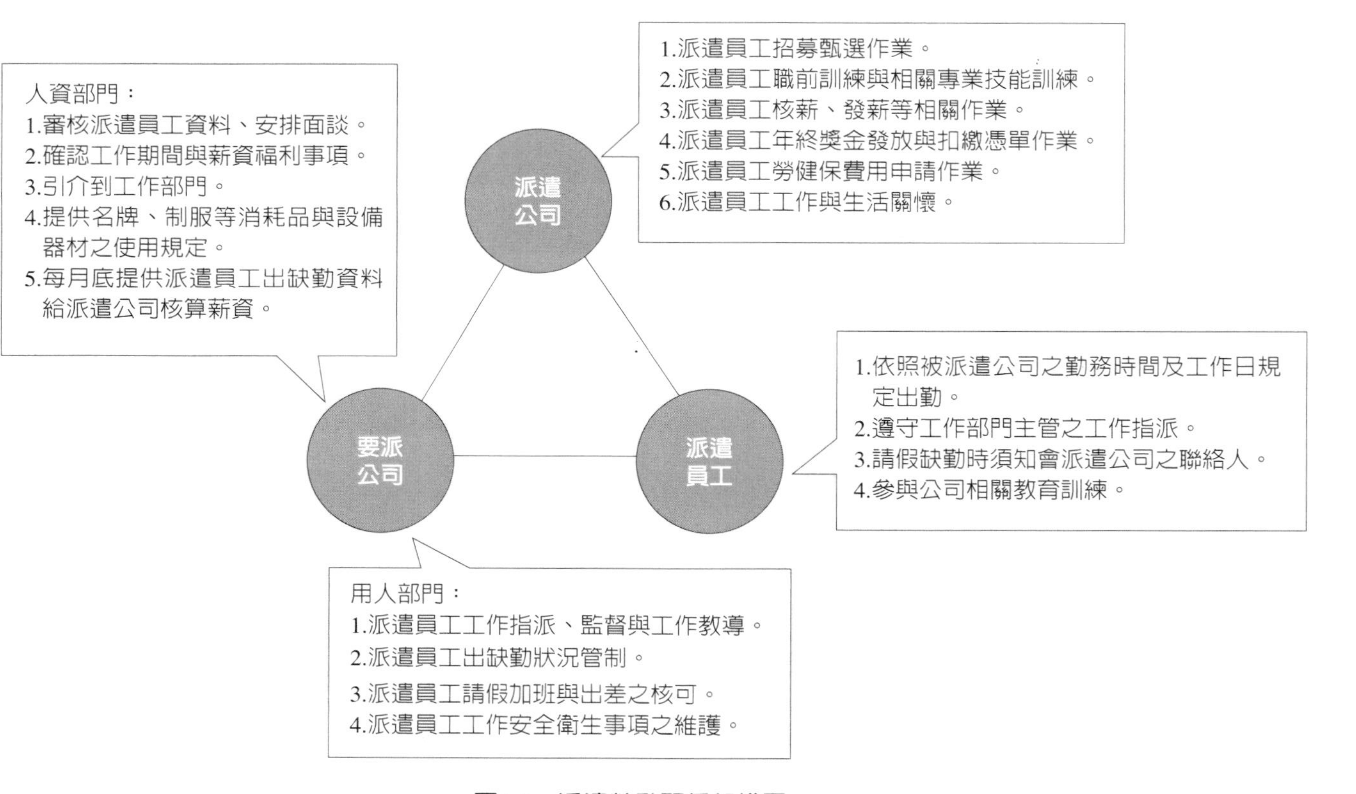

圖1-2　派遣勞動關係架構圖

資料來源：汎亞人力銀行派遣網，http://temp.9999.com.tw/p02.asp。

◆外部因素

1.企業面對競爭壓力下，對削減勞動成本的需求。
2.產業結構的變遷由製造業轉爲服務業。
3.技術變革，資訊、電腦、通訊的發展而衍生的工作型態。

◆內部因素

1.勞動規章愈來愈嚴格、繁多。
2.業務量波動，不需僱用經常性的人力。
3.降低長期的固定成本和招聘費用。
4.增加人力聘用和管理彈性。
5.減少繁雜行政事務和時間的浪費。
6.解決員工再訓練問題，直接找具有相當能力的派遣員工來服務（**圖1-3**）。

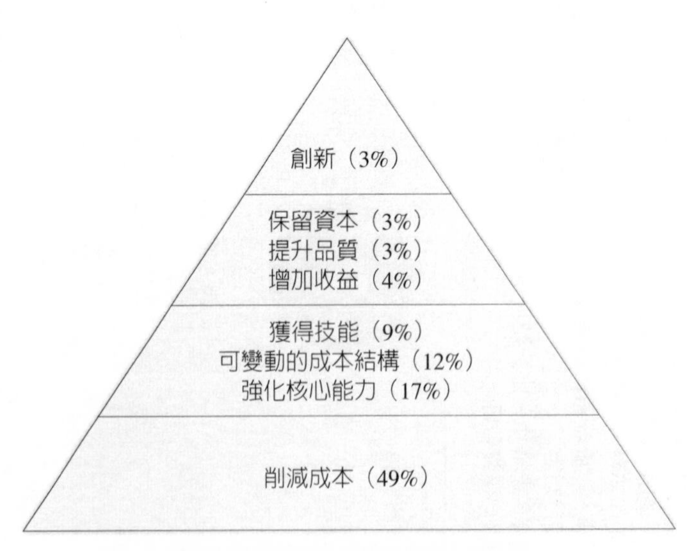

圖1-3　委外帶來不同層級的效益

資料來源：2004年委外世界高峰會（2004 Outsourcing World Summit）。引自：Michael F. Corbett著，杜雯蓉譯（2006）。《委外革命》（*The Outsourcing Revolution*），頁40。台北：經濟新潮社。

(三)企業的派遣勞動政策

企業在考慮是否將部分業務委外時，必須清楚瞭解到委外不是解決企業經營不善的萬靈藥，委外的成功乃在於委外業者（派遣公司）與提供服務業者（要派公司）是否能夠有效的配合（**表1-14**）。企業在決定派遣勞動政策前，必須注意以下幾項要點（黃惠玲著，2004：155-156）：

1.人力盤點：找出有哪些工作可以委外。
2.工作標準化：好的人力素質會有好的績效與良率，但要會「用人」。
3.內控稽核標準化：維持良率。
4.高層管理級的支持：若有高層的支持，將派遣訂爲「委外政策」之一，那麼推行上已成功10%。
5.現場主管的認同：廠課長要把派遣員工當作自己人看待，這樣又成功了20%。
6.直接用人單位的幹部（班、組長）心態調查：派遣人員離職率分析中，有30%因「班、組長差異化分配與態度」而離職。從幹部著手調整運用手法，才能夠有效降低派遣員工的流動率。
7.公司人事政策：公司是否有明確目標要透過彈性人力運用而達到企業人力的精簡。

表1-14　企業委外能夠成功的原因

‧瞭解公司目標。 ‧策略性眼光和計畫。 ‧評鑑選擇合格供應商。 ‧持續性的關係管理。 ‧妥善架構的合約。 ‧與有影響力的個人／團體開放溝通。 ‧資深主管的支持與參與。 ‧仔細留意個人事務。 ‧近期財務確認。 ‧學會運用外部的專業知識。

資料來源：C. L. Gay & J. Essinger著，盧娜譯（2001）。《企業外包模式：如何利用外部資源提升競爭力》，頁29。台北：商周。

8.人資人員的角色扮演：要當雇主的心理諮詢師，導入派遣之企業其經營成效不在員工數擁有之多寡，而應在每位員工產值之高低，這是一種人力僱用與使用分開的思維運用。
9.委外（外包或派遣）的核心觀念：確認由專業派遣公司幫助企業解決人力資源問題的重要手法。

(四)遴選派遣人力機構原則

隨著合作策略的推波助瀾，以及《勞工退休金條例》（勞退新制）在2005年7月正式實施後，企業部分非核心專長委外現象已蔚爲風潮，例如目前就業市場上盛行的獵人頭公司，即屬於爲企業提供人力資源外包服務的公司。企業在執行外包決策時，須注意下列事項：

1.人力派遣公司是否爲登記合法的企業。
2.確定人力派遣公司是否配合要派公司的目標，並瞭解人力派遣公司的財務背景。
3.要求人力派遣公司提出客戶和專業服務項目的參考文件。
4.調查人力派遣公司的管理和風險管理服務是否良好。內部聘僱的員工有何種經驗？何種專長？
5.謹慎檢視勞務派遣協議中是否清楚說明雙方的責任和義務爲何？提供什麼保證？在什麼情況下任何一方可以取消契約的條款。

委外絕不僅是找一群廉價人力去執行任務，企業必須妥善地控制、監督各種處理流程，更不應該爲成本考量，將企業的核心競爭力業務也外包出去。如果企業要讓外包這項工作更具專業化的水準，及更高品質的服務，在擬定合約時，企業就必須提出期望，才能將此一工作執行得更好。

三、非典型工作型態的評估

當企業選擇運用非典型工作型態來達成組織發展和降低勞動成本時，爲避免可能發生的負面影響，企業必須經過審慎的評估過程（**表1-15**）。

表1-15　供應商甄選查核清單

項次	特性	權重	供應商1	供應商2
1	經驗與專業能力。供應商從事這個行業有多久的時間？供應商有多少類似的專案經驗？	0.15		
2	歷史紀錄：第一部分。對方業務所提供的過去績效、客戶重點與口碑。	0.02		
3	歷史紀錄：第二部分。透過獨立調查所得知的過去績效、客戶重點與口碑。	0.07		
4	現場訪查。供應商的設施是否符合需求？	0.10		
5	財務能力。供應商的財務現況、信用度及穩定性是否足以支援你即將投入的重大投資？是否為一家新公司？資本是否薄弱？	0.10		
6	彈性。營運模式、合約與擴充性。	0.15		
7	誠信。保密性、安全性、智慧財產權相關規範、營運模式、品質標準。	0.17		
8	人力。確實存在的、積極主動的員工；合法的學歷與證照。	0.17		
9	價格與利潤	0.15		

*如果獨立調查的結果跟供應商所提供的資訊有差異的話，你應該根據這個差異調整分數。
資料來源：Linda Dominguez著，曹嬿恆譯（2006）。《跟著廉價資源走：兼顧成本與品質，提升企業競爭力的全球委外指南》，頁94。台北：美商麥格羅·希爾。

(一)評估程序與步驟

1.確認哪些工作可以藉由非典型工作型態的運用來執行與推動。

2.比較非典型工作型態運用前後的成本，而工作品質也應該是考量的重點。

3.探討非典型工作型態運用對於企業員工的影響，同時應該透過參與及溝通管道，讓企業員工瞭解非典型工作型態運用的利弊得失。

4.企業內資源的重新調整與安排，使核心工作的推動與執行更加順利。

5.對於外包策略運用而言，評選並列出「承攬」對象的優先順序，審慎加以選擇「承攬」對象或提供者。

(二)簽約內容

企業於談判委外契約時，就必須於契約中對契約的標的（委外的業務範圍）、完成期限、價金、承攬人的瑕疵擔保責任、雙方的權利義務、承攬人負責人員、損害賠償，以及如何對委外業務加以管理、控制等重要的法律問題加以規範。如有必要時，企業亦可考慮在契約中規定查核點，以確保委外業務進行順暢，並強化對委外業務的管理（馮震宇，2003：186）。

總之，由於總體與個體因素的影響，非典型工作型態的發展似乎成爲一種不可遏阻的趨勢。因此，當企業考慮透過非典型工作型態的運用來達成企業發展的目的時，或許多考量一些企業社會責任（corporate social responsibility），才是確保非典型工作型態發展的不二法門（李學澄、苗德荃，2005/08：84）。

小常識　企業業務不應外包的原則

1.企業不應外包那些利用了自己核心能力的業務，因為這些業務是形成企業核心競爭力的泉源。
2.企業不應外包那些對整個業務的順利開展，具有決定性影響的業務或生產活動。
3.企業不應外包那些有可能使企業形成新的競爭能力和競爭優勢的學習機會的生產活動。

在任何合作關係執行之前，企業必須先問問自己：「我所外包出去的業務與核心競爭力究竟有什麼關係？」如果企業不小心連核心競爭力都外包出去了，那還有什麼優勢可言？美國的克萊斯勒汽車公司（Chrysler），就曾經為了節省成本，將引擎交由日本企業生產。這種錯誤的作法，實為企業在從事策略聯盟或外包活動時，所必須避免的。

資料來源：丁志達（2015）。「人力規劃與人力盤點實務」講義。台北：中華人事主管協會編印。

第四節　派外人員的甄選

爲了因應複雜多變、充滿不確定性的環境，使得愈來愈多的企業由國內走向國際市場。企業於海外設立子公司時，需要由母公司派遣幹部前

個案1-2　外派人員的招募甄選原則

宏碁電腦人員外派的方式有三種，首先是短期派遣，外派時間不超過半年；第二類是外派半年至兩年者；第三類即是外派兩年至五年。外派期間視地區及任務不同而調整，通常公司傾向安排較長期的派駐，以利管理作業與經驗累積。

外派人員的選任與管理的重要原則有：

一、甄選原則

通常多由總部培育優秀人才再外派出去。人員之選任主要考量個人意願、專業能力、語文溝通能力、文化差異的適應性，以及家庭成員的配合問題。

二、任期

1.為使外派人員能有充分的時間適應當地環境，以充分發揮其能力及功能，宏碁外派任期通常為三年以上。

2.外派人員若因業務本身特性，任務可訂為三年以下，但大多數例子不少於一年。

3.當公司外派人員在同一地區任期超過三年以上時，宏碁規定得由外派人員、派駐地直屬主管及國內行政部溝通協調後，將之納入當地僱用者之行政體系管理。

資料來源：林文政、龐寶璽（2009）。《國際人力資源管理》，頁108。台北：雙葉書廊。

往拓展業務或經營海外投資廠的管理事宜，因此，派外人員甄選將直接影響海外事業的經營績效。

一、甄選策略

派外人員的甄選策略，可由企業內部甄選與外部招聘兩種方式來考慮。由內部甄選的優點爲所甄選出來的人員，對企業文化、企業特性、工作流程較爲熟悉與瞭解，較容易爲公司所信任；而外部招聘的優點爲外派意願高，適應能力與家庭狀況較無阻礙。不管企業選用何種招聘策略，必須考量海外子公司的經營策略與企業內人力資源的狀況，內部現有人力是否足以派外？若從外部招聘派外人員，進行招聘的方式、廣告運用、甄選標準與甄選程序都是需要考量的因素（**表1-16**）。

表1-16　甄選海外經理人的優缺點

僱用來源	優點	缺點
母國僱用	1.組織保持實際的控制及協調。 2.允許經理人獲得國際的經驗。 3.母國僱用可以獲得最特殊技巧及經驗的人為國際企業工作。 4.保持附屬子公司完全遵從母公司的政策。	1.限制地主國員工晉升的機會。 2.必須較長的時間才能適應地主國。 3.母公司可以利用一個不適宜的總公司領導風格。 4.母公司與地主國的薪資福利可以不同。
地主國僱用	1.消除語言與其他障礙。 2.減少僱用成本。 3.改善地主國有關餘缺的管理。 4.可以口述地主國政府的僱用政策。 5.可以改進地主國公司員工的士氣，諸如他們能見到潛能的生涯。	1.總公司可以抗阻協調與控制。 2.地主國附屬子公司受限於生涯機會之外。 3.僱用地主國員工限制了母國對國際經驗獲得的機會。 4.僱用地主國，將鼓勵一個國家寧為全球的單位之同盟。
第三國僱用	1.薪資及福利需求可能比母國家低。 2.第三國可以更正確地告知母國有關地主國的環境。	1.遷移必須考慮怨憤的國家（如印度、巴基斯坦）。 2.地主國政府會憎惡僱用第三國的人員。 3.指派到第三國之後，不願回到自己的國家。

資料來源：洪維賢（2011）。《國際人力資源管理》。台中：金玉堂出版社。

(一)內部甄選

企業內部甄選是最簡便、有效的選才方式。企業視派外職務需要，開放有意願赴海外工作員工提出申請，再由高層主管決定合適人選，例如考慮申請者的能力、個性、家庭背景與工作經驗後再決定。

(二)外部招聘

透過報紙或其他媒體的廣告，對外公開招聘赴海外工作幹部，透過面試或筆試，精挑細選出合適對象。此種求才方式雖有可能獲得適當人選，但需要較長時間加以培訓，讓其瞭解公司背景、工作流程與海外營運現況，以及所賦予的工作任務，在時間上的考量較不經濟。

(三)外界推薦人才

在內部挑選或對外招聘皆無法尋覓到合適人選的情況下，亦有企業界採取向外界挖角策略，透過人力仲介業者（獵人頭公司）或找同行廠商中表現傑出人士，提供高薪及較佳的福利來吸引人才。此種方法雖然迅速，但如何留住被挖角得來的人選不再跳槽是最重要的考慮課題。

綜合言之，企業不管採用何種甄選方式，所遴選出的派外人員一定要深入瞭解公司企業文化和派外任務，清楚公司經營方向，且須爲公司所信任之人員赴任。

二、派外人員的甄選標準

不管派外人員是否由內部甄選或外部招聘，所有的派外人員必須經過企業對派外任務最基本的測試，也就是要符合甄選標準（**圖1-4**）。

(一)必要條件

一般派外人員遴選的必要條件爲：

1.本身的內在素質，包括：人格、責任、動機、能力等。

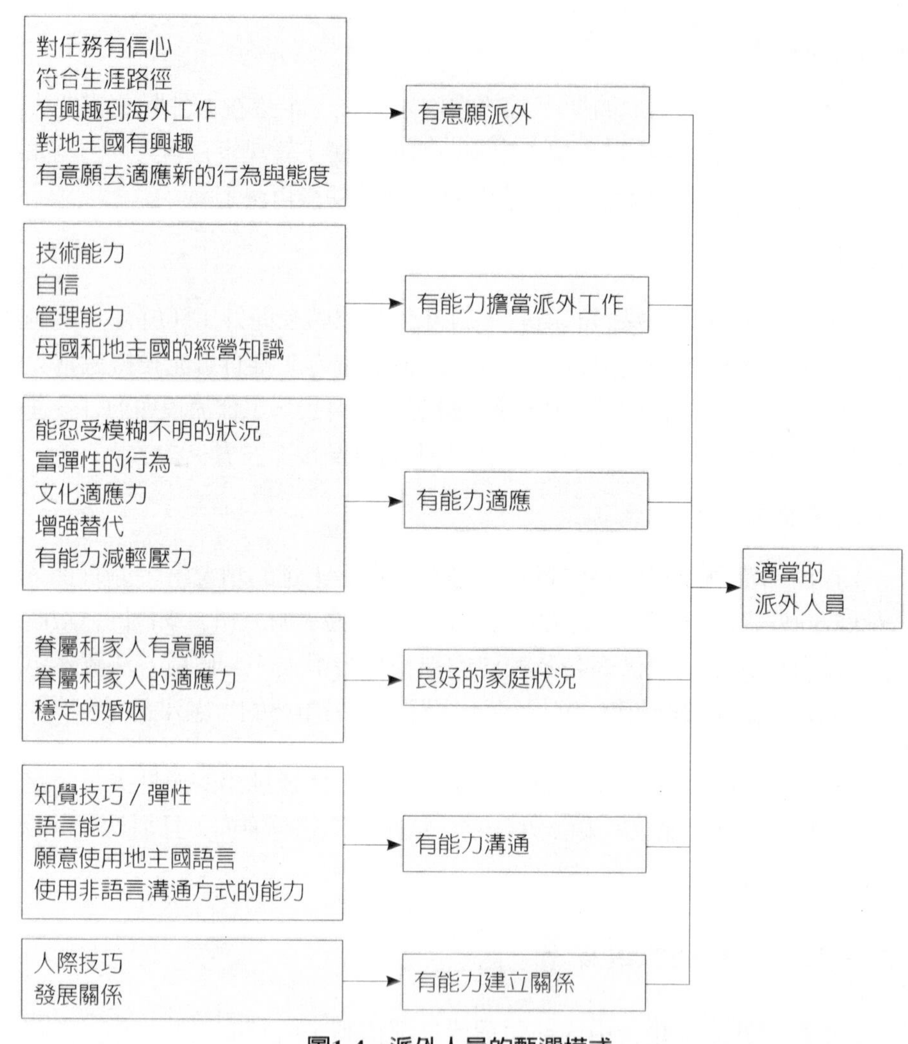

圖1-4　派外人員的甄選模式

資料來源：C. D. Fisher, L. F. Schoenfeldt, & J. B. Shaw (1993).引自：吳惠娥（2005）。《大陸派外人員甄選策略之研究——以連鎖視聽娛樂爲例》，頁15。高雄：國立中山大學人力資源管理研究所碩士論文。

2.本身的外在因素，包括：對經營資源、市場狀況、當地聘請的幹部、當地政治的瞭解，以及法律、經濟、社會、文化環境、決策的能力等（**表1-17**）。

表1-17　外派人員應具備的特質

1.充滿精力、有信心、樂觀、全力以赴。
2.注重結果、過去成功的紀錄輝煌。
3.散發熱情或魅力，充滿理念的改革者。
4.在特殊領域上有誠信、專業。
5.執著、堅忍。
6.能夠使團隊共同努力、朝大衆的利益發展。
7.有團隊精神、具說服力。
8.勇於冒險，將困境視為機會，而且能立即面對挑戰。
9.具企業家精神、勇於承擔風險。
10.具創新與創意。

資料來源：林文政、龐寶璽（2009）。《國際人力資源管理》，頁112。台北：雙葉書廊。

(二)必備資格

派外人員必備資格，可分爲一般性資格與業務知識兩方面：

1.一般性資格：包含具備國際觀、語言能力、健壯體力、精力充沛、高度修養與豐富見識、當地適應性。

2.業務知識：包含有關經營的基本知識、有關國際商業的知識、有關公司本身的商品（產品）知識、決策能力、管理經驗等。

小常識　文化差異

中文與日文除了語言本身的語法不同之外，日語習慣上很少用主語（你、我、他），所以，從事口譯時，必須很仔細聆聽到底內容的人物是誰，才不會搞錯對象，造成尷尬。又如，像「合作」一詞，中文是指兩個人以上共同完成同一目標的事情，但日語漢字則是有提攜之意；「深刻」一詞，中文是指某件事情對內心的感受很大，但日語漢語字則有事態嚴重的意思。

「窩心」兩岸的意思截然不同。台灣是指內心感覺溫暖、舒暢的感覺；大陸則是指受到屈辱委屈或汙衊時，因無法表白而內心苦悶的感覺。

資料來源：謝育貞（2014）。〈從翻譯看文化差異〉。《新識力》（2014/03/25），頁8-9；楊渡總策劃（2014）。《窩心不窩心——兩岸差異字速查》，首頁。台北：中華文化總會。

個案1-3　外派大陸成內鬼　偷開公司搶訂單

科邁斯科技公司販售快速檢測有害重金屬物質的X射線螢光光譜儀（XRF），銷售頗佳，公司派產品經理李宗洋到大陸擔任駐點主管，負責拓展大陸華東地區業務。李竟私下開公司，還引進科邁斯公司競爭對手的產品，和東家搶生意；新北地檢署偵查終結，依背信罪將李提起公訴。

李宗洋成內鬼，他大膽使用公司配發的筆記型電腦，在電子郵件上大剌剌寫下出賣公司生意的內容，其中一封寫給妻子表示：「自己公司成立至今，已獲得一百五十八萬元的訂單」。去（2012）年7月，李在大陸的業務表現不佳，被召回台灣，將筆電交付公司維修時，工程師發覺有異，往上呈報。

李宗洋本身是電子產品無鹵檢測專家，他到上海一年後，熟悉生意運作模式與往來客戶對象後，自己偷偷設立公司，並成為科邁斯公司競爭對手華唯技術開發公司的銷售代理商。

2010年12月，李得知科邁斯公司需要購買支架材料，便以自己公司花費四萬多元進貨，再用十萬元的價格賣給科邁斯公司，從中牟利。李除了搶訂單，還會在科邁斯業務談成生意後，事後跑去報價，讓客戶改向他購買，導致科邁斯業績重挫。

資料來源：袁志豪（2013）。〈外派大陸成內鬼　偷開公司搶訂單〉。《聯合報》（2013/09/16），A7社會版。

三、派外人員的甄選步驟

派外人員除了要接受不同地區的文化衝擊外，亦必須管理來自不同文化背景的當地員工，因此在人力資源的安排與選任上，要比一般性職位的甄選困難許多。因此，企業在甄選海外派遣人員時，可依循下列步驟甄選出適任之派外人員（**圖1-5**）：

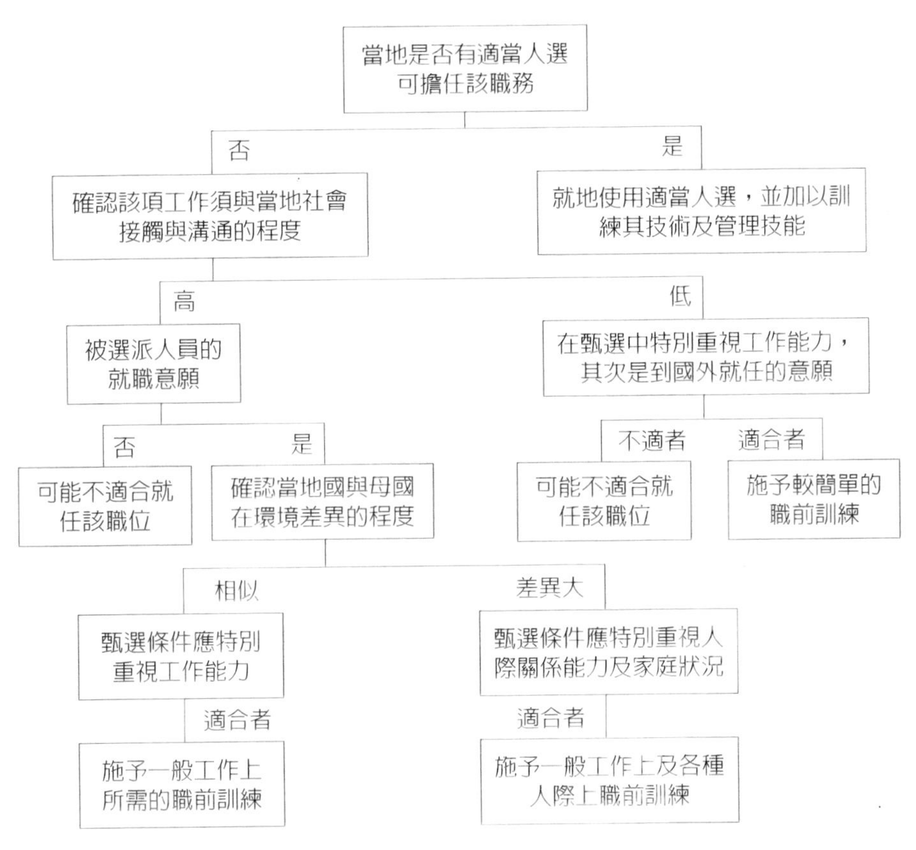

圖1-5　派外人員之甄選決策過程圖

資料來源：Tung, R. L. (1981). Selection and training of personnel for overseas assignments. *Columbia Journal of World Business*, Spring, p.73.引自：吳惠娥（2005）。《大陸派外人員甄選策略之研究——以連鎖視聽娛樂爲例》，頁18。高雄：國立中山大學人力資源管理研究所碩士論文。

(一)到海外工作的意願

瞭解應徵者對於派外工作的意願，並進一步瞭解應徵者到海外工作所抱持的態度，用於評斷是否有足夠能力適應海外的工作與生活。

(二)是否具有職務上所需的專業技能

以該應徵者以往的工作績效、經驗與所受教育訓練爲依據，來判斷

該應徵者是否具備所需之專業能力。

(三)個別面談

和應徵者及其家眷進行面談，進一步針對海外可能遭遇之問題瞭解其處理能力。決策者可提問一些海外工作可能會遭遇的問題，藉以評斷應徵者及其家眷是否能適應海外工作及生活（**表1-18**）（吳惠娥，2005：9-18）。

表1-18　國際化各個階段的人力資源管理

	階段一 當地化	階段二 國際化	階段三 多國化	階段四 全球化
主要導向與策略	讓國外顧客購買產品或服務	國際化市場，科技移轉至國外	價格導向，資源生產與市場的國際化	策略、獲得全球與策略性的競爭優勢
外派人員	很少甚至沒有	許多	有一些	許多
為何外派	增加閱歷	為了銷售控制或技術移轉	控制	協調與整合
誰被外派	無	執行者或營業人員	非常優秀的執行長	高發展潛能的經理或高階主管
目的	獎勵	完成工作任務	專案與職涯發展	職涯與組織發展
職涯的影響	負面的	不利於在當地國的職涯發展	對全球的職涯發展很重要	是擔任高階主管必備條件
人員回任	有一些困難	非常困難	困難較少	對專業性人才容易
訓練與發展（與語言與跨文化管理）	不需要	很有限（一週）	較長	整個職涯中一直持續
績效考核	母公司主導	子公司主導	母公司主導	全球策略性的定位
動機的假設	金錢	金錢與冒險	挑戰與機會	挑戰機會與前程
獎勵	額外的金錢以補償外派的艱苦	額外的金錢以補償外派的艱苦	待遇較沒有那麼優渥，全球的薪資組合	待遇較沒有那麼優渥，全球的薪資組合
所需的技術	技術與管理	再加文化適應能力	再加對文化差異的瞭解	再加跨文化互動，影響與綜效

資料來源：Adler and Ghadar (1990). 引自：林文政（2006）。〈企業國際化：人力管理對策〉，《人力資本》，第2期（May 2006），頁26。經濟部工業局出版。

 第五節　招聘團隊的職責

組織應該瞭解到招聘人員對於應徵者是否被錄用具有決策上的影響力。招聘人員的招聘技巧與言行舉止，可以增強應徵者對於工作和組織的認知吸引力，這也是應徵者會選擇該組織而非到其他組織就業的主要原因。在這個基礎上，擁有優雅、熱心和有能力的招聘人員，對組織招聘計畫的成功與否具關鍵性（**表1-19**）。

表1-19　負責招募面試者必須具備的條件

- 完全熟悉該職缺的工作內容與適合擔任該職務的個人資格。
- 面談問題的設計，是為取得能夠評估工作條件的相關資訊。
- 必須避免可能被解釋為具有歧視色彩的問題，而在資訊必須受到監視的情形下這點必須讓應徵者知曉。
- 所有同一職缺的應徵者都必須適用同一套面談的結構與內容。
- 面談時間若有改變，要讓應徵者事先知道，並要考慮他們的時間問題。
- 必須讓應徵者瞭解面談程序與測驗程序，也必須讓他們知道甄選過程與任用程序的時程。
- 應徵者都知道該項聘任的條件與情況。
- 所有應徵者可能接觸到的公司成員，對甄選過程與政策都必須有充分的瞭解。

資料來源：美國人事發展協會（1991），專業求才法規。引自：David Walker著，江麗美譯（2001）。《有效求才》，頁9。台北：智庫文化。

一、部門主管

在人員招聘之前，部門（單位）主管必須先提出填補職缺要求，並提供人力資源單位有關這項職缺的職位（工作）說明書和職位規範，若能進一步提供工作流程簡介及工作環境的資料（含圖片），則可幫助人力資源管理單位做到更有效的招聘宣導。

招聘並非只是人力資源管理單位的事情，部門主管因爲更瞭解從何處或何種管道容易尋得適當人選，所以，部門主管有責任提供人力資源管理單位這方面的訊息。此外，用人單位的員工通常比較能夠認識到從事這

項職缺工作的合適人選，因此，部門主管也應該時常鼓勵部屬，透過他們的生活圈，提供人力資源管理單位招聘管道的資訊與適當人選的推薦。

在刊登求才廣告（job advertising）或職缺公布（job posting）時，部門主管對工作的描述及內容是否能對合適的人選產生吸引力，應加以審核與提供意見，免得廣告內容與需求不合而缺乏效率（吳美蓮、林俊毅，2002：161）。

在實務上，企業內部徵才最常用的管道，是由出缺職位的直屬主管或由原任工作者來推薦。二者都是對該職位的工作內容，以及任職者所須具備的資格條件最清楚、最瞭解的人，所以都是適合的推薦者。

二、招聘人員

招聘是尋找和吸引合格的工作應徵者的過程，雖然部門主管也參與招聘的前置作業（員額需求的提案）、應徵者寄來個人履歷資格的篩選、面試與人選錄用的決定，但大多數的招聘作業責任與流程掌控，還是落在人力資源管理部門的專業人員身上。有效尋找應徵者，招聘人員除了要熟悉企業組織的策略與人力資源政策、工作性質與組織誘因（organizational inducements）外，還要瞭解招聘過程中可能面臨的困難與挑戰，以及企業環境的脈動（**表1-20**）。

表1-20　招聘者扮演的角色功能

角色功能	說明
充分瞭解企業文化	每個企業都有它的企業文化，這會影響爾後被錄用員工在公司是否能夠發揮專長，以及留職期間的長短。招募人員必須清楚瞭解企業文化的真諦，才能找到志（願景）同道（企業文化）合的人才。
公司形象的包裝者	重視包裝及推銷公司的形象，以求在參加大型徵才活動，在衆多競爭者的攤位中吸引求職者的目光，聚集人潮。
廣告創意總監	在目前事求人的就業環境中，在廣告文宣設計上提供創意的想法，以期望有重大的突破，吸引好的人才來求職。
職缺超級行銷人員	企業在徵才與選才時，要懂得行銷術，把公司的職缺推銷出去。因此，招聘人員要說服求職者參加面試，以開闢人才來源。

（續）表1-20　招聘者扮演的角色功能

角色功能	說明
企業與媒體之間的經紀人	招聘人員如何將公司提供的徵才預算運用在刀口上，亦即如何透過適合的媒體文宣，來幫助企業推銷這些職缺給在職場上需要工作的人，以找到企業最適合的人選。
不得推薦熟人應徵	為了表示用人的公正與無私，招聘人員避免推薦熟人（親朋好友）來應徵，如此才可以釐清工作分際，不會有人情壓力，也不會因被推薦人日後工作表現不佳的一些閒言閒語，傷害到自己的公信力。
保持與政府就業機構的聯繫與建立良好關係	要充分瞭解就業市場的人力動態訊息。招聘人員應當與政府就業中心、大專院校的就業畢業生輔導單位等機構經常保持聯繫，以即時獲得信息，並取得這些單位承辦人員多方面的支持與協助。
做好對應徵者的接待工作	應徵者到企業來求職時，接待的工作會直接影響應徵者對企業的第一印象（觀感），因此，體認接待工作是一項公關活動，絕不可疏忽。

資料來源：彭雪紅（2000）。《89年度企業人力資源作業實務研討會實錄（初階）——企業實例發表：徵才篇》，頁26。台北：行政院勞工委員會職業訓練局。

招聘作業是人與人之間很複雜的互動過程，它要在企業需求人選的資格條件與應徵者的實際期望之間求得雙贏，所以，負責聘僱新人的團隊成員都須扮演著重要的關鍵角色。稱職的招聘面試者（官）都有義務高度重視聘僱程序，也必須見多識廣，而且能夠瞭解所有應徵者可能提出的問題，盡可能細心遴選出最合適的人選（**表1-21**）。

表1-21　人資單位與用人單位在招聘活動中的分工作業

類別	人力資源管理單位	用人單位
前置作業	・在部門主管人員所提供資料的基礎上，編寫工作描述和工作說明書。 ・制定員工晉升人事計畫。 ・開發潛在合格應徵者來源管道，並展開招聘活動，力爭為組織招聘到高素質的人才。	・列出特定工作崗位的職責要求，以便協助進行工作分析。 ・向人力資源管理人員解釋對未來新增員工的職責要求，以及所要僱用人員的類型。 ・描述出工作對人員素質的要求，以便人力資源管理人員設計適當的甄選和測試方案。

（續）表1-21　人資單位與用人單位在招聘活動中的分工作業

類別	人力資源管理單位	用人單位
招募活動	‧預估招募需求。 ‧準備招募活動或廣告所需文案與資訊。 ‧規劃與執行招募活動。 ‧監督與評估招募活動。	‧預估職缺額。 ‧決定應徵者的資格要求。 ‧提供有關職缺工作的資訊，以利招募活動進行。 ‧檢視招募活動的成敗。 ‧提供招募執行的建議。
甄選活動	‧對應徵人員的首次接待。 ‧執行初步的篩選面談。 ‧安排適當的甄選測驗。 ‧確認應徵者背景資料與推薦查核。 ‧安排體檢。 ‧列舉推薦名單供用人單位主管做最後決定。 ‧評估甄選的成效。	‧提供人力需求申請並描述應徵者的資格要求。 ‧適時地涉入甄選過程。 ‧與人資單位推薦名單上的人選面談。 ‧在參酌人資單位的建議下決定錄用名單。 ‧對錄用者的後續表現提供持續追蹤的資訊。 ‧提供甄選執行的建議。

資料來源：R. L. Mathis & J. H. Jackson (2003). *Human Resource Management* (10th). Thomson South-Western, pp.207, 235.引自：戚樹誠等（2005）。《企業人力資源管理》，頁128、143。台北：空中大學。

小常識　應徵者參加面談時最不滿意的項目

根據正直徵才公司（Integrity Search Inc.）以近九百位的溝通專家為對象，做了一次問卷調查，請他們回憶當初自己應徵職位時，最受挫折的項目為何。結果發現，他們最不滿意的項目包括：

- 同時有兩位以上的主考官面談（14%）。
- 過程太長且太複雜（17%）。
- 面談後的下一個步驟不明確（23%）。
- 被要求等候的時間太長且不合理（24%）。
- 應徵職位的描述不夠清楚或不一致（27%）。
- 缺乏回饋或覺得自己沒有被尊重（38%）。
- 主考官主持面談前未充分準備或沒有重點式的面談（39%）。

資料來源：編輯部。〈面談新人要注意什麼〉。《EMBA世界經理文摘》，第143期（1998/07），頁17。

結　語

人是企業最重要的資產，審慎選才是人力資源管理成功的第一步。事前謹慎設定人才的條件及招聘、甄選的方法，可大大節省人力、物力。一個好的僱用政策，就是找到適當的人做適當的工作。因此，選對人，企業才有執行力，有了執行力才能找出企業的競爭價值。不論產業、不分企業經營規模，適當地運用精挑細選的招聘管理戰術，才能使企業邁向永續經營之路。

第二章
人力規劃與人力盤點

- 組織設計
- 人力規劃概述
- 人力規劃程序
- 人力規劃方案
- 人力盤點作業

> 一滴蜜比一桶膽汁能吸引更多的蒼蠅。
>
> ——美國第16任總統林肯（Abraham Lincoln）

自20世紀70年代起，人力資源規劃（human resource planning，以下簡稱人力規劃）已經成爲人力資源管理的重要職能，並與企業的戰略發展規劃融爲一體。它是根據企業的發展願景，透過企業未來的人力資源需求和供給狀況預測與分析，對職務編制、人員配備、招聘和甄選、教育訓練、人力資源管理政策等人力資源工作編制的職能規劃。這些規劃不僅涉及到所有的人力資源管理，而且還涉及到企業其他管理工作，是一項複雜的系統工程，需要一整套科學的、嚴格的程序和制定技術（陳京民、韓松，2006：1）。

人力規劃的目的，就是要提供未來企業經營目標實現所需要的人力資源。具體的工作目標就是：在合適的時間（比如現在多少人、今年多少人、明年多少人），以合適的方式（內部培養多少人，外部引進多少人），提供合適數量（如營銷職位需要多少人、中層管理需要多少人）的合適員工，有效達成質和量、長期和短期的人力供需平衡，進而促使組織人力資源能滿足經濟、產業、社會結構轉變的需求（石才員，2012：68）。

第一節　組織設計

自有人類即有組織，雖然人創造了組織，在組織中工作，卻也經常受制於組織，並受到組織結構與工作環境的種種影響，產生各種不同的行爲結果。良好的組織設計對於受僱人員的能力發揮、工作意願、服務績效提升等，都有決定性的影響作用。

不同類型的組織架構，是爲了實現企業因應外在產業競爭環境與客戶需求而訂定的策略目標。從事組織的設計工作必須考慮幾項重要的內容：工作專業化、部門化、層級指揮系統、權威／責任／義務、集權與分權、業務及幕僚角色、管控幅度（span of control）等等（**表2-1**）。

表2-1　組織設計的程序

設計程序	內容
設計原則的確定	根據企業的目標和特點，確定組織設計的方針、原則和主要維度。
職能分析和設計	確定經營、管理職能及其結構，層層分解到各項管理業務的工作中，進行管理業務的總體設計。
結構框架的設計	設計各個管理層次、部門、崗位及其責任、權力，具體表現為確定企業的組織系統圖。
聯繫方式的設計	進行控制、信息交流、綜合、協調等方式和制度的設計。
管理規範的設計	主要設計管理工作程序、管理工作標準和管理工作方法，作為管理人員的行為規範。
人員配備和訓練	根據結構設計、定質、定量地配備各類管理人員。
運行制度的設計	設計管理部門和人員績效考核制度，設計獎酬和激勵制度，設計管理人員培訓制度。
回饋和修正	將運行過程中的信息回饋回去，定期或不定期地對上述各項設計進行必要的修正。

資料來源：許玉林（2005）。《組織設計與管理》，頁111。上海：復旦大學出版社。

一、組織設計類型

組織設計，是指一個組織的結構進行規劃、構設、創新或再造，以便從組織的結構上確保組織目標的有效實現。隨著企業的設立、發展及領導體制的演變，企業組織結構形式也經歷了一個發展變化的過程。根據外部環境和內部選擇兩項因素，大致分爲官僚式組織、功能式組織、事業部式組織、矩陣式組織、組織扁平化、學習型組織、虛擬式組織等類型。

(一)官僚式組織

官僚式組織（bureaucratic organization）是傳統的組織理論模型，現代社會學和公共行政學最重要的創始人之一馬克斯・韋伯（Max Weber）認爲，組織應該要高度的專業分工，要有層級節制的指揮系統等，通常是屬於比較大型、成熟且複雜的組織。

官僚式組織的邏輯最大的缺點，就是忽略了組織外在的環境因素對組織運作的影響，以及人性的因素與組織之間的互動性。傳統官僚式組織

的邏輯，重視的是穩定，不是變革。所以這種組織會缺乏快速變革的能力。

(二)功能式組織

功能式組織（functional organization）的特徵，係依照製造、技術、研發、財務及人事管理等不同職能而區分的部門組織。專業人員依各個功能，分別接受專門監督者的指導、考核。它不僅符合專業化的需求，且易獲得最大利益，尤其在中央集權的管理控制下，更能發揮其優點。

(三)事業部式組織

事業部式組織（diversified organization）是歐美、日本大型企業所採用的典型的組織形式，它屬於一種分權制的組織形式。最早是由美國通用汽車（GM）公司總裁亞佛列德・史隆（Alfred P. Sloan）於1924年提出的，故有「史隆模型」之稱，是一種高度（層）集權下的分權管理體制。它適用於規模龐大、產品種類繁多、技術複雜的大型企業。

(四)矩陣式組織

矩陣式組織（matrix organization），係指一個部屬擁有兩位以上的主管（部門與專案）的新組織型態，它是要打破傳統功能式的組織設計，是一較具彈性的組織運作設計。

矩陣式組織就是讓所有的員工共享相同的目標，而且願意負擔相對的責任，例如：航空公司的共同目標是讓乘客安全、準時抵達、顧客滿意，那麼公司上下舉凡地勤組、飛行員組、客服組，就須負責朝此共同目標努力，最後才能達到目標，顧客才會滿意（Nick Shreiber, 2006/05: 24-25）。

(五)組織扁平化

組織扁平化（horizontal organization）強調，組織結構乃是依照工作的流程而建構，層級節制趨向扁平化的設計，並且開始向下授權，以及注重顧客需求導向。這種水平化的組織可以使得組織的效率與速度上均有重大的突破，減少部門之間不必要的協調障礙、提升工作士氣、降低行政成本。

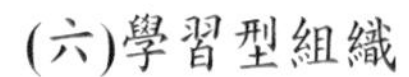

(六)學習型組織

學習型組織（learning organization）乃是強調經由組織成員共同的理念與意願，爲組織未來發展的需要而相互學習，並且依個人、團隊、組織等三個層次來進行，使組織成爲一個能自我學習、成長的有機體。這樣的組織與傳統封閉的官僚式組織不同，也不同於僅強調適應性的功能式組織。

(七)虛擬式組織

虛擬式組織（virtual organization），指的是沒有眞實地理位置的總部中心，而是藉由各類電信科技而存在的公司。在現今的全球經濟中，有些正在進行專案計畫的組織，其專案團隊的各個成員被分派到世界各地區工作，軟體開發就是一個例子，譬如在印度有些程式設計師非常優秀，而且工資低廉，其中有許多人才都聚居在班加羅爾（Bangalore），使該城市變成印度的軟體之都。聘用這些人才的好處，是這些人不但可以獨立作業，而且其成品可以透過電子傳送，像是他們撰寫的許多程式，就是透過衛星傳送的，這種組織稱爲虛擬式組織（James P. Lewis著，劉孟華譯，2004：69）。

企業全球化的結果，現代的企業要與國際接軌，組織形式趨向「虛擬團隊」，在「行動式辦公室」工作，不論何時、何地，企業員工可以透過「網際網路」工作，無形中把「時間」改變了，組織中的角色亦隨時隨地而轉換。人力資源的規劃與管理，就不再畫地自限，墨守成規了。

二、組織結構發展趨勢

組織設計可以幫助企業提升執行力，達成策略目標。因此，企業應該謹愼掌握組織結構、員工能力、角色與團隊合作等關鍵元素之間的關係，並將這些因素與企業的策略和競爭優勢緊密連結（Vikram Bhalla等，廖建容譯，2012/05：62）。

在顧客導向的時代，對客戶而言，他們是針對整個公司而非只對公司內單一部門的要求，因此，唯有採取「靈活型組織（流體組織）」來取

代「制度型組織」的運作模式，建立、採用分權化的、網路化的、以團隊爲中心、以客戶爲動力的扁平而精實的組織，此一類型的組織，處在經營環境迅速變遷中，能實際改變與客戶、供應商、經銷商及其他商業夥伴的關係，而內部員工隨時相互調派支援，才能因應客戶所需。在靈活型組織運作下，公司的成員不再是某一部門的工作員工，也不是只對某項工作或某位主管負責，取而代之的是，必須對多位主管報告不同的執行狀況，而且隨時都可能加入另項工作團隊中（**表2-2**）。

表2-2　制度型組織與靈活型組織的因素

類別	制度型組織	靈活型組織
結構	等級制度	網路
溝通與交互作用	縱向	縱向與橫向
工作指示	正式的，加上非正式的直接管理者	非正式的，加上正式的自我、團隊
決策	集中在高層、權力明確	集中在基層，給適當層次以授權
職能部門	獨立存在，發揮諮詢、審計、控制和幫助作用	夥伴
承諾	對組織和職業忠誠	成為工作的組成部分，成為團隊和客戶的一員
對變革的態度	注重穩定、權威、控制，以及風險迴避	歡迎和適應變革、創新

資料來源：James W. Walker著，吳雯芳譯（2001）。《人力資源戰略》（*Human Resource Strategy*），頁110。北京：中國人民大學出版社。

由於外在的環境不斷變動，各種新的競爭者也相繼加入，加上顧客需求水準提高，在這種情況下，組織結構的良窳與運作的績效，對企業獲利力會造成顯著影響。因此，企業對組織結構的選擇與設計，宜予認眞研究，力求妥善（英國雅特楊資深管理顧問師群，1989：54）。

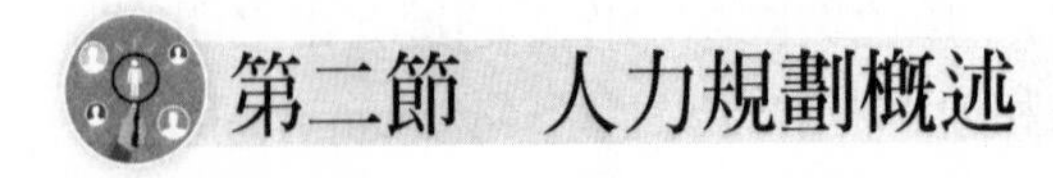

第二節　人力規劃概述

任何組織的發展都離不開優秀的人力資源和人力資源的有效配置。企業之所以需要人力規劃，乃是因爲塡補職位空缺之需求和獲取合適人

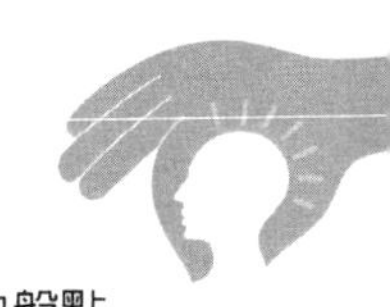

員填補職位空缺之需求兩者之間，存在著極爲重要的前置作業時間（lead time）。許多人力資源管理實踐的成功執行，都依賴細緻的人力規劃。人力規劃過程，能讓一個企業確定它未來所需要的技能組合，然後它就能夠以此爲依據，爲其招募、遴選及培訓和開發執行制定計畫（**圖2-1**）。

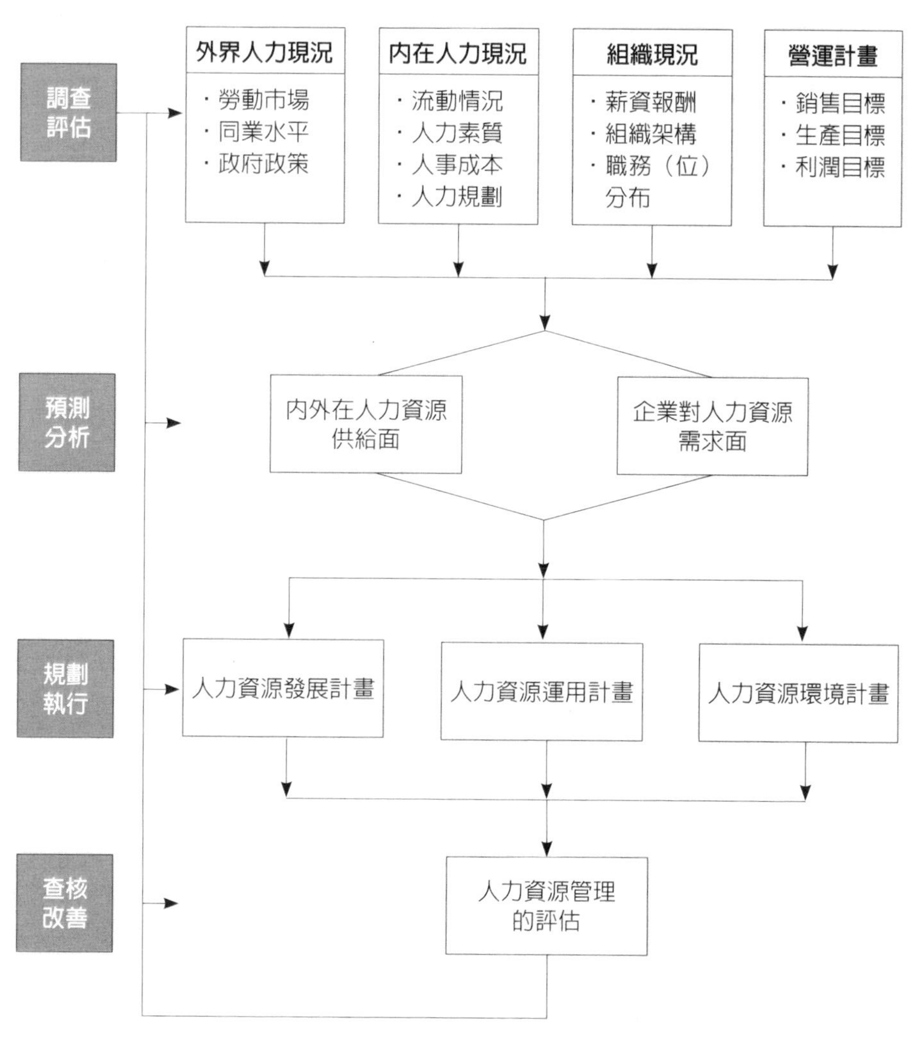

圖2-1　人力規劃系統圖

資料來源：鄭瀛川。「如何做好年度人力資源管理計畫」講義。

一、人力規劃定義

人力資源管理的出發點是從人力規劃開始，所謂人力規劃，乃是分析、評估及預測內外在經營環境的人力狀況後，針對組織未來之目標，訂定欲達此一目標的政策、計畫與步驟，並將組織目標與策略轉化成人力的需求，透過人事管理體系，以提高員工素質，發揮組織的功能，達到企業人力資源與企業發展相適應的綜合發展計畫，有效地達成質和量、長期和短期的人力供需平衡持續不輟之過程。比如說：企業如果採取追求成長的策略，要在中國大陸設立新廠，人資單位就要針對這項計畫加以分析，並設法提供足夠的人才，像是從台灣調派支援或是在當地加強招募等等，這些事情都要透過人力資源的規劃去處理（**表2-3**）（王秉鈞，2005/09：143）。

二、人力規劃具備的條件

學者恩寇瑪（S. M. Nkomo）在1986年針對《財星》五百大（Fortune 500）的企業，進行一份對於人力資源規劃的態度及實際運用的問卷調查發現，在《財星》五百大中的大公司，只有14.8%企業實施完整的人力規劃，而無正式實施人力規劃的企業則占46%，顯示當時的企業界並不重視人力規劃，其主要原因包括：大部分的公司都承認「人是公司最重要的資產」，但卻把人當作營運上的支出而非公司主要的資產或投資，其次是認爲「無須事先規劃人力」，未來所需人才屆時羅致即可。

恩寇瑪針對上述調查結果，提出一套完整的人力規劃應具備的條件：

1.對外界環境的分析：它包括對外界主要經營趨勢、勞動力及其現象的系統分析，因爲這些因素對企業裡的人力資源管理有潛在影響力。
2.與企業的策略規劃相結合：人力資源管理的目標與策略係來自企業的整體策略，而企業整體策略的決定也要受其現行人力資源的質量及勞動力市場所能提供的人力所約束。

表2-3　人力資源規劃的定義

學者	人力資源規劃定義
Wendell L. French（1978）	一個組織確定其擁有適質且適量的人員，在適時且適所的為組織做具有經濟利益貢獻的過程。
James W. Walker（1980）	分析在變遷的環境下，組織對人力資源的需求，以及滿足這些需求之所有必要活動之過程。
Cash & Fischer（1986）	是對人力資源的利用，以協助達成組織的目標。
Wether & Keith（1989）	有系統地預測組織未來的人力需求及供給，經由對所需人員數目及種類的估計，人力資源部門可規劃完善的招募、甄選、訓練、生涯規劃及其他各種人力資源行動與措施。
Mathis & Jackson（1991）	分析及找出為達到組織目標所需要及可利用人力之過程。包括：瞭解組織現有人力、技能及訂定預期各項人力變動的應用計畫。
Sherman & Bohlander（1992）	對組織人員的甄選、晉升及離職等各項人力活動偵測與預期之過程，其目的在使組織的人力資源運用更有效率，並能適時、適地的獲得適質的人才。
Byars & Rue（1994）	於適當的時間獲得適質、適量之人才，使其適得其所的過程。
郭崑謨（1990）	係對組織中的人力需求預為估計，並訂定計畫，依次培養與羅致，以充分發揮組織的功能，有效達成組織之目標。
吳秉恩（1990）	乃配合組織業務發展需要預估未來所需人力的數量、種類及素質，加強人力之培訓與取得，使其人力充分運用與發展之合理程序。
黃英忠（1993）	為對現在或未來各時、點企業之各種人力與工作量之關係，予以評估、分析與預測，期能提供與調節所需之人力，並進而配合業務的發展，編製人力之長期規劃，以提高人員素質，發揮組織的功能。

資料來源：丁志達（2008）。「人力規劃與合理化實務班」講義。台北：中華企業管理發展中心。

3.對現行人力資源供給的分析：分析現行員工人數其具備與工作有關的技巧、人力分布狀況、績效水準、潛在的工作態度等等。以上分析係爲了一個組織未來發展所需人力資源的才能與能量之基礎。

4.預測未來人力資源：它指出預測未來組織發展所需人力的數量與素質。

5.研訂策略或政策以達人力資源之目標：設計有關人事功能的各種措施，以配合人力資源的需要。

6.檢查與監督各種過程以達成人力資源目標：對各種措施之執行加以檢查並做必要的改進。（陳基瑩，2006/04：39-40）

三、人力規劃的目的

人力規劃的主要目的，是企業在適當的時間、適當的職位獲得適當的人員，最終獲得人力資源的有效配置。它是一種持續不斷的過程，其主要的目的在於（任天文，2000：4）：

1.減低用人成本：透過人力規劃可對現有的人力運用狀況做一分析與檢討，並找出影響人力有效運用的因素及解決方法，而使人力效能能夠充分發揮，減少不必要的浪費。
2.合理配置人力：一般人力配置不平衡之狀況，可透過人力規劃過程加以適當調整，使各部門之人力配置合理化，而不致產生某些部門缺乏人力而某些部門卻人力過剩之現象。
3.配合組織發展：人力規劃無異議地係爲配合未來組織發展需要，亦即未來所需之各類人力預先擬定人員增補與訓練計畫，使人力之成長與未來的組織發展相互調和，結合人才與企業共竟事功。
4.開發員工潛能：人力規劃能讓員工充分瞭解企業對人力資源運用的計畫，以及根據未來職位空缺，訂定自己努力的目標；並按所需條件來充實自己、發展自己，以適應組織目前和未來的人力需求，從而獲得工作滿足感。
5.人力發展計畫：人力規劃除了必須對現有人力狀況加以分析外，還必須對未來人力之供需進行預測，並經過整體全盤考慮後，依據分析結果擬定人力增補（精簡）與培訓計畫。

人力規劃的成功，有賴以良好的企業環境現況檢視及未來預測，以及良好的且縝密的策略規劃（**圖2-2**）。

四、人力規劃的種類

人力資源規劃有各種不同的分類方法，有按時間（長期、中期、年

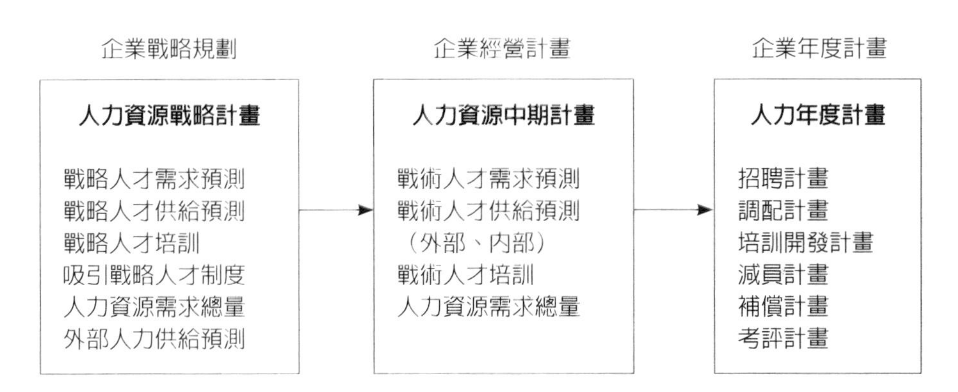

圖2-2　人力資源規劃與企業計畫關係圖

資料來源：諶新民、唐東方（2002）。《人力資源規劃》（*Human Resources Programming*），頁45。廣州：廣東經濟。

度與短期規劃）來劃分的，有按範圍（整體規劃、部門規劃與專案規劃）來劃分的，有按性質（戰略規劃、戰術規劃與管理計畫）來劃分的，企業可以在制定人力規劃時，根據具體情況和實際需要靈活選擇。

如果人力資源規劃根據時間的長短不同劃分，可分長期、中期、年度和短期計畫四種。長期計畫適合大型企業，往往是五至十年的規劃，以未來的組織需求爲起點並參考短期計畫的需求，以測定未來的人力需求；中期計畫適合大、中型企業，一般的期限是二至五年；年度計畫適合所有的企業，它每年進行一次，常常與企業的年度發展計畫相配合；短期計畫適用短期內企業人力資源變動加劇的情況，根據組織之目前需求測定現階段的人力需求，並進一步估計目前管理資源能力及需求，從而訂定計畫，以彌補能力與需求之間的差距，是一種應急計畫。年度計畫是執行計畫，是中期、長期人力規劃的貫徹和落實。中、長期規劃對企業人力規劃具有方向指導作用。

雖然人力規劃預測可分爲短、中、長期三種，但最適當的人力供需預測期間約在一年最佳，因爲預測的期間愈長，會有各種新的政治、產業環境的變化因素干擾，因而人力供需預測結果會不準確（**圖2-3**）。

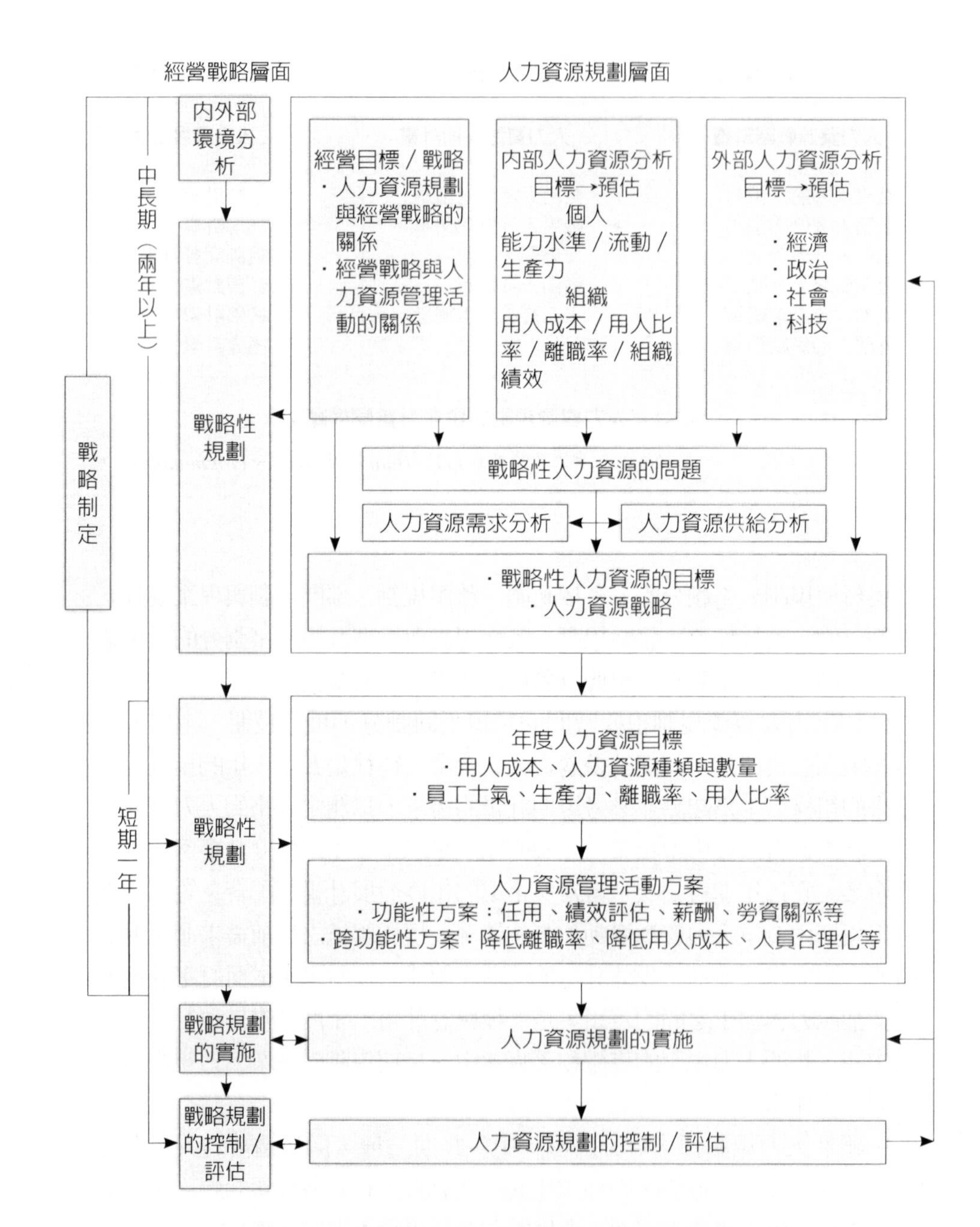

圖2-3　戰略制定與人力資源管理過程關係圖

資料來源：諶新民（主編）（2005）。《員工招聘成本收益分析》，頁39。廣州：廣東經濟。

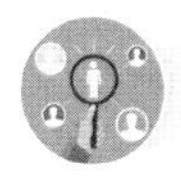 第三節　人力規劃程序

人力規劃過程，可以歸納為四個步驟：評價現有的人力資源（人力盤點）、預估將來需要的人力資源、制定滿足未來人力資源需要的行動方案和對人力資源規劃進行評估。

制定人力規劃的程序，包括企業環境分析、人力資源供需預測、人力資源供需比較，和供需不平衡的解決方案。

一、人力資源外部環境分析

企業在制定人力規劃時，必須對可能影響企業運作的外部和內部力量加以衡量、評估並做出反應。一般而言，影響人力規劃的外部因素有下列六大類：

(一)經濟因素

不同的經濟發展狀況會對企業人力資源需求產生影響，自然也對企業人力規劃有所影響。例如：經濟發展速度加快，對人力資源數量和結構的需求就會提升。經濟因素主要體現在經濟形勢（例如當經濟蕭條時期，人力資源取得的成本和人工成本較低）、勞動力市場供需關係（例如某類人才供不應求，則從企業外部補充人力資源受到一定限制）、消費者收入水平（例如當消費者的收入水平提高時，對商品的需求會增加，企業的銷售量增加，從而增加生產，擴大人力資源的需求），因此，經濟因素是企業人力規劃中必須考慮的一個關鍵因素。

(二)人口因素

人口變化將會導致勞動力供給的變化，因此，人口統計數據的變化（例如人口總數、勞動適齡人口數量、女性與受過高等教育的人口變化），對企業長期人力規劃有著重要的意義，特別是企業所在地區的人口因素，對企業獲取人力有重要的影響。它主要包括人口規模（社會總人口的多少影響社會人力資源的供給）、年齡層結構（例如不同的年齡層有不

同的追求，在收入、生理需求、價值觀念、生活方式、社會活動等方面的差異性，決定了企業獲取人力資源時因人而異）、勞動力質量（例如企業在選擇投資地點時，會因爲各行業需求人才別的不同，而考慮投資當地的勞動力質量供需的條件），這些信息最終將導致企業勞動力成員與結構的變化。

(三)科技環境

新材料、新資源和新技術在企業中的應用給企業帶來了多方面的變化，這些變化必然導致對企業人力資源需求的改變，且對人力資源質量、數量和結構提出新的要求。例如新設備的採購，將可以取代部分的操作人力，因而使企業減少對人力資源的需求。

(四)政治與法律因素

企業時刻都在一定的政治與法律環境下運作。政府爲了保護勞動者的權益，制定了有關這方面的法律、法規，以保證人力資源活動的正常有序進行。例如高科技產業到中國大陸投資的限制、服務業僱用外勞的限制、勞工每週工時的限制、最低工資給付的限制等。

(五)社會文化因素

社會文化反映著個人的基本信念、價值觀和規範的變動。例如，日本人喜歡終身僱用制。

(六)競爭對手分析

企業分析競爭對手的目的，在於防止對手的人力資源發展策略對本企業造成重大損失。例如：競爭對手是新加入這個行業時，就要預防高薪挖走企業內的尖端技術人才，以防止企業技術流失。

二、企業內部環境分析

從企業內部環境方面來分析，影響企業人力規劃的因素有下列幾項：

(一)行業的特性

不同的企業對人力資源有不同的需求，例如：勞力密集型企業強調員工的體能；資本密集型企業強調員工的技術；知識密集型企業強調員工的創新能力。

(二)企業的發展戰略

企業在不同發展階段中，對人力資源數量和結構的需求是不同的。例如：企業規模擴大、產品結構調整或升級、採用新生產工藝時，這些都會導致企業人力資源層次結構及數量的調整。

(三)企業文化

企業文化是全體員工在長期的生產經營活動中形成的，並得到員工共同遵循的企業目標、價值標準、基本信念和行爲規範。如果企業的凝聚力強，員工的進取心強，企業員工外流量少，那麼企業面臨的人力資源方面的不確定性會大大減低，企業人力資源供給情況就比較明確。

(四)企業自身人力資源系統

企業自身人力資源系統，主要透過人力資源的供需量的影響來實現。例如：待遇高、晉升機會多、福利佳，對人才市場的求職者有較大的吸引力，企業的人力供給比較充裕，從外部補充人員時挑選空間較大，內部人力資源也由於不願意離職而保持人員的穩定性。

(五)企業組織類型

不同類型的企業所需的人力資源是有差異的，因此在對企業人力資源現狀進行分析時，必須考慮到企業的組織類型對人力資源規劃的影響。例如：美國著名的人力資源管理學者沃克（James W. Walker）從組織的複雜程度和組織變革的速度兩方面，將企業的組織類型分爲四類：制度型、創業型、小生意型和靈活型組織。

三、人力供需預測技巧

預測勞動力供需的方法有量化（quantitative）與質化（qualitative）兩種（**表2-4**）。

表2-4　人力評估方法

方法	說明
問卷調查法	透過問卷的設計，瞭解各單位的工作負荷狀況、公司背景及人力相關問題。
人員訪談法	透過訪談瞭解工作負荷及目標達成度，以決定員額。
現場觀察法	透過現場觀察瞭解各單位的工作負荷狀況。
相關文獻與歷史事件法	對組織內一般文獻的紀錄與重大事件進行有系統的整理，以發覺組織從過去到現在，在特定問題上的徵候，以供預測與判斷之用。
組織氣氛調查法	在進行組織診斷時，判斷問題的嚴重性及未來政策推行的可行性，能提供管理者一個客觀的問題焦點。
財務損益兩平法	運用損益兩平的概念，從支付能力判斷人事費用的適切程度，在獲利或成本效益考量的前提下推估最適人力水準。
組織標竿比較法	選定特定之人力相關指標，將組織本身在此項相關指標上的表現，與其他同業、競爭者或異業在此項指標上的表現相比較，然後反推若欲取得優勢地位之人力指標水準為何？進而推算最適之人力水準如何？
管理控制幅度法	藉由管理者所直接管轄或監督的部屬人數計算合理的管理幅度。
數量模型法	過濾篩選出各項影響組織員額配置的因子，再輔以回歸時間序列及人工智慧等方法，正確地描述各項探討因子之關係，最後再以模式推演預測出可能的最適員額配置。
功能流程評估	根據各功能指標達成狀況以決定員額。
組織目標推衍法	根據完成目標推衍所需之人力。
工作分析與部門執掌調查法	瞭解各單位之執掌及工時，推估各單位所需之人力。
標準工時推算法	對於組織內各項業務加以切割組合各種不同的作業流程或工作項目，經過合理的評估與檢討，建立其標準作業。
潛能評鑑法	衡量部門內人員潛能及工作量之關係以決定員額。

資料來源：精策管理顧問公司；製表：丁志達。

(一)量化技巧

量化技巧雖然比較常見，但它有兩項主要的限制：

第一，這類方式大都得仰賴過去的數據，或人員招募水準和其他變數（如產出或營收）之間先前的關係，可是過去的關係不見得適用於未來，而且過去招募人員的作法，也要隨著時間調整而不是一成不變。

第二，這類測驗技巧大都是在1950、1960和1970年代初期開發出來，適合那個時代的大型企業（穩定的環境和就業人口）。可是當今企業面對著各種不穩定的要素，例如：科技的日新月異和強烈的全球競爭，這些技巧就不太適用。企業在這種變動要素的影響下也跟著出現劇變，而這些變化是很難從過去的數據預測出來的，例如：有一家成衣製造商，通常是對零售店銷售其產品，但現在打算透過網路擴大顧客群，這樣一來，該公司可能需要招聘具有相關技術和能力的人才，而這些技術是他們原先並不需要的。

(二)質化技巧

質化技巧是仰賴專家（包括高層主管）對於品質的判斷，或是對於勞動供需狀況的主觀判斷。質化技巧的好處之一，在於具備足夠彈性，可以納入專家認爲應該考慮的要素或條件。然而，質化技巧潛在的缺陷有：主管的判斷可能比較不正確，預測結果可能沒有量化技巧來得細密（L. R. Gomez-Mejia等著，胡瑋珊譯，2005：198-199）。

當目前的人力資源狀況和未來理想的人力資源狀況存在差異時，企業必須制定一系列有效的人力規劃方案。在員工過剩的情況下，企業需要制定一系列的人員裁員計畫；在員工短缺的情況下，則需要在外部進行招聘。如果外部勞動力市場不能有效地供給企業，則需要考慮在內部透過調動補缺、培訓和工作輪調等方式，增加勞動力供給（胡麗紅，2006/02：43）。

四、人力資源需求預測

爲了確保組織戰略目標和任務實現，企業組織必須對未來某段時期內的人力資源需求進行預測，包括：人力資源需求的總量、專業職的結構、學歷層次結構、專業職務與技術結構、人力資源年齡結構等進行事前評估。

(一)影響人力需求的因素

影響企業人力資源需求的主要因素有：員工的工資水平、企業的銷售需求、企業的生產技術、企業的人力資源政策、企業員工的流動率等。在企業人力資源需求預測中，必須注意企業人力資源發展的規律和特點，人力資源發展在企業中的地位和作用，以及兩者之間的關係，分析影響人力發展的相關因素，皆是人力資源發展的總趨勢。

(二)人力規劃之方法

在建立組織及各部門（單位）的目標後，緊接著要決定達成這些目標所須具備的技術能力及專業能力，更進一步決定具備這些技能及專業的人員種類及數量。

企業在進行人力需求預測時，可分爲判斷法（judgmental methods）及數學法（mathematical methods）兩種來運作。

◆判斷法

判斷法，可分爲主觀判斷（managerial estimates）和德爾菲法（Delphi technique）兩種。

1. 主觀判斷：在主觀判斷下，管理者主要是根據過去的經驗，從而對未來全體員工的需求做出預測，這些估計可由最高階層管理者做出，再交給低階管理者執行，或是由低階管理者做出，再交給高階層去做進一步的修正，或是由一些高階與低階管理者的組合來預測。
2. 德爾菲法：它是判斷方法中最爲正式的方法，且遵循明確的步驟。它是1950年代由赫爾姆（Olaf Helmer）和其在蘭德（RAND）公司

的同事一起發展出來的長期預測技術，其目的在獲取專家們的基本共識，以尋求對特定預測事項的一致意見。這種方法帶有幾分預感與判斷，但這種技術比較準確，在預測方法中享有一定的權威。德爾菲法的實施步驟如下：

(1)選擇專家，訪問洽談，對研究主體適當溝通，以掌握問題核心。
(2)設計初次問卷，預測與修正問卷，然後做第一回合的問卷調查。
(3)針對第一回合的問卷調查資料，彙集專家們的個別意見。
(4)整理專家們的意見做成彙總表，並製作下一回合的問卷，分別請每一位專家參酌答覆，補充修正。
(5)彙集專家們的意見、說明與答辯。
(6)將專家們的意見加以綜合，成爲具通盤性而趨於一致的結果。若無法達成此目的，則重複進行(4)、(5)、(6)步驟，以逐漸導出趨於一致的結果。

個案2-1　德爾菲法的運用

假設一家石油公司想知道，什麼時候海上平台的水下探勘工作可以完全由機器人而不是由潛水伕完成，如採用德爾菲法的作法，他們可以先與若干專家聯繫，這些專家有各種各樣的專業背景，包括：潛水伕、石油公司的技術人員、船長、維護工程師和機器人設計師。公司將向這些專家說明整個問題是什麼，然後，請教每位專家認為什麼時候機器人可以代替潛水伕。最初回答的時間差距可能很大，比如說：2020年到2040年才能完成。公司將這些回答歸類總結，再將結果傳給每位專家，並詢問他是否根據別人的回答調整自己的答案。這一作法重複幾次後，各種回答的差距會逐漸縮小，譬如說，已有80%的專家認為時間應在2025年至2030年之間，這一結果已經可以作為制定有關計畫的依據了。

資料來源：Donald Waters著，張志強等譯（2006）。《管理科學實務》（*A Practical Introduction to Management Science*），頁221。台北：五南圖書。

德爾菲法主要的優點，是可蒐集思廣益的效果，而且不需要利用複雜的統計分析技術，也不需要歷史資料。而其缺點為信度不夠，對模稜兩可的問題敏感性過高，難以評定所需專門知識的程度，未能考慮不可預料的事件。此外，專家難求，專家的代表性不足，及預測過程常耗時甚長，也是德爾菲法的缺點（任天文，2000：11）。

◆數學法

數學法又稱統計（模型）法，主要包括時間序列分析（time series analysis）、人力率（personnel ratio）、生產指數（productivity index）和迴歸分析（regression analysis）四種。

1.時間序列分析：考慮過去增員標準、季節及市場循環變動、長期趨勢及隨機變動等因素，而透過移動平均法、指數平滑法（exponential smoothing）等來預測未來人力需求。
2.人力率：利用過去的人事資料來決定各部門需要人數，或兩項不同的變數。
3.生產指數：利用工作量和人員間的比率關係來預測未來人力需求。
4.迴歸分析：將過去的各項生產因子，包括銷售量、生產量、附加價值等相關變數，透過統計迴歸公式計算出未來人力的需求數。（**表2-5**）

面對上述眾多人力資源需求預測技術方法，企業必須從中選擇合適的方法來預測企業的人力資源需求。

(三)人力需求預測的步驟

由於企業的人力資源需求，除了受到企業內部的經營狀況、已有的人力資源狀況等諸多內部因素的影響外，還受到企業外部的政治、經濟、科技、教育和文化等多種不可控因素的影響，使得人力資源預測更為複雜、難度更大。

一般對企業人力資源需求預測的步驟為：提出預測任務、確定預測任務承擔者、預測對象的初步調查、選擇預測方法、蒐集預測數據、建立預測模型、實施預測及評估預測報告。

表2-5　預測人力資源需求的統計模型技術

技術	說明
時間序列分析	利用過去的全體職員水準（取代工作量指標）去計算未來人力分析資源的需求。也就是經由檢查過去的全體職員水準，分析出季節性與循環性變數、長期趨勢及隨機變動，然後再以移動平均數、指數平滑法或迴歸技術對長期趨勢做出預測與計畫。
人力率	檢查過去的人事資料去確定在各個工作與工作類別中員工人數間的歷史關係，然後以迴歸分析或生產指數對人力資源的總需求或主要團體需求做出計畫，再以人力率將總需求分配至不同的工作類別，或是為非主要團體估計需求。
生產指數	利用歷史資料去檢查過去的一個生產力指數水準， $$\text{生產指數} = \frac{\text{工作量}}{\text{人數}}$$ 只須發現了常數或系統的關係，就能以預測的工作量除以生產指數計算出人力資源需求。
迴歸分析	檢查過去的各個工作量指標水準，例如銷售量、生產水準及增值，從而得出其與全體職員水準的統計關係。當發現了充分緊密的關係，即可得出一個迴歸（或複迴歸）模型。將相關指標的預測水準放入這個模型中，就可以計算出人力資源需求的相對水準。

資料來源：Lee Dyer (1982). Human resource planning, In Kendrith M. Rowland and Gerald R. Ferris (eds.), *Personnel Management*, p. 59. Boston: Allyn and Bacon.引自：Lloyd L. Byars、Leslie W. Rue著，鍾國雄、郭致平譯（2001）。《人力資源管理》，頁131。台北：美商麥格羅．希爾。

五、人力供給預測

企業人力資源供給預測與企業人力資源需求預測有很大的差別。需求預測在一般情況下，只對企業的人力資源需求進行預測，而供給預測則需要從組織內部供給預測和組織外部供給預測兩部分來作業。

(一)人力內部供給預測

企業內部的人力資源供給，是指企業依靠企業的人員培訓、調配、晉升等措施，來填補企業的人力資源需求缺口。人力資源內部供給預測技術主要有：技術清單、現狀核查法、管理人員接替模型、人員接替模型和馬爾可夫鏈模型（Markov Chain Model）等方法。

在企業內部人力資源供給預測中，常用俄羅斯數學家安德烈・馬爾可夫（Andrey Markov）所提出之馬爾可夫鏈模型來預測進行人力規劃。

馬爾可夫鏈模型的基本假定就是，內部人事變動的過去模式和概率與未來的趨勢大體一致，這種方法主要用來分析企業內部人力資源的流動趨勢和概率，如升遷、轉職、調職、離職等方面的情況，以推測組織未來的人員供給情況，確保人力的適時、適所、適量、適才，以供企業作爲人力資源調度的考量依據（詹翔霖，2014/01：48）。

(二)人力外部供給預測

外部人力資源供給預測是相當複雜的，但它對企業制定其他的人力資源具體計畫有相當重要的作用。它主要是預測企業內、外部可能提供的人力資源供給數量和結構，以確定企業在今後一段時間內能夠獲取的人力資源供給量，其供給預測主要是：預測未來幾年外部勞動力市場的供給情況，它不但要調查整個國家和企業所在地區的人力資源供給狀況，而且還要調查同行業或同地區其他企業對人力資源的需求情況（**圖2-4**）。

(三)影響人力外部供給的因素

影響人力資源外部供給的因素，包括地域性因素、全國性因素、人口發展趨勢因素、科學技術的發展因素、政府政策法規因素、勞動力市場發展程度、勞動力就業意識、擇業偏好和工會因素等。

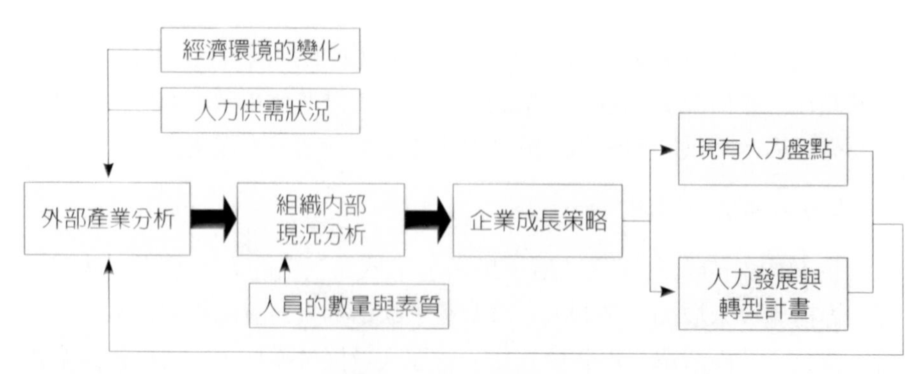

圖2-4　人力規劃系統

資料來源：丁志達（2015）。「人力規劃與人力盤點實務班」講義。台北：中華人事主管協會編印。

六、人力供需平衡

在人力資源發展過程中，人力供給與人力需求通常是不相等的。企業人力資源需求與企業內部人力資源供給有三種關係：供給平衡、供不應求和供過於求（**圖2-5**）。

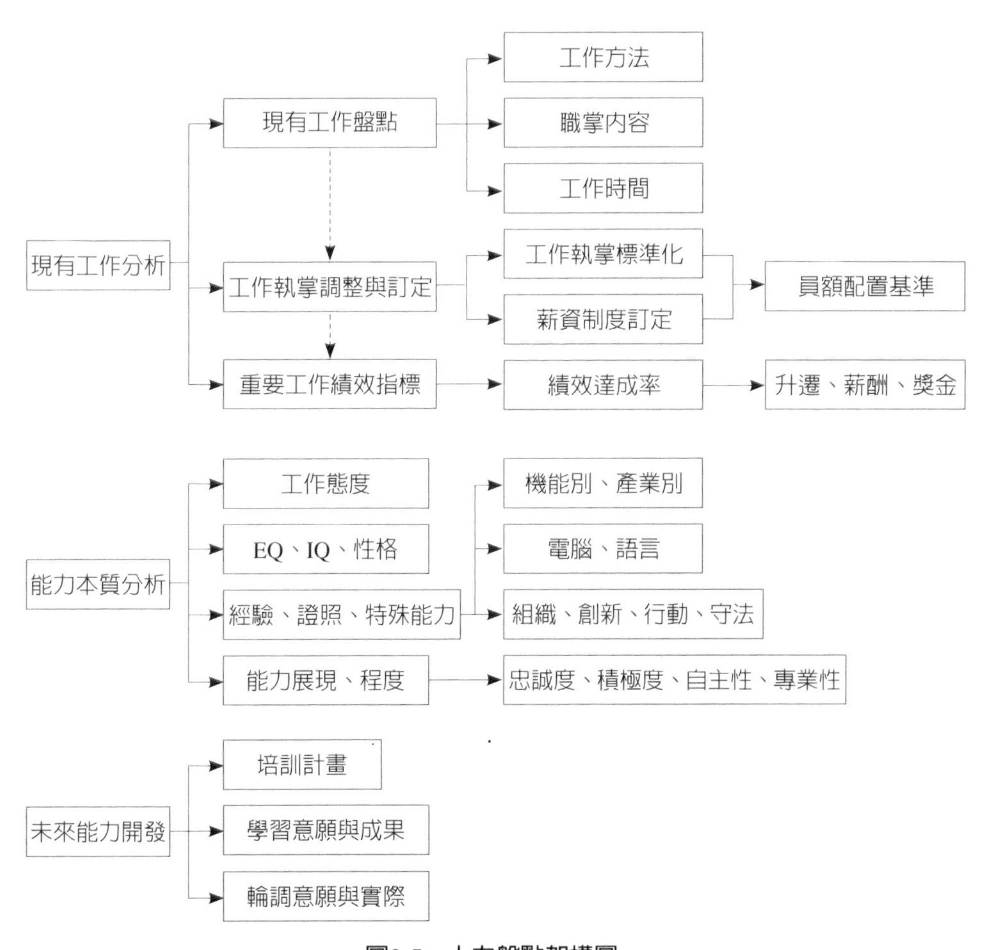

圖2-5　人力盤點架構圖

資料來源：謝屏（2006）。〈解決企業人力資源三大問題：勞動法的規範、缺工且高流動率、缺乏人才且難整合〉。《台灣鞋訊》，第13期（2006/01），頁29。

(一)供給平衡

人力供需平衡是企業人力規劃的目的，透過人力的平衡過程，企業才能有效地提高人力利用率，降低人力成本，從而最終實現企業發展目標。

企業的人力供需平衡，就是企業透過增員、減員、人員結構調整、人員培訓等措施，使企業人力從不相等達到供需相等的狀態。

(二)供不應求

當預測企業的人力需求大於供給時，企業通常採用外部招聘、聘用臨時工、延長工作時間、內部晉升、技能培訓、管理人員接替計畫、擴大工作範圍、退休人員的回聘等措施，來達到企業的人力供需平衡。

(三)供過於求

當預測企業人力供給大於人力需求時，通常採用提前退休、人事凍結、增加無薪假期、裁員、解僱（dismissal）等措施，來達到人力資源供求平衡（**圖2-6**）。

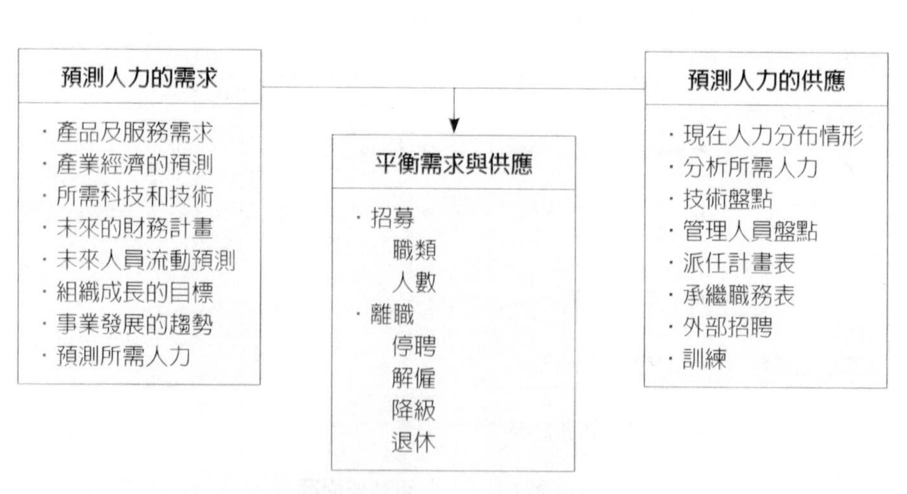

圖2-6　人力資源——規劃的預測模式

資料來源：李長貴（2000）。《人力資源管理：組織的生產力與競爭力》，頁143。台北：華泰文化。

 第四節　人力規劃方案

科學、完備的人力規劃體系，是企業人力資源管理的重要依據，能幫助企業進行有效的人事決策、控制人事成本、調動員工的積極性，最終確保企業長期發展對人才的需求（**表2-6**）。

表2-6　人力規劃內容一覽表

計畫類別	目標	政策	預算
總規劃	績效、人力總量素質、員工滿意度（總目標）	擴大、收縮、保持穩定（基本政策）	總預算
人員補充計畫	類型、數量、層次、對人力素質結構及績效的改善	人員素質標準、人員來源範圍、起點待遇	招聘、選拔費用
人員分配計畫	部門編制、人力結構優化及績效改善、人力資源職位匹配、職務輪換幅度	任職條件、職務輪換範圍及時間	按使用規模、差別及人員狀況決定的工資、福利預算
人員接替及提升計畫	儲備人員數量保持、提高人才結構及績效目標	全面競爭、擇優晉升、選拔標準、提升比例、未提升人員的安置	職務變動引起的工資變動
教育訓練計畫	素質及績效改善、培訓數量類型、提供新人力	培訓時間和效果的保證	培訓總投入產出、脫產培訓損失
評價、激勵計畫	人才流失減少、士氣水平、績效改進	工資政策、激勵政策、激勵重點	增加工資、獎金預算
勞動關係計畫	降低非期望離職率、勞資關係改進、減少投訴和不滿	參與管理、加強溝通	法律訴訟費
退休及解僱計畫	編制、勞務成本降低及生產率提高	退休政策及解聘程序	安置費、人員重置費

資料來源：諶新民（主編）（2005）。《員工招聘成本收益分析》，頁65-66。廣州：廣東經濟。

當企業確定了人力資源發展戰略和人力發展政策之後，就需要在戰略與政策的指導下，就戰略目標的實現擬訂具體的實施計畫。一個完整的人力規劃方案，通常包括：晉升規劃、人員補充規劃、培訓開發計畫、人員配置規劃、接班人計畫、補償計畫和減員計畫。

一、晉升規劃

晉升規劃實質上是組織晉升政策的一種表達方式，企業有計畫地提升有能力的人員以滿足職務對人的要求，是組織的一種重要職能。從員工個人角度上看，有計畫地被提升，能滿足員工自我實現的要求（**表2-7**）。

二、人員補充規劃

人員補充規劃是依據企業發展的實際需要，有目的的、合理地在中、長期彌補企業空缺職位的人力資源所擬定的人員補充規劃目標、實現政策和實現方法等。

它主要的形式有：內部選拔、個別補充和公開招聘。在制定人員補充規劃時，必須註明需要補充的人力資源類型、技能等級、需要補充部

表2-7　晉升人員注意事項

1.要根據公司的發展戰略要求，來制定人員發展戰略。 2.根據制定好的人員發展戰略，確定企業需要哪些人才。 3.評估企業的人才現狀，對比勞動力市場的人才供需行情、企業內部用人的需求狀況，確定獲得企業所需的人才的主要途徑。 4.由於內部提拔牽扯到晉升的問題，為了確保晉升的工作能夠做好，需要為企業每一個員工規劃好他們的職業發展路徑。 5.完成相應職位的工作描述，明確該職位的人員要求。 6.根據公司的人員發展規劃制定培訓計畫，使員工在規定時間內達到相應職位的要求。 7.制定人員儲備評估方案，以評估企業未來人員的儲備。如果企業內部沒有合適的人才儲備，就要考慮到建立外部人才儲備，事先做好這些人的儲備計畫，等到公司需要的時候，就儘快啓動招聘程序，使合適的人儘快遞補這個職位。

資料來源：丁志達（2014）。「人事制度規劃與設計方法實務」講義。台北：中華工商研究院編印。

個案2-2　IBM知識大學架構

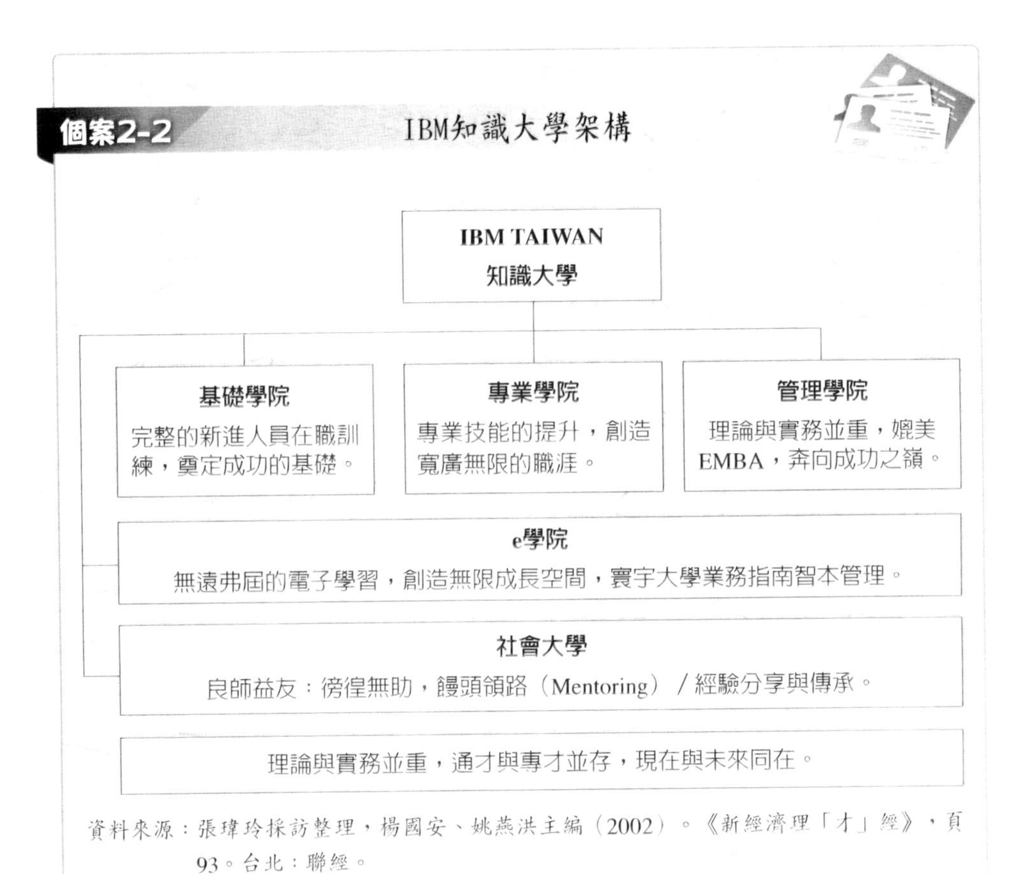

資料來源：張瑋玲採訪整理，楊國安、姚燕洪主編（2002）。《新經濟理「才」經》，頁93。台北：聯經。

門、補充人數、補充方式、補充時間、補充以後增加的效益、補充以後增加的支出等（陳京民、韓松，2006：210）。

三、培訓開發計畫

企業的培訓開發規劃是爲了企業長期、中期、短期所需要彌補的職位空缺，事先準備合適的人力資源而制定的培訓計畫安排。企業人員培訓開發計畫的任務，就是要設計出對現有人員的培訓方案，包括接受培訓的人員、培訓目標、培訓內容、培訓方式、培訓費用等項目的設計與預算（**圖2-7**）。

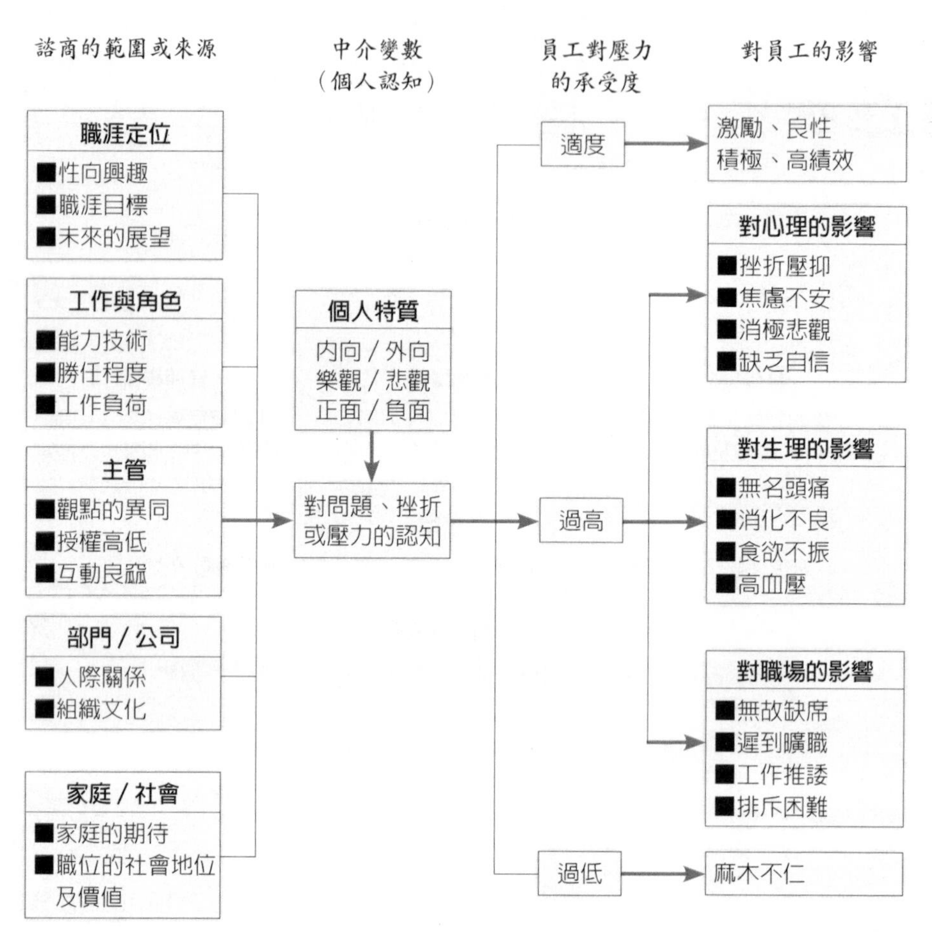

圖2-7　職涯諮商的範圍

資料來源：石銳（2004）。〈企業人才資本的保母〉。《能力雜誌》，第584期（2004/10），頁113。

四、人員配置規劃

組織內人員未來職位的分配，是透過有計畫的人員內部流動來實現，這種內部的流動計畫就是調配規劃。

五、接班人計畫

接班人計畫讓企業得以避免因爲一些可預期或不可預期的主管異動（主管離職、退休、生病、甚至死亡）而蒙受損失。一般標竿企業通常都會訂定一套正式的接班人計畫，確認哪些主管職位需要接班人計畫，以及具備潛力的接班人選，事先給予必要的訓練。麥當勞（McDonald's）早年的人才選拔政策中有一條就是：「如果你沒有培養自己的接班人，那你在其他方面再優秀，也不能被提拔，直到你培養出合格的接班人爲止。」

個案2-3　標竿企業接班人計畫作法

成功作法	IBM	奇異（GE）	英特爾（INTEL）	個案公司
建立領導者發展其他領導者的制度	1.領導培育課程中，公司大部分採內部訓練講師，且多半由高階主管擔綱授課。在領導特質中的教導（coaching）及發展潛力人才（developing talent），乃是必備的特質，教授者也在教學中成長。 2.授課紀錄乃是晉升主管的必要條件，並規定每位主管要有五個教導日（teaching day），及擔任過兩個新人的指導者（mentor），以作為考核晉升的依據。	1.高階主管親自參與接班人計畫，以確保人員發展及在時間內有效地獲得廣泛經驗及能力，並證明經理人能勝任企業內的高階職位，包括執行長。 2.建立教導型組織，讓主管擔負起發展及指導他人的責任。	1.新任經理人將被指派一位搭檔（buddy），搭檔可以加速他的學習，而新任經理人也可以挑選一位導師（mentor），這些導師群是已被證明具有協助其他人達到目標的能力者來擔任。 2.資深經理人教導或提供領導訓練至少一年四次，而他們的參與則連結到個人的年度獎金。	1.高階主管親自參與確保人員接班的計畫。 2.設定高階主管成為潛力經理人之指導者，讓高階主管共同擔負起發展他人的角色，並依此評量高階主管在此部分的管理才能。

成功作法	IBM	奇異（GE）	英特爾（INTEL）	個案公司
個人參與及投入接班人計畫程序中	個人可為自己的職涯負責，內部職涯機會公開。個人可透過三百六十度績效進行回饋。	個人可為自己的職涯負責，內部職涯機會公開。個人可透過三百六十度績效進行回饋。	個人可為自己的職涯負責，內部職涯機會公開。個人可透過三百六十度績效進行回饋。	職涯訪談及個人發展計畫回饋，讓人員瞭解在公司的發展機會及參與管理才能發展的意願。
符合企業特定政策的才能發展專案設計	建立整合型學習組織，設定各階段之學習重點及課程。	將組織和員工的議題與企業的目標合併。包含：員工議題（staff issue）、關鍵職位的備位人選、多元化、全球化、無疆界組織（boundaryless organization）、技術人才的發展等。	1.將十個預計要晉升的人員聚集在一起，進行同儕間教導，這樣他們可以在真正擔任管理職之前，瞭解如何管理指導其他人員的績效。 2.行動導向的學習：分組的經理人可以藉由虛擬的團隊來一起解決真實的企業問題，這些團隊可能包含全球各地的成員。	1.建立符合個案公司之管理才能系統。 2.透過跨部門專案指派，讓潛力人才學習跨部門團隊建構、推動，及建立以公司整體發展之觀點。

資料來源：余靜雯（2005）。《半導體封測業主管管理才能評鑑模式與接班人計畫之研究——以A公司爲例》，頁71-72。高雄：國立中山大學人力資源管理研究所碩士論文。

六、補償計畫

補償計畫的目的是確保未來的人工成本不超過合理的支付限度，未來的工資總額取決於組織內的員工是如何分布的，不同的分布狀況，成本也不同（岳鵬，2003/05：30）。

七、減員計畫

一些可預見的因素造成的減員，如採用新的生產設備、進行技術創新或管理創新、市場沒有擴大、產品滯銷等因素，都會減少人力資源需求；轉產、提高產品檔次等因素，可能需要對人力資源進行結構性調整；招聘一些適應新技術要求的員工，而置換出不適應新技術生產要求的員工；其他如員工屆齡退休等因素，企業都需要制定減員計畫。近年來，市場競爭加劇，產品更新加快，減員已成了提高企業競爭力的重要手段。

第五節　人力盤點作業

企業在經營管理過程上，常會出現的困難就是所用人員在經過一段時間後會覺得似乎不太合用或不再勝任，其實這種問題之關鍵在於經營者沒有實施人力盤點之故。但人力盤點一向是人力資源管理實務中最困難的任務之一，其中牽涉的變數頗多，除了企業本身之人力資源管理制度系統外，也與組織整體之策略及發展方向息息相關。

一、人力盤點的目的

人力盤點的主要目的是在於瞭解企業本身的人力資源成本是否合理？不只重視「量」的部分，更重視「質」的部分，以進一步瞭解人力資源的運用是否符合經營所需？能否達成組織的目標？更重要的是針對「人」的質量做進一步的分析，以期完成企業願景及目標的達成。例如企業未來三至五年會進行新興市場的開拓業務，人資單位在規劃人力時，應先擬定的人力配置計畫，接著做全方位的人力盤點，擬定增補計畫，以及評估人力供需方案的可行性，進一步作爲人資單位招募、人員轉調以及晉升的依據。

二、人力盤點的作用

透過人力盤點，有助於發現人力結構的特質、優點與潛在發展（改善）空間，能提供配置人力資源數量與調整體質參考。同時，可以確認各個不同職務所需職能爲何？提供「人」、「事」之間是否適配的參考基

礎；並且得以瞭解個別員工之職能水準與其所擔任之職務間的差距情況，如此便可以精確地指出訓練發展的方向，成爲規劃培訓方案之依據，亦能避免資源誤投之浪費。

人力盤點之結果，可作爲支持組織願景與未來業務發展計畫上所需人力規劃之重要參考依據，即可作爲招募新進人員、職務重新配置或在原有的職務基礎上進行深耕（工作擴大化、工作豐富化）之參考。

三、人力盤點的方法

工欲善其事，必先利其器，在人力盤點時，其評估方法可歸納爲下列三大類：

(一)以人爲核心之方法

盤點時以人爲評估之對象，調查並瞭解組織成員擔任的任務內涵及工時多少，並查核其適任之程度，包括人力盤點（總體）、管理控制幅度精算法（總體）、工時調查（個體）及人才評鑑（個體）等。

(二)以工作爲核心之方法

盤點時以工作爲評估對象，根據所需的總工時推算人力，包括部門職掌調查（總體）、組織目標及價值鏈之交叉分析（總體）、標準工時調查（總體）、樣本單位對照法（總體）、作業流程改善與分析（個體）、動作時間研究（個體）等。

(三)以資料爲核心之方法

盤點時以組織內部對各種與人力相關之經營資料或投入及產出之數據爲準，包括檢核點人力預測法（總體）、以財務資料爲根據之損益兩平分析法（總體）、價值鏈分析法（總體）、迴歸模型人數預測法（個體）、參數模型之人工智慧演算法（個體）等。

以上各種方法之施行，各有其不同之考量及其優缺點，故其採行應視不同情境而有所調整。

四、人力盤點後的作業程序

人力盤點後在提出報告書之前，應先與各部門主管進行溝通，進行必要的修改，再提交公司決策層審核，其作業程序如下：

1.制定職務編制計畫：描述企業的組織結構、職務設置、職務描述和職務資格要求等事項。目的是描述企業未來的組織職能規模和模式。

2.制定人員配置計畫：描述每個職務的人數、人員的職務變動、職務的空缺數量等。目的是描述未來的人員數量和素質構成。

3.預測人員需求：說明職務名稱、人數、希望到職時間等。它是人力規劃中最困難和最重要的部分。

4.確定人員供給計畫：描述人員供給方式、途徑（內招、外聘）、人事異動等。

5.制定培訓計畫：培訓政策、培訓需求、培訓內容、培訓形式、培訓考核等。

6.制定人資管理政策調整計畫：招聘政策、績效考核政策、薪酬與福利政策、激勵政策、員工管理政策、職涯規劃政策等。

7.人事預算編列：招聘費用、培訓費用、人事費用、福利費用、經濟補償金、勞動爭議處理、顧問費等。

8.關鍵職務的風險分析與對策：風險分析包括透過風險識別、風險估計、風險駕馭、風險監控等一系列活動來防範風險的發生。

企業經過人力盤點後，應協助員工補強欠缺的能力，才能讓員工及公司更具競爭力（**圖2-8**）。

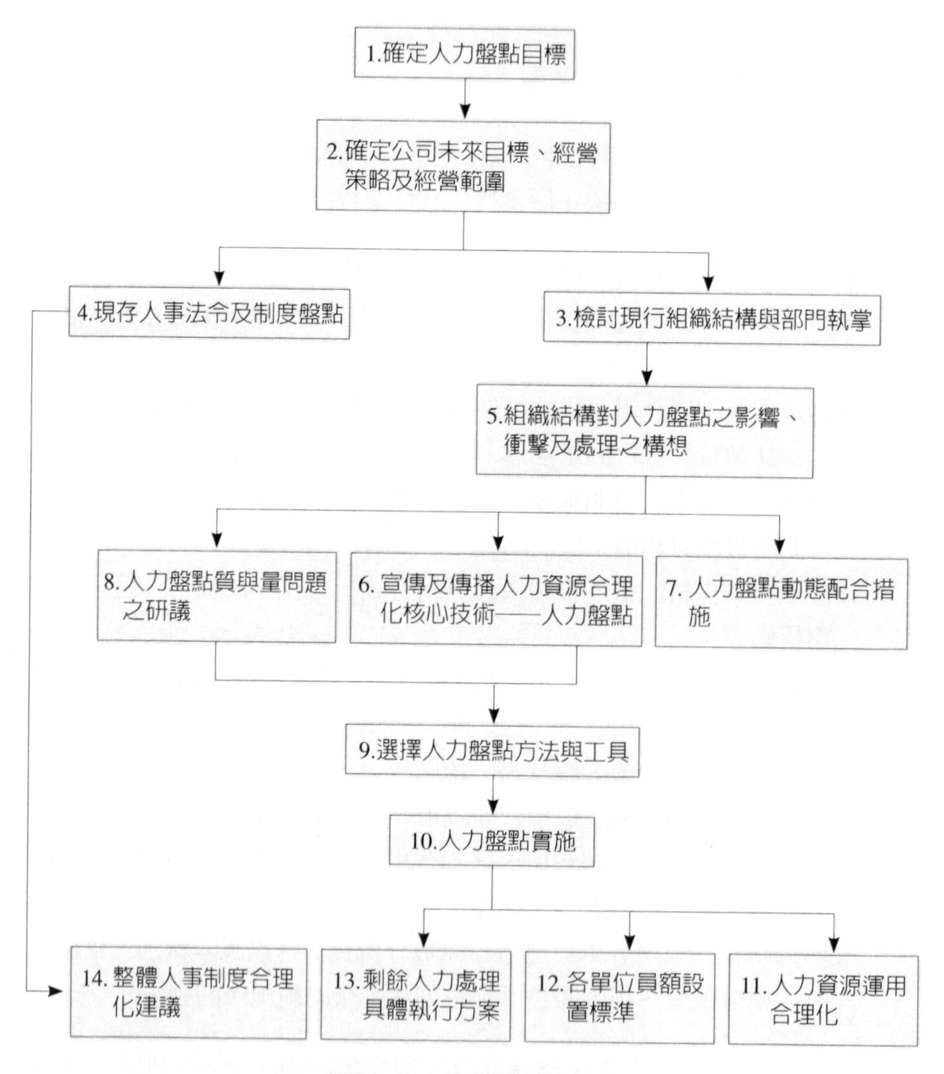

圖2-8　人力盤點流程圖

資料來源：常昭鳴、共好知識編輯群編著（2010）。《PMR企業人力再造實戰兵法》，頁267。台北：臉譜出版。

 結　語

一個組織之所以要編制人力規劃，主要是因爲經營環境是隨時在變化中。人力規劃能加強企業對環境變化的適應能力，爲企業的發展提供人力保證。

清朝曾國藩在《議汰兵疏》中提到：「自古開國之初，恆兵少，而國強其後；兵愈多則力愈弱，餉愈多而國愈貧。北宋中葉兵常百二十萬，而南渡以後，養兵百六十萬，而軍益不競。明代養兵至百三十萬，末年又加練兵十八萬，而孱弱日甚。」所以，企業用人貴在「精實」，而不在「擁兵自重」，因而，人力規劃的最終目標，是要使組織和個人都得到長期的利益（企業獲利與個人成就感）。

第三章

工作設計與工作分析

- 工作設計概述
- 工作分析概述
- 工作分析資料蒐集
- 職位說明書與職位規範
- 工作分析與招聘關聯性

> 每個人只能透過社會分工的方法，從事自己力所能及的工作，才能為社會做出較大的貢獻。
>
> ——希臘・蘇格拉底（Socrates）

企業目標的達成必須透過組織運作。所以，組織規劃與設計是企業遂行各項企業活動的第一項要務。組織規劃與設計後呈現出結構性的組織架構，在組織架構中，無論是功能分工、地區分工、抑或是矩陣式結構型態，必然產生各別職位，而每一職位的設置，其工作職掌，工作內容，甚至於工作條件就必須加以規範。

此項規範，在專業領域的工作程序就包含了工作設計與工作分析。

工作分析是人力資源管理的一項最基礎的工作。工作分析結果爲組織的一系列職能活動提供支持與依據，例如人員甄選、培訓與開發、薪酬設計、工作設計、績效考核、工作分類等。可以說，工作分析是促進所有人力資源管理活動高效開展的核心因素。在工作分析過程中蒐集到的信息的質量，將直接影響到緊接著的人力資源管理決策和行爲的質量（傅亞和，2005：299）。

第一節　工作設計概述

工作分析作爲研究提取有關工作方面的信息，是建立在工作設計的基礎上。工作設計，是指爲了有效地達成組織目標而採取與滿足工作者個人需求有關的工作內容、工作職能和工作關係的設計。一個好的工作設計要兼顧組織效率、組織彈性、工作的有效性、員工激勵與職業生涯發展的需求。

一、工作設計的目的

工作設計（job design）的目的是透過合理、有效地處理員工與工作崗位之間的關係，來滿足員工個人需要，實現組織目標。它強調透過工作

豐富化和工作擴大化來滿足員工的心理和能力發展需求。

企業透過工作設計與分析，得以將組織內的人力資源做最妥善的配置，以提升企業競爭優勢，其目的有二：

1.滿足組織在生產力、作業效率和產品、勞務品質上的要求。
2.滿足個人樂趣、挑戰和成就的需求。

這兩項目的顯然相互關聯，因此，工作設計的整體目標是整合組織與個人的需求為一體（**圖3-1**）。

二、工作設計的原則

工作設計需要遵循一定的原則，才能最大限度的發揮其作用。

1.從人因工程學（Ergonomics）角度看，工作設計必須重視能力與知識原則、時間與功能原則、職責與權利原則、設備與地點原則。
2.從技術角度看，應重視工藝流程、技術要求、生產和設備等條件設計的影響。

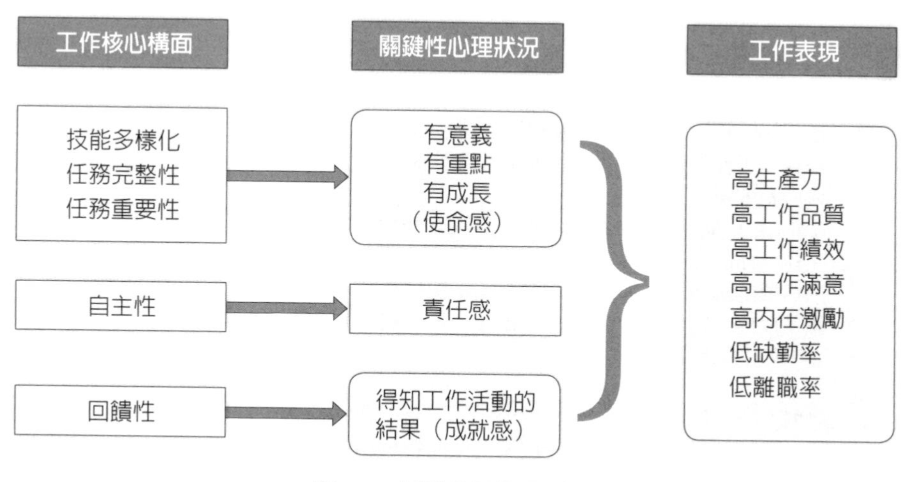

圖3-1　挑戰性工作設計圖

資料來源：丁志達（2014）。「工作分析、職位評價與薪資行政管理班」講義。台北：中華人事主管協會編印。

組織學者哈克曼（J. R. Hackman）和奧爾德漢姆（G. R. Oldham）提出，在工作設計時，以下五項工作特徵將影響工作者的心理狀態：(1)技能多樣化；(2)任務完整性；(3)任務重要性；(4)工作自主性；(5)結果回饋等。不同的工作特徵將促使工作者不同的心理狀態，它會對工作意義的感覺、對工作責任的體驗、對工作結果的瞭解，以及知道如何去進一步改善有所影響。

三、工作設計的形式

工作設計的主要內容，是指要如何去執行工作？由何人來執行工作？執行何種工作？何時執行工作？以及在何處執行工作等基本問題；而工作分析則是對某項工作以訪談或觀察等方式獲知有關工作內容與其相關資料，以作為製作職位說明書的一種程序。

常見的工作設計形式有工作豐富化（job enrichment）、工作擴大化（job enlargement）、工作輪調（job rotation）和工作再設計（job redesign）四大類。

小常識 人因工程

人因工程（Ergonomics）是一門工程技術，也是一門哲學。它旨在發現關於人類的行為、能力、限制和其他特性等知識，而應用於工具、機器、系統、任務、工作和環境等的設計，使人類對於它們的使用能更具生產力、安全、舒適與有效果。

當工程師設計機具時，他必須將操作機具的人與機具同時考慮為一個人機系統（Human-Machine System），而評估分析此系統的可靠度、操作難易度、所發揮的績效功能等。由於操作人員是人機系統的主要部分，他們的感知、判斷、反應、行動力、性向、持續力、壓力等生理、心理的反應與能力，直接影響系統的績效，這些心理與生理的反應與能力統稱為人性因素。

資料來源：長庚醫院機電設計與整合研究室，http://mmrl.cgu.edu.tw/rehab/mme/rehab/organize/chap3/ergonomics/no2.htm

(一)工作豐富化

工作豐富化的理論基礎是赫茲伯格（Frederick Herzberg）的雙因素理論（two-factors theory）。自1970年以來，許多工作設計均朝向激勵化途徑，包括：工作的挑戰性、自主性、責任、成就等，工作豐富化就是一種方法。例如讓員工自己決定工作完成的順序，或是可以參與會議發言（圖3-2）。

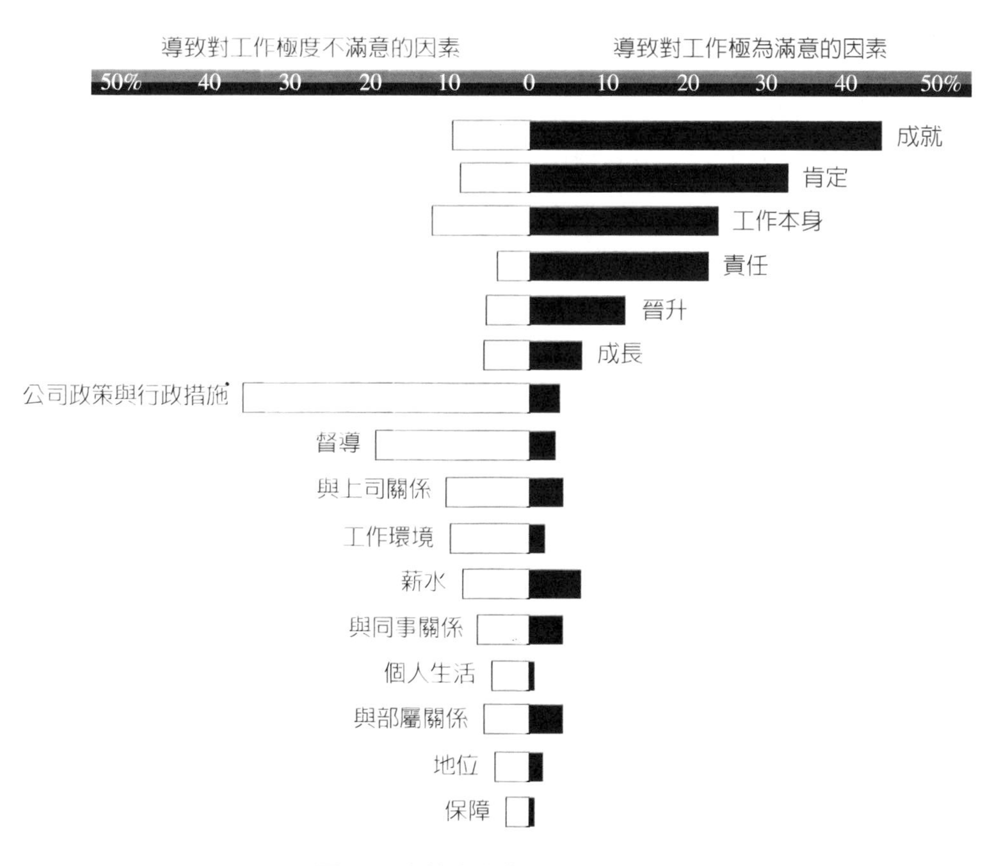

圖3-2　成就感比薪水更能激勵員工

資料來源：《哈佛商業評論》（*Harvard Business Review*）。引自：陳芳毓（2006）。〈10大管理考題挑戰你的管理智商〉。《經理人月刊》，第19期（2006/06），頁48。

工作豐富化乃是站在人性的立場考慮，澈底改變員工的工作內容，以增加工作廣度（job scope）和工作深度（job depth）來提升工作而言。它可以使員工在完成工作過程中，有機會獲得一種成就感、認同感、責任感，從而達到更高的滿意度、更強的主動性、更低的離職率。國外有一項調查研究表明，工作豐富化的程度與留職員工的忠誠度成正比，當員工的工作豐富化後，員工就會感覺到對現有工作環境的控制力增強了，而這種控制感可以減輕企業裁員帶來的壓力，恢復留任員工的自信力與價值感。工作豐富化通常亦是公司管理層向員工傳遞信任的一種方式，這種感知讓員工認識到公司是需要和重視他們的（何輝、胡迪，2005/11：7）。

(二)工作擴大化

工作擴大化是指將某項工作的範圍加大，使所從事的工作任務變多，同時也產生了工作的多樣化，其目的在於消除員工工作的單調、狹小的工作（職位），使員工能從工作中感受到更大的心理激勵。例如，將機械操作和機械保養這兩項工作整合爲一份新工作。

工作擴大化透過增加每個員工應掌握的技術種類和擴大操作工序的數量，在一定程度上降低了員工工作的單調感和厭煩情緒，提高了員工對工作的滿意程度。例如：瑞典的富豪（Volvo）汽車公司就是以「小組」形式來單獨完成汽車生產中的某一部分。這種「小組」可以自行控制工作

小常識　工作內容豐富化的衡量標準

- 要讓員工能夠感覺到自己所從事的工作很重要、很有意義。
- 要讓員工能夠感覺到上司一直在關注他、重視他。
- 要讓員工能夠感覺到他所在的崗位最能發揮自己的聰明才智。
- 要讓員工能夠感覺到自己所做的每一件事情都有反饋。
- 要讓員工能夠感覺到工作成果的整體性。

資料來源：丁志達（2014）。「工作分析、職位評價與薪資行政管理」講義。台北：中華人事主管協會編印。

速度，負責控制品質，更有自主性，更易獲得成員的認同，從而增進員工的向心力和凝聚力（**圖3-3**）。

(三)工作輪調

工作輪調，是指在不同的時間階段，員工會在不同的職位上工作，例如：銀行金控業時常運用工作輪調作爲管理新進人員熟悉不同銀行內部作業的手段；又如，人力資源部門的「招聘專員」和「培訓專員」的從業人員，也可以在各自工作領域工作一段期間後進行輪換，體驗不同的工作職責與角色扮演。

工作輪調的好處是，可以讓工作者接觸不同的工作型態和內容，形成工作內容上的變化，避免因長時間做相同的工作造成單調枯燥的感覺，對工作產生疏離厭倦，此外也可以培養員工在技術方面的多樣性，不過工作輪調也可能會增加人事作業的成本，並出現員工新任工作適應上的問題（鄭君仲，2006/11：147）。

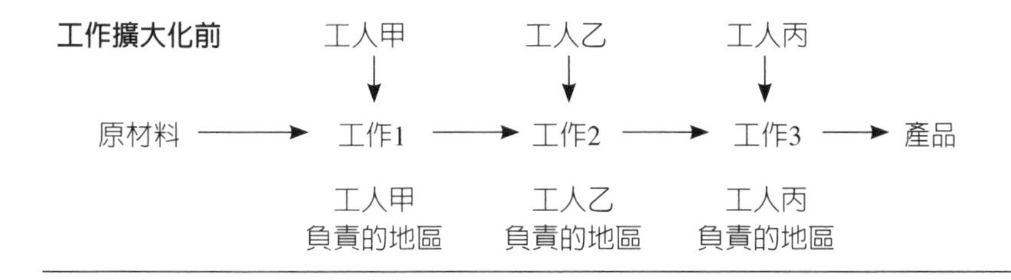

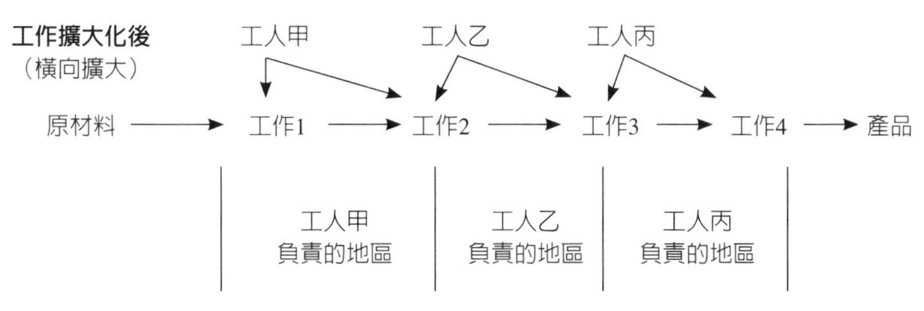

圖3-3　工作擴大化

資料來源：郃啓揚、張衛峰（2003）。《人力資源管理教程》，頁77。北京：社會科學文獻出版社。

(四)工作再設計

以員工為中心的工作再設計，是將組織的戰略、使命與員工對工作的滿意度相結合。在工作再設計中，充分採納員工對某些問題的改進建議，但是必須要求員工說明這些改變對實現組織的整體目標有哪些益處，是如何實現的（**表3-1**）。

表3-1　工作再設計方案

方案	說明
彈性工時制（flextime）	彈性時間容許員工在某些限制下選擇其開始和結束的工作時間。通常企業會限定所有員工都要在工作的「核心時間」（如上午十時至下午四時）到班。它留給每位員工決定何時開始與結束當天的工作。
濃縮工作週（condensed workweek）	在實施濃縮工作週（變形工時）制度下，員工每天工作的小時數可增長，而整週的工作天數可縮短。最常見的方法是員工每週可工作四天，每天工作十小時。
工作分享制（job sharing）	工作分享制可由兩位或兩位以上兼職的個人，來執行正常由一位專職的人所做的工作。
電傳勞動（telecommuting）	電傳勞動是指藉由電腦、傳真、電話、手機等設備，讓工作者在辦公室之外即可處理大多數的工作任務，而無須進入辦公室工作。

資料來源：丁志達（2014）。「薪資管理與設計實務講座班」講義。台北：中華工商研究院編印。

無論是工作輪換、工作擴大化還是工作豐富化，都不應看做是解決員工不滿的靈丹妙藥，必須在工作設計、人員安排、勞動報酬及其他管理策略方面進行系統考慮，以便使組織要求及個人需求獲得最佳組合，從而最大限度地激發員工的積極性，有效實現企業目標。因此，在管理實踐中，人們根據組織及員工的具體需要探索了工作設計的綜合模型。

第二節　工作分析概述

在組織進行了人力規劃後，若表明對人員有需求時，組織需要透過各種方式補充所需人員。招聘就是能及時地吸引足夠數量的合格人選，並鼓勵他們向組織申請職位，實現有效地選拔合格的應徵者加入組織的過程。在此過程中，工作分析（job analysis）起著重要的作用，例如：招聘信息的來源、招聘途徑、資格篩選、選拔與聘用等。

工作分析源自於20世紀初泰勒（F. W. Taylor）的時間管理及吉爾布雷斯（F. B. Gilbreth）的動作研究，此後，西方管理學家對它進行了不斷改善，如今，在工作分析的基礎上，已經形成了比較完善的職位分類與職位規範（**表3-2**）。

一、工作分析的目的

工作分析又稱職務分析，最初起源於科學管理的工作研究。工作研究是方法研究和時間研究的總稱。工作研究是採用科學方法，對人、原材料、機器設備構成的作業系統進行研究，並從時間上與空間上探究持續完善的一系列設計、作業過程。一般而言，工作分析的目的包括：

1.明確工作職責定位與角色分工。
2.優化組織結構和職位設置，強化組織職能。
3.為確定組織的人力資源需求，制定人力資源能力發展規劃和有效地實施能力管理提供依據。
4.確定員工錄用與工作上的最低條件。
5.確定工作要求，以建立適當的指導與培訓內容。
6.為制定考核程序及方法提供依據，以利於管理人員執行監督職能，有利於員工進行自我控制。
7.確定工作之間的相互關係，以利於合理的晉升、調動與指派。
8.獲得有關工作與環境的實際情況，有利於發現導致員工不滿造成的工作效率下降的原因。
9.辨明影響工作安全的主要因素，以適時採取有效措施，將危險降至最低。
10.促使工作的名稱與涵義在整個組織中表示特定而一致的意義，實現工作用語的一致化。

表3-2　工作分析的過程剖析

階段步驟	工作內容	關鍵成功要素	關鍵潛在障礙	不同人員的角色分工			
				高層	中層	員工	人資人員
明確目的界定範圍	決策階段，明確工作分析的目的和目標，確定工作分析涉及哪些部門或職位	1.全局與戰略視野，避免頭痛醫頭的片面出發點 2.界定範圍時能夠從業務流程著眼	1.目標與界定的範圍組織實際需求不吻合 2.高層決策憑一時衝動，導致後期執行中容易放棄思想	1.提出組織需求 2.界定項目範圍 3.高層達成一致	無	無	充分溝通，瞭解高層的管理意圖
前期準備	1.在動手前，選擇工作分析的方法、確定分析的角度、準備工作分析問卷及其他工具，編製工作計畫 2.開始在組織內宣傳工作分析的意圖與價值，爭取員工的理解與支持	1.工作分析方法的選擇是否合適 2.分析的維度與要素是否符合項目的核心目標 3.高層在宣傳環節是否給予高度重視和支持	由於擔心個人或部門利益受到威脅，部分中層與基層員工對工作分析的發展有恐懼或排斥心態，影響到後續工作的開展與配合	1.給予支持 2.內部造勢 3.方案審核	聽衆	無	獨立擬定執行方案，或協助外部顧問開展工作
資訊蒐集	運用工作分析的方法蒐集相關資訊	1.各層員工的支持配合 2.出色的溝通、挖掘技巧 3.選擇到合適的調查對象 4.對工作分析工具的培訓	中、基層員工的消極配合，研究對象對職位認知的局限性等因素影響本階段進度及信息的有效性與準確性	接受調查	接受調查協助調查	接受調查	組織、協調、執行、過程管理控制
分析決策	1.整合、梳理、補充、統計分析蒐集到的信息，挖掘職位的核心價值、關鍵職責、典型行為、基本任職資格與勝任力素質要求、職位的合理彙報關係及其他要素 2.發現不合理因素，提出相應的改善措施與建議	1.分析的角度能夠切中要害，滿足項目的核心需求 2.尊重職位設置的基本原則、突出職位核心價值 3.與相關人員的恰當溝通 4.保持「兼聽則明」的客觀態度 5.決策過程中要保密	因項目目標而異，可能受到來自企業政治因素的干擾，影響決策的制定與執行	聽取調查分析結果，參與核心環節的討論與分析，在關鍵環節上做出決策	因項目而異，可協助分析過程，但一般不參加決策過程	無	工作分析者方案擬定者溝通的橋樑

（續）表3-2　工作分析的過程剖析

階段步驟	工作內容	關鍵成功要素	關鍵潛在障礙	不同人員的角色分工			
				高層	中層	員工	人資人員
編製職位說明書	根據工作分析的結果編製職位說明書	1.切合實際 2.選擇合適的職位說明書模版	1.過於追求職位說明書的完美形式或職位的科學性，忽視了可操作性，導致職位說明書不切合企業實際，難以執行 2.中、基層及員工對職位說明書不認可，存在抵制心態	職位說明書的最終審核	無	無	主要編寫者
執行工作結果	根據工作分析項目的初衷，將工作分析的結果（職位說明書及相關結果）應用到相關工作中	1.高層的鼎力支持 2.尊重工作分析結果，避免過多人為干擾 3.動態調整職位說明書，保持職位說明書的有效性 4.指導直線經理使用職位說明書	1.中、基層員工認為不切實際、過於複雜，難以執行 2.由於沒有看到即時改善，高層的熱情消退，降低了執行中的支持力度與推進力 3.出於利益均衡等需求，高層對應用施加調整甚至產生局部負面影響力	決策者 支持者	執行者 使用者	使用者	組織者 協調者 執行者 維護者

資料來源：邵天天（2006）。〈讓工作分析「活」起來〉。《人力資源‧HR經理人》，總第220期（2006/01），頁51。

11.爲改進工作方法累積必要的資料，爲組織的變革提供依據。（李運亭、陳雲兒，2006/01：41）

工作分析所要回答的問題可以歸納爲7W2H。7W即工作內容（What）、爲什麼這樣做（Why）、擔當者（Who）、工作時間（When）、工作地點與環境（Where）、工作關係（for Whom）、完成工作條件如何（Which）；2H即怎麼操作（How）、薪酬水平（How much）如何（**表3-3**）。

表3-3　工作信息分析方法

What	內容	員工將完成什麼樣的活動？（性質、任務、責任等）
Why	目的	員工為什麼要做此項工作？（工作目標、要求、成果、責任等）
Who	人員	由誰做？（工作人員所須具備的資格、條件、體能、教育、經驗、訓練、心智能力、判斷力、技能等）
When	時間	工作將會在什麼時候完成？（輪班、時間限制等）
Where	地點	工作將在哪裡完成？（工作環境、室內／室外、危險程度等）
for Whom	工作對象	為誰做？（顧客、須配合的對象等）
Which	條件	完成工作需要哪些條件？
How	方法	員工如何完成此項工作？（知識、技能、裝備、器材等）
How much	薪酬水平	工作價值與報酬

資料來源：黃俊傑（2000）。《企業人力資源手冊：薪資管理》，頁35-36。台北：行政院勞工委員會職業訓練局。

二、工作分析的用途

20世紀70年代，工作分析已被西方國家作爲人力資源管理現代化的標誌之一，並被人力資源管理專家視爲人力資源管理最基本的職能。

工作分析的用途，在於提供人力資源管理的基礎，其所蒐集的資訊可運用在人力資源管理功能上（**圖3-4**）。

(一)制定人力資源規劃的重要依據

工作分析可以幫助組織確定未來的工作需求，以及完成這些工作的

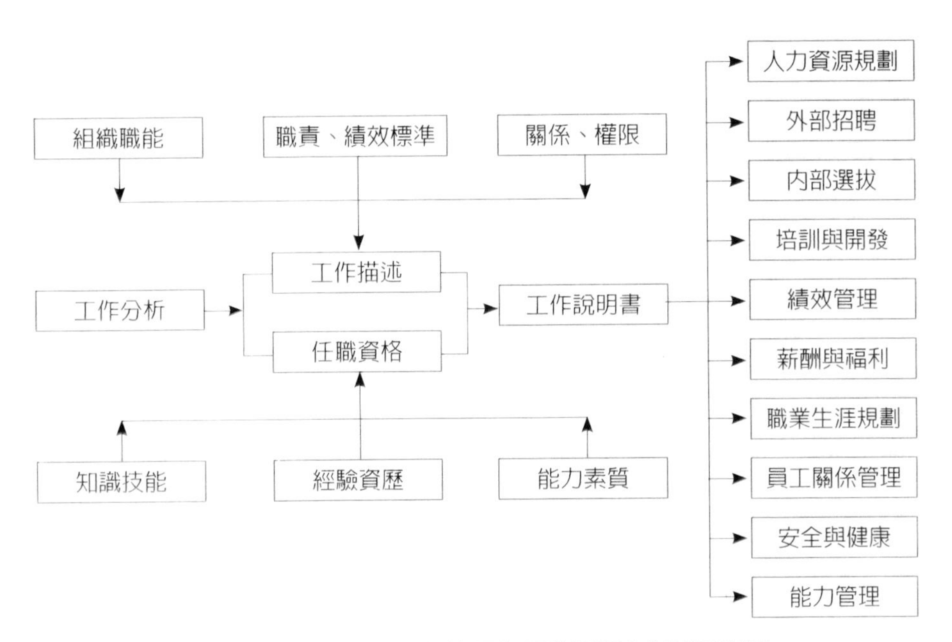

圖3-4　工作分析在人資管理與開發過程中作用示意圖

資料來源：李運亭、陳雲兒（2006）。〈工作分析：人力資源管理的基石〉。《人力資源‧HR經理人》，總第220期（2006/01），頁42。

人員需求。組織內有多少種工作職位？這些職位需要多少人員？需要怎麼樣的人才？目前的人員配備是否達到職位條件的要求？短、中、長期組織內的職位將發生什麼變化？人員結構將做什麼調整？哪些職位需要儲備人才？儲備人才需要具備哪些能力素質等等。以上這類問題都可以從工作分析的結果中尋找答案。

(二)爲人員招聘提供基礎參照標準

科學化的工作分析爲招聘過程中用人標準的確定、招聘信息發布、應聘履歷表的篩選、面試工具的選擇和設計提供了重要的基礎信息。

透過甄試，不僅要瞭解應徵者具備的知識、技能和以往的工作經驗外，更要獲得能力、素質、性格特質等不易觀察、很難捕捉的信息。根據工作的特性和職責，選擇確定相應的面試技術，根據任職資格的描述，設計面試問題，選擇人才測評工具，從而更準確地挖掘和把握更具有招聘價

值的信息，即「職能冰山」隱藏於水面之下的部分。有了工作分析打下的基礎，招聘也就成功了一半。

(三)明確培訓與開發工作的內容和方向

培訓是實現人力資源開發，提升人力資源價值的重要途徑。培訓的目的之一，就是要達成組織內部人員的適才適所，以及實現人的知識、技能和能力素質與工作內容要求之間的匹配。同樣，員工在個人職業生涯轉型時期也需要接受培訓，以適應新的職位，或爲晉升角色轉換做好準備，而外部經營環境變化和科技進步，也使工作職位逐漸發生變化，企業必須組織相應的培訓來應對這些變化。

有了統一的工作分析和培訓前的需求調查，培訓課程的選擇和設計就有據可依，培訓也就能夠有的放矢了（李運亭、陳雲兒，2006：42-44）。

(四)績效目標設計與績效管理的依據

工作分析可以幫助組織確定一項工作的具體內容，根據這些內容可以制定出符合組織要求的績效標準，根據這些標準對員工工作的有效性進行客觀地評價與考核。

(五)薪酬管理的依據

薪酬管理的制定需要對工作進行分類並比較職位之間的相對價值，並與勞動力市場進行對比（薪資調查），從而保證薪酬水平的內部公平與外部公平。

工作分析結果的運用，並非獨立進行的。例如：工作分類和工作評價（職位評價）常常交織在一起，兩者又同時爲績效評價提供支持；職業生涯設計沒有工作描述是無法進行的。所以，一個客觀的工作分析是企業進行公平管理的基礎，因爲它所提供的訊息，對員工的報酬、考核、晉升、職涯發展等具有直接的影響（**表3-4**）。

表3-4　四種工作評價方法的比較

工作評價方法	主要特色	主要優點	主要缺點
工作分類法	‧以整個工作內容進行比較 ‧與某些特定標準（分類標準）進行比較 ‧較為主觀	‧簡單而容易操作 ‧適用於工作職級相對較少而且穩定的組織	‧容易受主觀影響 ‧容易產生誤差
工作排列法	‧以整個工作內容進行比較 ‧工作與工作之間進行比較排序 ‧較為主觀	‧方法簡便 ‧成本低廉 ‧易於瞭解	‧僅適用於工作種類不多的組織，通常是小型組織 ‧此法假定排序的間隔相等，但往往並非事實 ‧容易受主觀影響 ‧容易產生誤差
因素比較法	‧以工作的各個構成因素來分別評價 ‧工作與工作之間彼此比較 ‧較為量化	‧此法相當詳細，但又比點數法較容易發展 ‧設計完成後，很方便運用於組織各種工作之間的比較	‧不容易對員工解說 ‧工作內容變動時，此法不容易適應
點數法	‧以工作的各個構成因素來分別評價 ‧與某些特定標準（可報酬因素）進行比較，計算點數 ‧較為量化	‧此法以計量為基礎，故較易為員工所接受 ‧工作變更時，此法仍可推行	‧此法發展起來頗費時 ‧此法成本高昂

資料來源：沈介文、陳銘嘉、徐明儀（2004）。《當代人力資源管理》，頁267。台北：三民書局。

第三節　工作分析資料蒐集

工作分析的主要重點，在於找出此工作的主要任務、責任和行爲，並且針對工作內容逐一評量各項重要性及其發生的頻率，尤其要找出並訂定從事此項工作所需的知識、技術與能力，以及擔任此項工作所應具備的人格特質等相關事項（**表3-5**）。

表3-5　工作分析的專業用語

名詞	說明
工作要素	工作中不能再繼續分解的最小動作單位。例如：削鉛筆、從抽屜裡拿出文件、蓋上瓶蓋等都是工作要素。
任務	為了達到某種目的所從事的一系列活動，它可以由一個或多個工作要素組成。例如：包裝工人蓋上瓶蓋，就是一項任務；打字員打字也是一項任務。
職位	一個組織在有效時間內給予某一員工的特別任務及責任。在同一時間內，職位數量與員工數量相等，換言之，只要是組織員工就有特定的職位。
工作	由組織規模和結構所決定，組織可能將某項工作只給一個員工，或一個員工兼任數項工作，也可能數名員工從事一項工作。
職業	在不同組織、不同時間從事相似活動的系列工作的總稱。例如：工程師、經理人員、教師、木匠等。工作和職業的主要區別是範圍不同。工作的概念範圍較窄，一般限於組織內，而職業則是跨組織的。此外，職業生涯是指一個人在其工作生活中所經歷的一系列職位、工作或職業。
職責	職責包括由一人擔負的一項或多項任務組成的活動。例如：營銷管理人員的職責之一是進行市場調查，建立銷售管道等。在工作分析的範疇內，「職責」不是指工作的責任感。
職稱	職稱是一種資格，在通常情況下，資格是由資歷和能力所組成的。

資料來源：郤啓揚、張衛峰（2003）。《人力資源管理教程》，頁52-53。北京：社會科學文獻出版社。

一、工作分析的構面

一般來說，工作分析資訊可分成工作內容、工作情境以及工作者的條件三個構面。

(一)工作內容

工作內容的資訊包括：工作職責或任務以及工作行爲。蒐集此類資訊時，應同時考量工作上所使用的工具、儀器或機器設備（**表3-6**）。

(二)工作情境

工作情境的資訊涵蓋：工作情境的接觸關係、工作的層級、職權、生理要求，以及物理環境。

表3-6　工作分析蒐集的信息項目

‧工作範圍與主要內容。 ‧工作的具體職責。 ‧勝任工作所需的相關知識／技能。 ‧工作要求的靈巧與正確程度。 ‧工作要求具備的相關經驗。 ‧與工作設備相關的操作技能。 ‧必要的年齡限制。 ‧所需的教育程度。 ‧技能的培養與要求。 ‧學徒（見習期）要求。 ‧與組織內其他工作之間的關係。 ‧作業身體姿態。 ‧有關作業環境的信息。 ‧作業對身體健康的影響。 ‧勞動強度。 ‧特殊心理品質要求。

資料來源：傅亞和（2005）。《工作分析》，頁128-129。上海：復旦大學出版社。

(三)工作者的條件

此項構面為工作者所需的學歷、經歷、知識、技術、能力、人格特質、興趣、價值觀以及證照等資訊（常昭鳴，2005：63）。

二、工作分析的方法

工作分析內容確定之後，應該選擇適當的工作分析方法。工作分析最常用的方法有：問卷調查法、訪談法、觀察法、工作日誌法等。

(一)問卷調查法

問卷調查法是工作分析最主要的方法之一，它是使用預先設計好的調查問卷來獲取工作分析的相關信息，從而實現工作分析的目的。

問卷既可由工作上任職者填寫，也可由工作分析人員來填寫。調查內容包括：工作任務、活動內容、工作範圍、考核標準、必需的知識、技能等。問卷調查法成功的關鍵包括兩大要素：一是問卷的設計，二是問卷調查的實施過程（**表3-7**）。

表3-7　工作分析問卷樣本

被訪問者姓名：	職位名稱：
部門：	主管姓名：
代號：	從事同一工作的員工人數：
分析組別：	制定日期：
分析者姓名：	
工作的一般說明	1.你的工作部門的一般目標（目的）是什麼？
	2.你的工作小組的一般目標是什麼？
	3.你的工作之一般目標是什麼？
職責／工作活動說明	1.你每天的個人經常活動或職責是什麼？（說明並依重要排列及評估各項所占時間比例）
	2.你每天的非例行職責是哪些並說明？多久工作一次？（依重要性排列及評估各項所占時間比例）
	3.你還有哪些非固定、非經常性的職責與工作活動並說明？
	4.你的工作來自何處（部門、人員）？
	5.你對分派的工作如何執行？
	6.工作完畢後移交何處？
	7.你的工作指令來自何人？
	8.工作指令的性質（口頭、書面）？
	9.對你的工作標準、完成時間、數量等做決定的是誰？

（續）表3-7　工作分析問卷樣本

<table>
<tr><td rowspan="8">職責／工作活動說明</td><td colspan="4">10.工作發生困難時，你通常去找誰？</td></tr>
<tr><td colspan="4"></td></tr>
<tr><td colspan="4">11.你的工作需不需要你對何人下命令？</td></tr>
<tr><td colspan="4"></td></tr>
<tr><td colspan="4">12.你有無對何人負督導之責？</td></tr>
<tr><td colspan="4"></td></tr>
<tr><td colspan="4">13.你有無直接統御何人？</td></tr>
<tr><td colspan="4"></td></tr>
<tr><td rowspan="6">工具與設備</td><td>請列舉你使用的機器或設備？</td><td>一直使用</td><td>經常使用</td><td>有時候使用</td></tr>
<tr><td>1.</td><td></td><td></td><td></td></tr>
<tr><td>2.</td><td></td><td></td><td></td></tr>
<tr><td>3.</td><td></td><td></td><td></td></tr>
<tr><td>4.</td><td></td><td></td><td></td></tr>
<tr><td>5.</td><td></td><td></td><td></td></tr>
<tr><td rowspan="12">工作條件</td><td colspan="4">1.該工作最低學歷資格？</td></tr>
<tr><td colspan="4"></td></tr>
<tr><td colspan="4">2.該工作所需要的額外特殊訓練（在一般高中或大學不容易學到）？</td></tr>
<tr><td colspan="4"></td></tr>
<tr><td colspan="4">3.如何能順利而滿意的進行工作，哪些專業技術是必需的？</td></tr>
<tr><td colspan="4"></td></tr>
<tr><td colspan="4">4.在從事此一工作中，會需要運用到哪些能力？</td></tr>
<tr><td colspan="4"></td></tr>
<tr><td colspan="4">5.被安排從事你的現在工作之前，需要多長的工作經驗才能勝任？</td></tr>
<tr><td colspan="4"></td></tr>
<tr><td colspan="4">6.合乎上述條件的新進人員需要多久才能進入狀況？</td></tr>
<tr><td colspan="4"></td></tr>
<tr><td rowspan="2">溝通</td><td colspan="4">除了直屬上司及部門同事外，你尚須與哪些人接觸？（註明與你接觸的人職稱、所屬部門、接觸的性質）</td></tr>
<tr><td colspan="4"></td></tr>
<tr><td rowspan="2">決策</td><td colspan="4">你有哪些不必請示上司即可做主的決策事項？</td></tr>
<tr><td colspan="4"></td></tr>
<tr><td rowspan="2">責任</td><td colspan="4">1.說明所負責任的性質？</td></tr>
<tr><td colspan="4"></td></tr>
</table>

(續)表3-7　工作分析問卷樣本

責任	2.如果你有無心之失，即可能導致什麼損失？
記錄及報告	1.你個人必須提出或準備哪些報告與記錄？
	2.資料來源？
工作檢核	1.你的工作如何被檢核、檢查或驗證？
	2.誰做這些檢核工作？多久一次？
督導	1.多少人直接受命於你？（列舉部門與職稱）
	2.多少人參與由你負責的工作？（列舉部門與職稱）
	3.多少人接受你的指令？（列舉部門與職稱）
	4.你有無全權處理下述事項：派工、糾正與採取紀律行動、建議加薪、晉級、考評、調職、遣散、答覆申訴？
	5.你是否僅負責派工、教導與協調屬下的工作？
	6.你是否僅建議他人或其他部門應為或不應為的事？
	7.如前項為是，則在他人或其他部門不接受你的建議時，你如何處理？

（續）表3-7　工作分析問卷樣本

問題解決		1.工作會遇到的困難問題（原由、何時發生、發生頻率、需何種特別技術或資源解決此問題）
		2.在單位中有何人會幫你解決問題？
評語		
主管人員	學歷	本工作所需的最低教育程度是？
	經歷	從事此一工作的新僱人員如果工作表現能符合最低要求（滿意程度），則他必須具備哪些種類與性質的工作經驗？
		（所需經驗的）時間要多久？
	訓練	如果一個新雇員有最低要求的學經歷，則還需要哪些訓練才能使他達到此一工作要求的平均表現與工作績效？
		主管簽名：

資料來源：李再長等（1997）。《工商心理學》。台北：空中大學。

根據問卷調查的標準化程度，可分爲「結構化問卷」和「非結構化問卷」兩大類。

◆結構化問卷

結構化問卷的答案是設計好的，格式統一，便於量化和分析統計，例如：管理職位描述問卷（Management Position Description Questionnaire, MPDQ）、職位分析問卷（Position Analysis Questionnaire, PAQ）等（**表3-8**）。

◆非結構化問卷

非結構化問卷的問題雖然統一，但未事先列出任何標準答案，答卷人可以自由回答。例如：「請敘述工作的主要職責」。問卷沒有統一的格式，可以採用封閉式提問，也可以採用開放式提問，提問的方式需要根據

表3-8　職位分析問卷（PAQ）

類別	內容	例子	工作元素數目
信息輸入	員工在工作中從何處得到信息？信息如何得到？	如何獲得文字和視覺信息？	35
腦力處理	在工作中如何推理、決策、規劃？信息如何處理？	解決問題的推理難度	14
體力活動	工作需要哪些體能活動？需要哪些工具與儀器設備？	使用鍵盤式儀器、裝配線	49
人際關係	工作中與哪些人發生何種工作關係？	指導他人或與公衆、顧客接觸	36
工作環境	工作處於何種物理與社會環境之中？	是否在高溫環境或與內部其他人衝突的環境下工作	19
其他特徵	與工作相關的其他活動條件或特徵是什麼？	工作時間、報酬方法、職務要求	41
說明	職位分析問卷（Position Analysis Questionnaire，簡稱PAQ）是1972年由美國普渡大學教授麥考密克（E. J. McCormick）開發的。它包括一百九十四個項目，其中一百八十七個項目用來分析工作過程中員工活動的特徵，另外七項項目涉及薪酬問題。		

資料來源：劉玉新、張建衛（2006）。〈工作分析方法應用方略〉。《人力資源・HR經理人》，總第220期（2006/01），頁47。

獲得信息量的多少和問題的性質來確定，還要考慮問卷填寫的方便、簡潔與否。爲了保證填寫問卷的品質，在填寫前需要對員工進行宣傳和培訓，告訴員工如何填寫以及其重要性。爲了節約時間，通常也可以用填寫說明的書面形式告訴填寫人（賈如靜，2004/09：47）。

問卷的設計和編制需要較高的專業水平和花費較多的時間，而且問卷的設計和編制取決於所選用的工作分析系統，並不是說隨意設計和選擇一個問卷就可以滿足工作分析的要求，只有設計良好的問卷才能保證對各類信息進行有效的歸納和分析，並最終形成合格的工作說明書（傅亞和，2005：136）。

(二)訪談法

訪談法（面談法）是透過工作分析者與被訪談人員，就工作相關內容進行面對面溝通來獲得工作信息的方法。它是一般企業運用最廣泛、最成熟、最有效的工作分析方法，許多由觀察法所無法完成的任務可由訪談法解決。例如若完成一件工作所需時間較長，不可能運用觀察法時，利用訪談方式就可解決。訪談法的類型有：對任職者進行的個別訪談、對做同類工作的任職者進行的群體訪談，以及對主管人員進行的訪談三種（**表3-9**）。

運用訪談法要注意的幾個關鍵點：一是訪談人員的培訓；二是準備與熟悉訪談提綱和職位；三是注意運用訪談技巧。

表3-9　訪談法對象

對象	說明
個別員工訪談法	它適用於工作分析的時間充分、各個工作之間差別明顯的情況下，員工作為某一工作的直接承擔者，往往可以提供最為直接和完整的工作信息。
群體員工訪談法	當多個員工從事同樣或者類似的工作的情況下，可以運用群體訪談法來蒐集更全面的資料，而且可以避免過多的時間消耗。
主管人員訪談法	當工作分析時間緊迫，往往可以同一個或多個主管進行較深入的訪談，以此在相對短時間內最大限度地獲得有效的工作信息。

資料來源：傅亞和（2005）。《工作分析》，頁131。上海：復旦大學出版社。

(三)觀察法

觀察法是指在工作場所直接觀察員工工作的過程、行爲、內容、工具等進行記錄、分析和歸納總結的方法，它一般會與訪談法結合使用。

完整的觀察法包括：專業的觀察設計和觀察實施兩步驟。專業的觀察設計通常包括如下兩個方面：

1.確定觀察內容。例如工作分析是以績效考核爲目的，還是以薪酬設計爲目的。
2.設計觀察記錄提綱或觀察記錄表。觀察記錄表可使用觀察代碼技術，且盡可能做到簡單易行、可靠有效。

(四)工作日誌法

工作日誌法是指讓員工以工作日誌的形式記錄其日常工作活動。採用工作日誌法所獲取的信息可靠性較高，因日誌能自然揭露一項工作的全部內容。例如一個辦公室主任的工作日誌上，可能按時間順序寫著：請示主管、文件起草、文件簽發、文件簽收、會議安排、對外聯絡、接待賓客、內部協調等事項，則一天的工作內容就一目瞭然（**表3-10**）。

三、工作分析方法應用方略

以上工作分析的方法（問卷調查法、訪談法、觀察法、工作日誌法）各有其特點，但也有其不足之處，選擇時，需要考慮以下幾個因素：

(一)工作分析的目的

工作分析的目的不同，使用的方法也有所不同。例如：當工作分析用於招聘時，就應該選擇關注任職者特徵的方法；當工作分析關注薪酬體系的建立時，就應當選用定量的方法，以便對不同工作的價值進行比較。

(二)工作特點

假若工作活動以操作機械設備爲主，則可使用現場觀察法；若工作活動以腦力勞動爲主，觀察法則會失效，此時訪談法或問卷法則更合適。

表3-10　工作分析資料蒐集方式的優缺點

方式	優點	缺點
觀察法	‧直覺、全面 ‧所獲信息比較客觀準確，既能掌握工作的現場景象，又能注意到工作的氣氛和情境	‧不適宜腦力技能／行政工作 ‧易受干擾並影響工作 ‧無法觀察特殊事件
問卷法	‧取樣大、成本低、速度快 ‧標準化程度高，容易操作 ‧不須借助於外面專家	‧不易瞭解被調查對象的態度、動機等深層次信息 ‧常會遇到被調查者不願投入，草率作答了事的現象 ‧不適用於閱讀／書寫能力差的員工
訪談法	‧訪談問題不拘形式，靈活應變 ‧蒐集資料方式簡單，便於雙方溝通，消除受訪者疑慮 ‧可以蒐集到不常出現的重要工作訊息	‧費時、費力、成本高 ‧訪談者問話技巧關係資料的正確性，如果訪談問題模稜兩可，可能導致資訊扭曲 ‧會占用員工較多工作時間
工作日誌法	‧獲取的信息可靠性較高，可避免遺漏	‧耗費時間 ‧干擾員工工作 ‧記錄可能偏差而不完整
重要事件法	‧有具體資料可供績效評估或訓練參考 ‧能深入瞭解工作動態	‧費時、費力 ‧無法蒐集常態性工作資料

資料來源：丁志達（2008）。「人力資源管理作業實務班」講義。台北：中華企業管理發展中心。

(三)企業的實際需求

有些方法雖可獲得較多信息，但可能由於花費的時間或資源較多而無法採用。例如訪談法雖能較深入地挖掘有關工作的信息，但須花費較高成本，而問卷調查法則因樣本量大、範圍廣和效率較高，較符合許多企業的實際需要（**表3-11**）。

在實際工作分析中，工作分析人員可以根據所分析的職位工作性質、目的而選擇適當的方法，也可以幾種方法結合起來使用。例如在分析事務性工作和管理工作時，可能會採用問卷調查法，並輔之以訪談和有限的觀察；在研究生產性工作時，可能採用訪談法和廣泛的觀察法。因此，只有根據具體的目的與實際情況，有針對性地選擇最適用的方法及其組合，才能取得最佳效果（劉玉新、張建衛，2006/01：47-49）。

表3-11　工作分析的主要內容

項目	主要內容
基本信息	・職務名稱・直接上級職位・所屬單位・工資水平・工作等級・所轄人員 ・定員人數・工作性質
工作描述	・工作概要 ・工作活動內容（活動內容、時間百分比、權限等） ・工作職責 ・工作結果與考核標準 ・工作關係（受誰監督、監督誰、可晉升、可轉換的職位及可升遷至此的職位、與哪些職位有關聯） ・工作人員運用設備和信息說明
任職資格	・最低學歷 ・所須培訓的時間和科目 ・從事本質工作和其他相關工作的年限和經驗 ・能力素質 ・個性特徵 ・性別、年齡特徵 ・特殊體能要求（工作姿勢、對視覺、聽覺、嗅覺有何特殊要求、精神緊張程度、體能消耗大小等）
工作環境	・工作場所 ・工作環境的危險度 ・職業病 ・工作時間特徵 ・工作的均衡性 ・工作環境的舒適度

資料來源：劉玉新、張建衛（2006）。〈工作分析方法應用方略〉。《人力資源・HR經理人》，總第220期（2006/01），頁41。

第四節　職位說明書與職位規範

從人力資源運用的實務觀點來看，工作分析的最基本步驟應爲編寫工作分析資料，即爲完成工作說明的必經過程，而其產出即爲職位（工作）說明書與職位（工作）規範。

職位說明書（job description）是人力資源管理的基礎且重要的文件。人力資源管理相關制度及管理活動，必須根據職位說明書來運作或建置。

職位說明書的用途廣泛，除了作爲選才、育才、用才、留才的依據外，同時是建置人力資源管理重要制度（薪資制度、績效考核制度）的基礎，也可用來作爲人力盤點，達到工作設計合理化、人力配置合理化的目的（**表3-12**）。

一、職位說明書

職位說明書是把工作分析的結果，做綜合性的整理，以界定特定或代表性職位的工作內容，它包括以下三項：

表3-12　甄選用的職位說明書之填寫內容

項目	內容
工作名稱	為組織招聘人員或工作人員彼此所用的名稱
編號	標示編號以利工作的分門別類
分類標題	為職業分類標示其特性
僱用人員數目	為從事同一工作所需工作人員的數目和性別
工作單位	說明本工作在組織中的位置
執行之工作	亦即完成工作所須執行的任務及步驟
工作職責	包括： 1.對產品的職責 2.對裝備或程序的職責 3.對其他人員在工作及合作上的職責
工作知識	為完成工作所需的實際知識
智力活動	為完成工作所需的心智能力，如適應力、判斷力等
精熟程度	對於操作性工作所需之精確及熟悉程度
經歷、經驗	對於此一工作，經驗所提供的價值
教育訓練	此工作所須接受的學校教育及職業、技術訓練等
身體條件	此工作所須配合之體能、動作等
裝備器材	工作中所須用到之裝備及器材
與其他工作關係	表示此工作的升遷、調職、訓練等關係
工作環境	包括室內環境、單獨或集體工作等
工作時間	每日工作時間、工作天數及輪班時間等

資料來源：鄭瀛川、許正聖（1996）。《高效能面談手冊》，頁25。台北：世臺管理顧問公司。

(一)職位名稱

職位名稱是用於區別不同性質的職位，使人一看即可知道該份工作說明所描述者爲何種工作。

(二)工作摘要

工作摘要係對各職位工作內容、性質、任務、處理方法的簡要描述，其目的在於說明該職位的工作內容，使有關人員透過此等說明，對於該職位的工作能有綜合性、概括性的瞭解。

工作摘要的撰寫文字運用應力求簡單、明確、清晰，切忌含糊籠統或文詞冗長，必須能以簡潔文字描述出該工作的內容、性質與處理方法。

(三)職責說明

職責說明係就工作摘要所描述的工作內容做更詳盡的說明。它可以用描述或採取列舉等方式，詳細說明每一職位的性質、任務、作業程序與方法、所負責任、決策方式，以使有關人員對該職位之職責能有細密而精確的瞭解與認識。文字用語應力求簡單、明晰而完整，工作分析人員尤其應妥善處理，務必使職責說明可以表明該職位的職責全貌。

二、職位規範

職位說明書中的另一重要部分即爲職位規範（job specification），職位規範通常都包含在職位說明書的後面來描述它。

(一)職位規範的作用

職位規範一方面在分析各職位工作內容與組織中其他職位工作內容的對等關係，另外一方面在規定擔任是項職位所須具備的最低資格條件。例如：「需要哪些人格特徵與經驗才能勝任這項工作？」這就指出了公司需要招募哪種人才，以及這些人才需要測試哪些特質。因此，職位規範是在規定擔任該職位人員所須具備最低資格條件的教育程度、心力、體力等要求。

個案3-1　星巴克夥伴職位說明書列述表

<table>
<tr><td colspan="2">STARBUCKS COFFEE © JOB DESCRIPTION
職位說明書</td></tr>
<tr><td>JOB TITLE / 職稱：PT夥伴 / BARISTA
LOCATION / 工作地點：經營門市端</td><td>DEPARTMENT / 部門：營業部
REPORTS TO / 直屬主管：店經理
DATE / 填表日期：　年　月　日</td></tr>
<tr><td colspan="2">JOB PURPOSE / 職位設置目的：
1.提供絕佳的顧客服務，創造美好的星巴克體驗，積極並以團隊考量為優先
2.調製符合星巴克標準的飲料
PRINCIPAL ACCOUNTABILITIES / 主要職責範圍：
10%　分享對星巴克咖啡的熱情，教育顧客世界上不同地區咖啡的特色，如何在家調製咖啡及所有使用器具，如何儲存及研磨咖啡
6%　協助顧客選擇及購買咖啡及飲料
5%　藉由建立和維持正面的關係，以熱忱創造滿意的顧客
5%　對自己在團體中的工作認真負責，並與夥伴愉快的工作
8%　強調工作的確切性及精確的態度，澈底完成具體工作及責任
10%　瞭解他人的需要分享咖啡知識及星巴克所有產品
5%　參與每季的營運獎金計畫
8%　維持門市外觀及設備之一致性，以及維護賣場、後台、倉庫及設備的清潔
10%　調製符合星巴克標準的飲料
8%　展現及示範家庭的濃縮咖啡機器、法式濾壓壺、滴漏式咖啡機
5%　隨時學習及表現出星巴克標準化的操作及技巧
10%　依循正確現金處理，正確操作收銀機，確保現金短溢正常
10%　服務顧客時，針對客人特殊需求，必須澈底落實「JUST SAY YES」</td></tr>
<tr><td colspan="2">JOB QUALIFICATION / 工作技能要求：
・反應佳、熱情、活潑、不畏懼與人交談
・略懂英文
・銷售技巧
經由三個月完整的訓練課程得到所需的知識、技巧及能力</td></tr>
<tr><td colspan="2">OTHER REQUIREMENTS / 其他條件：</td></tr>
</table>

資料來源：星巴克公司。引自：黃良志、黃家齊、溫金豐（2013）。《人力資源管理：理論與實務》，頁406。台北：華泰文化。

(二)職位規範的內容

職位規範的內容，通常列入工作需求條件的項目有：

1.工作鑑別：包括工作職稱、工作編號、工作所在地及日期等。
2.技能需要：包括經驗、教育、智力運用、工作知識等。
3.責任：包括對機器、工具、設備、產品、物料、對他人工作、對他人安全之責任。
4.努力：包括體能、智力等之要求。
5.工作環境：包括四周環境（噪音、濕度、熱度、光線、地理位置）、工作危險度、工作傷害等。

實務上，有些經過改良後的職務規範，在工作評價上的運用比職位說明書還重要。職位規範分析，尤其是對基層技術工人，可以提供企業完整的工作評價資料。很多企業在進行職務分析的過程中，聘請工程人員直接參與，以便從工程技術的立場，協助部門主管與人資人員更客觀地做好職務評價的工作。

三、職位說明書的未來趨勢

傳統的工作分析是在競爭環境、組織機構和職位相對穩定和可以預見的時代裡發展起來的。然而，現代的工作分析受到了挑戰，隨著經濟全球化趨勢和科學技術的突飛猛進，組織面臨的內外在環境劇烈變化，使得組織的結構工作、工作模式、工作性質、工作對員工的要求都隨之發生了如下的急遽變化：

1.組織結構從等級化逐漸趨於扁平化與彈性化。
2.工作本身從確定性向不確定性移位。
3.工作從重複性向創新性轉變。
4.建立了跨專業的自我管理團隊，在團隊成員之間出現工作交叉和職能互動，從偏重對任職者的體能要求到愈來愈重視對複合型、知識型和創新型員工的吸引、培養和任用。

5.從強調職位之間的職責、權限邊界轉變爲允許，甚至鼓勵職位之間的職責與權限的重疊，打破組織內部的本位主義與局限思考，激發員工的創新能力，以及以客戶爲中心的服務意識。

工作愈來愈龐雜，員工從一個專案轉到另一個專案，從一個團隊轉到另一個團隊，工作職責也變得愈模糊化，這一系列的變化，使得工作分析的結果性文件「職位說明書」不得不變得愈來愈模糊，工作名稱變得更加沒有意義，因此，西方一些專業人力資源工作者提出，建議應當用角色（作用）分析這個術語來代替傳統的針對職位的工作分析。他們主張在進行工作分析和編寫職位說明書的時候，將重點放在角色（作用）上，這一點與更加強調結果而非過程的理念相一致。

秉持分析角色（作用）而非分析職位這一理念的公司有日產（NISSAN）汽車和本田（HONDA）汽車。這兩家公司都強調它們僱用的是爲公司工作的員工，而非從事某項具體職位工作的員工。另外，美國西南航空公司（Southwest Airlines）的人力資源總裁薩爾坦（Libby Sartain）認爲，西南航空是爲工作而不是爲職位才僱用人的。在一些組織中，員工的態度發生了變化，他們從僅僅考慮做我的「職位」，轉變到考慮從事任何實現組織目標所需要的「事情」（李佳礫，2006/06：9）。

第五節　工作分析與招聘關聯性

工作分析是人力資源管理所有活動的基石，只有做好了工作設計與工作分析，才能在人力資源的獲取、整合、留才與激勵、控制與調整、培育與開發等功能上提供其依據（**表3-13**）。

一、工作分析與招聘信息

工作分析與招聘信息可分爲工作分析在招聘過程中的作用、獲得招聘職位信息、確定所招聘工作職位的信息、招聘信息要明確、招聘信息的發布等五項來說明。

表3-13 工作分析在招聘流程中的運用

招聘流程中的任務	工作分析在該流程中的應用
透過人力資源規劃確定招聘需求	透過工作分析掌握人力資源規劃中人員配置是否得當。
各部門根據需求提出招聘需求	透過工作分析瞭解招聘需求是否恰當。分析需要招聘崗位的工作職責、崗位規範。
確定招聘信息	根據工作說明書和崗位規範，準備需發布的招聘信息，使潛在的應徵者瞭解對工作的要求和對應徵者的要求。
發布招聘信息	根據崗位規範的素質（知識、技能等）特徵要求及招聘難易程度，選擇招聘信息發布管道。
應徵者資料篩選	根據工作規範的要求，進行初步資格篩選，以便選擇適當的應徵者面試，以節約招聘成本。
招聘測試	根據招聘職位或崗位的實際工作，選用適當的方式（操作考試、情境測試、評價中心）、選用與實際工作中相類似的工作內容，對應徵者進行測試，瞭解、預測其在未來實際工作中完成工作任務的能力。
面試應徵者	透過工作分析，掌握面試中須向應徵者瞭解的信息，驗證應徵者的工作能力是否符合工作崗位的各項要求。
選拔、錄用	根據工作崗位的要求，錄用最適合的應徵者。
工作安置與試用	根據工作崗位的要求進行人員合理安置；根據工作崗位的要求，對試用期的員工進行績效考核，確認招聘是否滿足崗位需要。

資料來源：姚若松、苗群鷹（2003）。《工作崗位分析》，頁180-181。北京：中國紡織。

(一)工作分析在招聘過程中的作用

人員招聘是組織發展中極爲重要的一環，新進員工的素質將影響組織未來發展的成敗，人員招聘是否及時也影響組織的任務是否能按期開展。

工作分析在招聘過程中有如下三種作用：

1.透過工作分析，明確組織招聘職位所須承擔的工作職責和工作任務，爲招聘者與應聘者提供有關工作的詳細信息。
2.透過工作分析，明確應徵者需要具備的素質水平，爲招聘者提供可行的應聘者背景信息，有助於應聘資料的篩選。
3.透過工作分析，爲招聘面試者提供在選拔過程中需要測試應徵者的

工作技能資料，能組織有效的面試選拔合格的應徵者。

(二)獲得招聘職位信息

一旦組織內部出現職位空缺，或由於工作任務增加需要補充更多的員工時，首先需要明確所出現的工作職位是否需要進行招聘、是否能透過內部工作調配得到合理的解決，如果確實需要透過招聘的方法補充空缺工作職位，組織可透過工作分析明確所招聘工作職位的詳細信息。

(三)確定所招聘工作職位的信息

對所招聘的工作職位的相關信息，可以從工作分析的結果（職位說明書和職位規範）中找到。職位說明書表明了空缺職位的職責和工作任務，空缺職位在組織中的相互關係；職位規範則表明擔任此工作職責的員工應具備的資格條件。

(四)招聘信息要明確

當確定須招聘職位的職位說明書後，組織需要發布招聘信息，並使之傳達到一定量合格應徵者寄來的工作申請書（履歷表）。招聘信息的內容應該簡單、明瞭，讓尋找工作職位的應徵者能清楚瞭解職缺的職責和應聘要求。

(五)招聘信息的發布

招聘信息制定後，需要選擇適當的信息媒體向內、外部發布，讓潛在的應徵者知道招聘進行的消息。招聘的信息媒體和廣告的信息媒體一樣，具有專業性和不同的客戶群體，需要根據所須招聘對象的特點確定招聘管道。

二、應徵者資料篩選

應徵者資料篩選，是指當招聘信息吸引了一定量的潛在工作候選人投遞資料前來應聘工作時，如何從中選擇合格的潛在應徵者進入下一階段面試的過程。

應徵者資料篩選和審核的工作，可以透過查閱應徵者背景、電話

（網路）聯繫等方式進行，將資料中已有的信息和透過其他方法瞭解的信息，與職位規範中的資格要求相比較，初步審查工作申請者是否具備應徵的基本資格。

三、工作分析與職業任職資格

職業任職資格是崗位任職者成功地完成某一職位的工作要求時，應該具備的資格水平，即任職者成功地完成工作職責的要求所應具備的條件。崗位任職資格是應徵者具備完成工作崗位要求的工作任務的必要保證。

(一)任職資格與職位規範

職位規範是對崗位任職者所需總體資格的確定，而崗位任職資格對任職者需要掌握的與工作密切相關的知識、技能、能力範圍和水平進行全面界定，還包括任職者應具備的心理素質、身體素質、品德素質等等，但最實用和有效的職位資格是透過工作分析完成的。

(二)任職資格的確認過程

崗位任職資格是透過工作分析確定的人力資源管理系統的基石。招聘是選拔具備崗位任職資格的人員承擔組織任務的過程；選拔是對應徵者是否具備職位資格的測試。不同的工作崗位對任職者的要求條件不同，因此，在招聘的過程中，需要根據所招聘崗位的任職資格，對應徵者進行崗位任職資格的審查，透過招聘過程中的各種人才測評，瞭解應徵者是否具備崗位所要求的任職資格。在組織的發展過程中，需要透過工作分析建立組織的職業任職資格體系，在招聘過程中，組織透過工作分析建立崗位任職資格及其運用。

四、遴選

遴選是從一組崗位應徵者中挑選、錄用最適合某一特定工作職位的人加入組織的過程。人員遴選工作是企業發展潛力的保障，如果不能挑選

到足夠合格的員工擔任組織內的工作，或組織內的任職者素質太差，將影響組織長期目標的實現。

五、完善的遴選測試的特點

在設計人才測評工具時，需要注意以下因素：

1.標準化：標準化是指與實施測試有關的過程和條件的一致性。
2.信度：測驗的信度是指測試的可靠程度。
3.效度：測驗的效度是指測試對所要測定的對象能確實測定到什麼程度。（**圖3-5**）

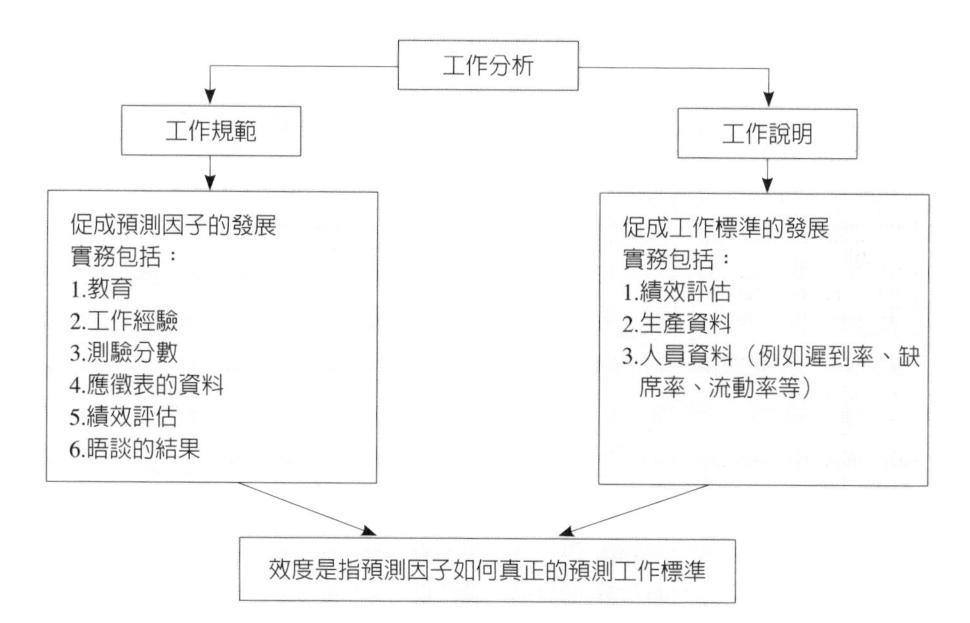

圖3-5　工作分析與效度之間的關係

資料來源：Lloyd L. Byars & Leslie W. Rue (1995). *Human Resource Management* (3rd ed.).引自：吳繼祥（2004）。《我國特勤人員甄選、訓練與成效評估制度改革芻形之研究》，頁13。台北：銘傳大學管理科學研究所碩士論文。

六、評估應徵者的測試結果

在進行招聘測試前，透過標準化的過程，應該能制定出一套可行的評估方法，以綜合衡量應徵者的表現。對應徵者的測試結果的評估，一般是在綜合情境下進行的。但在評估的過程中，不可避免地仍會運用到工作崗位分析的結果，即根據應徵者對應於工作職責、工作任務的勝任能力進行主觀或客觀的判斷，瞭解應徵者是否能以最低成本、最高效率滿足組織對任職者的要求（**表3-14**）（姚若松、苗群鷹，2003：145-181）。

表3-14　工作分析的應用

類別	說明
工作描述 Job Description	對工作職責、權責、範圍等的描述。
工作分類 Job Classification	按照一定的標準將類似的工作進行分類，以便於對不同類型的工作採取不同的管理策略。
工作評價 Job Evaluation	薪酬確定的基礎，確定組織中各個工作的相對價值。
工作設計／重組 Job Design/Restructuring	將原有工作所包含的工作任務聚集在一起，根據工作的難易程度或內容進行重新組合。
人員錄用 Personnel Requirement/ Specifications	包括人員招聘、甄選、配置等。
績效評估 Performance Appraisal	對員工取得的績效進行評價。
人員培訓 Worker Training	主要表現在確定人員培訓需求方面。
人員流動 Worker Mobility	對組織而言，主要是為員工設計職業生涯，並為員工職業生涯發展提供通道，便於他們向適合的崗位流動。
工作效率／工作安全 Efficiency/Safety	工作職責範圍明確、人事匹配無疑能提供工作效率。
人員規劃 Workforce Planning	確保合適的人在合適的時間、地點做合適的事情。

資料來源：傅亞和（2005）。《工作分析》，頁310。上海：復旦大學出版社。

結　語

對一位初到陌生地方的遊客而言，最迫切需要的恐怕是一份能夠指引迷津的「旅遊指南」。同樣道理，新進員工到公司來工作，最需要得到的是一份「職位說明書」，才知道要做什麼事。工作分析必須包括工作中涵蓋所有事項的明確定位與說明，亦即包含了工作人員做什麼、如何做、爲何做等內容。由此觀之，不難得知工作設計與工作分析具有直接的關聯性與重要性。

第四章

職能徵才與選才

- 職能概念
- 職能與人資管理
- 職能的評量方法
- 職能模組之種類
- 職能模組之用途

> 修脛者使之跖钁，強脊者使之負土，眇者使之準，傴者使之塗，各有所宜，而人性齊矣。
>
> ——《淮南子・齊俗訓》

根據《選對池塘釣大魚：21個成就自我達到夢想的方法》作者傑・亞伯拉罕（Jay Abraham）對美國成功企業人士的訪談中發現，這些成功企業家在工作上都有一個共同的特點，就是這些人都從事自己所喜歡的工作。又，華特・迪士尼（Walt Disney）說：「一個人除非從事自己所喜歡的工作，否則很難會有所成就。」所以，從優勢管理才能的發展趨勢來看，組織在招聘員工時，特別注意最適任人選。所謂最適任人選的定義，不是強調經歷，而是能達成任務的職能及條件。

第一節　職能概念

職能（competency）為當前管理領域的重要議題，許多管理的功能，如人力資源、行銷、研發等都與此概念有關。美國哈佛大學心理學教授大衛・麥克里蘭（David McClelland）在1973年發表了「以職能測驗取代智力測驗」的概念與模型，作為高階管理人員選拔的標準，它使公司高階人員的離職率從原來的49%下降到6.3%。麥克里蘭事後並追蹤研究發現，在所有新聘任的高階管理人員中，達到職能標準的有47%在一年後表現比較出色，而沒有達到職能標準的，只有22%的人表現比較出色（陳萬思，2006/01：55）。

基本上，「職能」是職務上高績效者的行為特性。對企業而言，「職能」是活化人力資源，進而提升企業競爭優勢的經營技術；對個人而言，「職能」是改造個人行為，從而成為職場上高績效者的重要技法（**表4-1**）（吳偉文、李右婷，2006：著者序）。

表4-1　職能在招募甄選中的好處

1.根據不同組織的經驗顯示，職能可以讓我們更精確地評估他人是否適合，或有潛能從事不同工作。
2.讓個人能力與興趣更能配合工作需求。
3.避免主試者或評估者武斷地做出判斷，或因應徵者一些不相干的特徵而妄下評斷。
4.有助於架構、支持不同的評估與發展技巧，包括申請表、面談、測驗、評估中心與評鑑等級。
5.分析個人特定的技能與人格特質，才能讓發展計畫更精確地符合發展需求的領域。

資料來源：Robert Wood、Tim Payne著，藍美貞、姜佩秀譯（2001）。《職能招募與選才》（*Competency-Based Recruitment and Selection*），頁28。台北：商周。

一、職能概念的定義

早期的企業都以智力測驗（Intelligence Quotient, IQ）與性向測驗（Aptitude Test, AT）作爲招聘人才的依據，但自從麥克里蘭提出一個人的績效不僅是運用智力將工作任務完成，而且應該包含個性中的特質、行爲等因素，尤其在一連串的研究之後發現，一些工作特別優異的員工都有一些共同的成功因素，包含知識、技術，以及以工作表現相關的特質行爲、態度等，統稱爲職能（competency）。此觀念使企業瞭解到除了學歷、智能測驗結果等外顯因素之外，員工特質與行爲層面更是在招聘員工、評估員工績效與價值時，不可或缺的因素之一。

competency一詞，來自於拉丁語competere，意思是「適當的」，目前學者對職能一詞尚無統一的定義，有的將competency翻譯成「職能」、「才能」、「知能」、「能力」等等，但企業界較常使用的是「職能」一詞，而行政院則採用「核心能力」（core competency）的名稱，大陸地區則譯爲「勝任力」。它的管理領域的研究與應用，最早可追溯到泰勒（Frederick Winslow Taylor）的時間—動作研究。

小常識　時間─動作研究

1881年，泰勒（Frederick Winslow Taylor）開始在米德維爾（Midvale）鋼鐵廠進行勞動時間和工作方法的研究，為以後創建科學管理奠定了基礎。

科學管理的五大主軸：

1. 進行「動作研究」，確定操作規程和動作規範，確定勞動時間定額，完善科學的操作方法，以提高工效。
2. 對工人進行科學的選擇，培訓工人使用標準的操作方法，使工人在崗位上成長。
3. 制定科學的工作流程，使機器、設備、工藝、工具、材料、工作環境儘量標準化。
4. 實行計件工資，超額勞動，超額報酬。
5. 管理和勞動分離。

資料來源：鄭勝耀，〈教育行政經典研讀(一)〉，國立中正大學教育學研究所網址：http://deptedu.ccu.edu.tw/education/education_98/.../20090922-2.doc。

二、隱性特質與顯性特質

「職能」是人們潛在的心理特徵，意指行爲的方式、思考的方式、情境的類比等，而這是可以持續一段時間不會一直改變的。組織可藉由職能評鑑，從表現具有平均水準的員工中篩選出工作表現較傑出者。兩位學者史賓塞夫婦（Lyle Spencer & Signe Spencer）依據奧地利精神分析學家佛洛依德（Sigmund Freud）的「冰山模型」（Iceberg model）區分出職能的兩個層面，分別是顯性特質（visible characteristics）和隱性特質（hidden characteristics），其中，知識和技巧的職能，是傾向於看得見以及表面的特性，而自我概念、特質及動機，則是較隱藏、最深層，且位於人格的中心內層。這兩個層級將之比喻爲「冰山模型」來說明，其中露出海平面的部分就好比職能中的外顯可見的特質，且日後可自我充實、易於改變；而海平面下的部分則相當於內在隱藏特質，是較難發覺且不易改變的特質（**圖4-1**）。

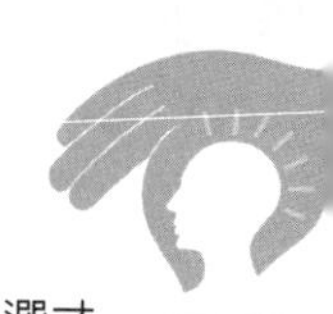

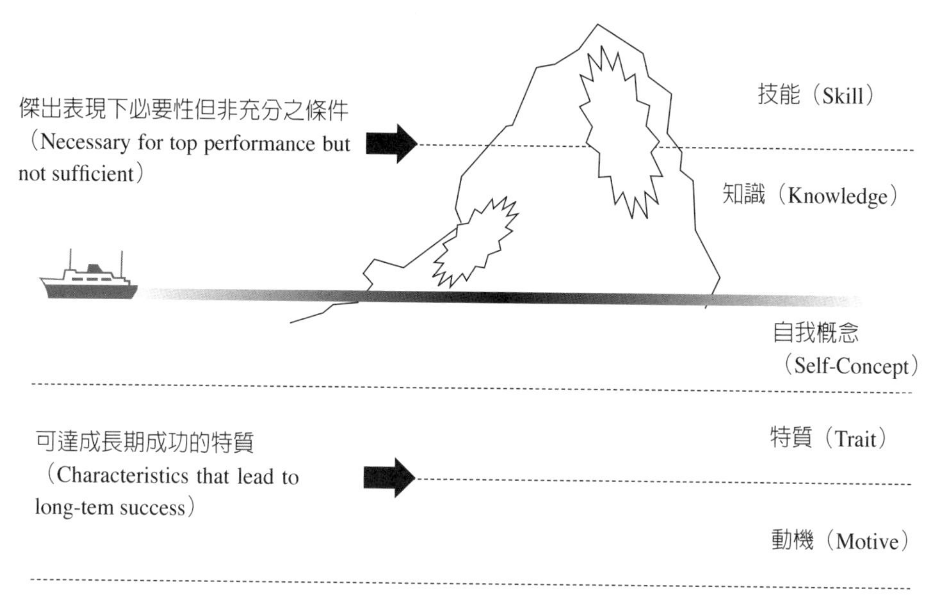

圖4-1　核心能力的冰山模型

資料來源：創盈經營管理公司網址：www. pbmc.com.tw。

(一)隱性特質

隱性特質是指那些較隱藏、深層且位於人格的中心部位，在短期內較難發覺、較難改變和發展的因素。例如：一個人對自我的印象、人格特質、成就動機、自我概念、社會角色、態度、價值觀等，是高績效者在工作中取得成功所必須具備的條件，是對任職者的重要要求，也是在招聘和培育勝任特定工作任職者的關鍵。

(二)顯性特質

顯性特質指的是一個人的知識與技巧，是可自我充實、易於改變的。

三、職能的同心圓模型

史賓塞夫婦之同心圓模組指出了職能在發展上的差異。根據同心圓

模型的定義，核心的職能（如動機、特質、自我概念等）相較於表面的職能（如知識、技巧）更不容易發展，這是因爲核心人格特質是具有持久性的。因此，表面的職能，如個人的知識不足，可以透過教育訓練的方式來加以改造，然而核心的職能卻無法輕易變更，只能透過「甄選」來預先選擇適合組織的成員，換言之，如果錄用者僅僅具備職位所需的顯性特質，而不具備職位所需的隱性因素，則很難透過簡單的培訓來改變，難以實現人職匹配（**圖4-2**）。

相反地，如果能夠基於核心的隱性因素來招聘，有助於企業找到具有核心的動機和特質等的員工，既避免了由於人員挑選失誤所帶來的不良影響，也減少了企業的培訓支出，尤其是爲工作要求較爲複雜的職位挑選候選人，例如高級技術人員或中、高層管理人員，在求職者基本條件相似的情況下，隱性因素能夠預測出高績效的可能性更大（陳萬思，2006/01：55）。

根據日本Works Institute的研究報告指出，比較容易改變的職能項目是：專業知識、效率指向、團隊合作、發展他人、顧客服務指向、績效

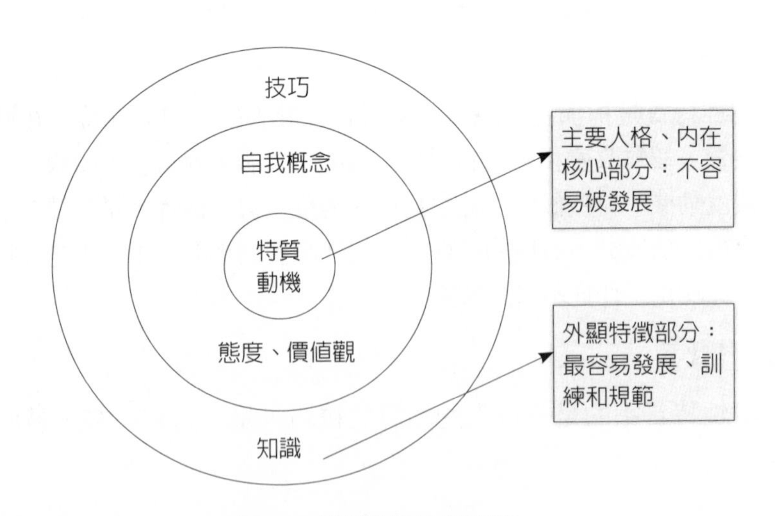

圖4-2　職能的同心圓模型

資料來源：L. M. Spencer & S. M. Spencer (1993). *Competence at Work: Models for Superior Performance*, p.11. New York: John Wiley & Sons.

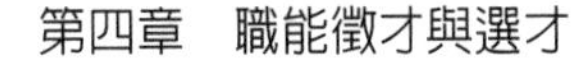

管理（performance management），而相對比較困難改變的職能項目是：主動性、概念思考、創新能力、靈活性、正直誠實（吳偉文、李右婷，2006：2-3）。

四、職能的內涵

1973年麥克里蘭發表了一篇論文〈測試職能而非智力〉（Testing competency rather than intelligence），其中他對卓越的工作者做一研究發現，智力並不是決定工作績效的唯一條件，而是動機（motivation）、特質（traits）、自我概念（self-concept）、知識（knowledge）和技能（skills）才是。

(一)動機

動機，是指對某種事物的意向或渴望（如成就、親和、影響力），進而付諸行動的念頭。例如：這個人做這件事情是爲何而做？他做這件工作是爲錢？爲名？爲利？爲權？或是爲了社會公益？也就是說，驅使他做這份工作的力量是什麼。

(二)特質

特質，係指一個人的心理及態度方面的素質，對某些情境與訊息的本能（冷靜、熱情、主動與積極）反應。例如：對時間的及時反應和絕佳的視力，是成爲戰鬥飛行員所須具備之必要特質。品質與動機可以預測個人在長期無人監督下的工作狀態。

(三)自我概念

自我概念，係指一個人的態度、價值觀、自信心或自我印象的想法。例如：溫和有禮。

(四)知識

知識，係指個人在某一特定領域中所擁有的專業知識（基本知識及實務知識）及資訊。例如：外科醫生須具備人體的神經及肌肉的專業知識。

(五)技能

技能，係指在執行某項工作時所展現（可觀察或衡量的）之技術、經驗或成熟度，即對某一特定領域所需技術與知識的掌握情況。例如：操作軟體、取得證照。

由以上針對外顯表徵、潛在特質與職能內容敘述後得知，職能是一個綜合性的名詞，主要是從事績效層次建構人力資源發展的基準，以期適才適所，協助企業預測、發展並管理個人在組織的能力。

個案4-1　著名企業核心職能的項目

企業名稱	核心職能項目	資料來源
上海銀行	誠信正直、持續學習、主動積極、合作精神、顧客導向	《上銀季刊》2006年秋季號
中鼎工程公司	思維能力、變局能力、工作管理、工作態度、人際互動、調適能力	《中鼎月刊》302期
中華汽車公司	持續改善、百折不撓、分析能力、創新能力、積極主動、團隊合作、建立夥伴關係	《中華汽車月刊》204期

資料來源：丁志達（2008）。「員工招聘與培訓實務研習班」講義。台北：中華企業管理發展中心。

第二節　職能與人資管理

職能可活用在人力資源管理的各項業務上，諸如：人力資源規劃、招募與任用、訓練與發展、績效評估、報酬與誘因等等，只因目前職能較常應用在教育訓練的層面，其他方面的應用則是困難度較高（尤其是

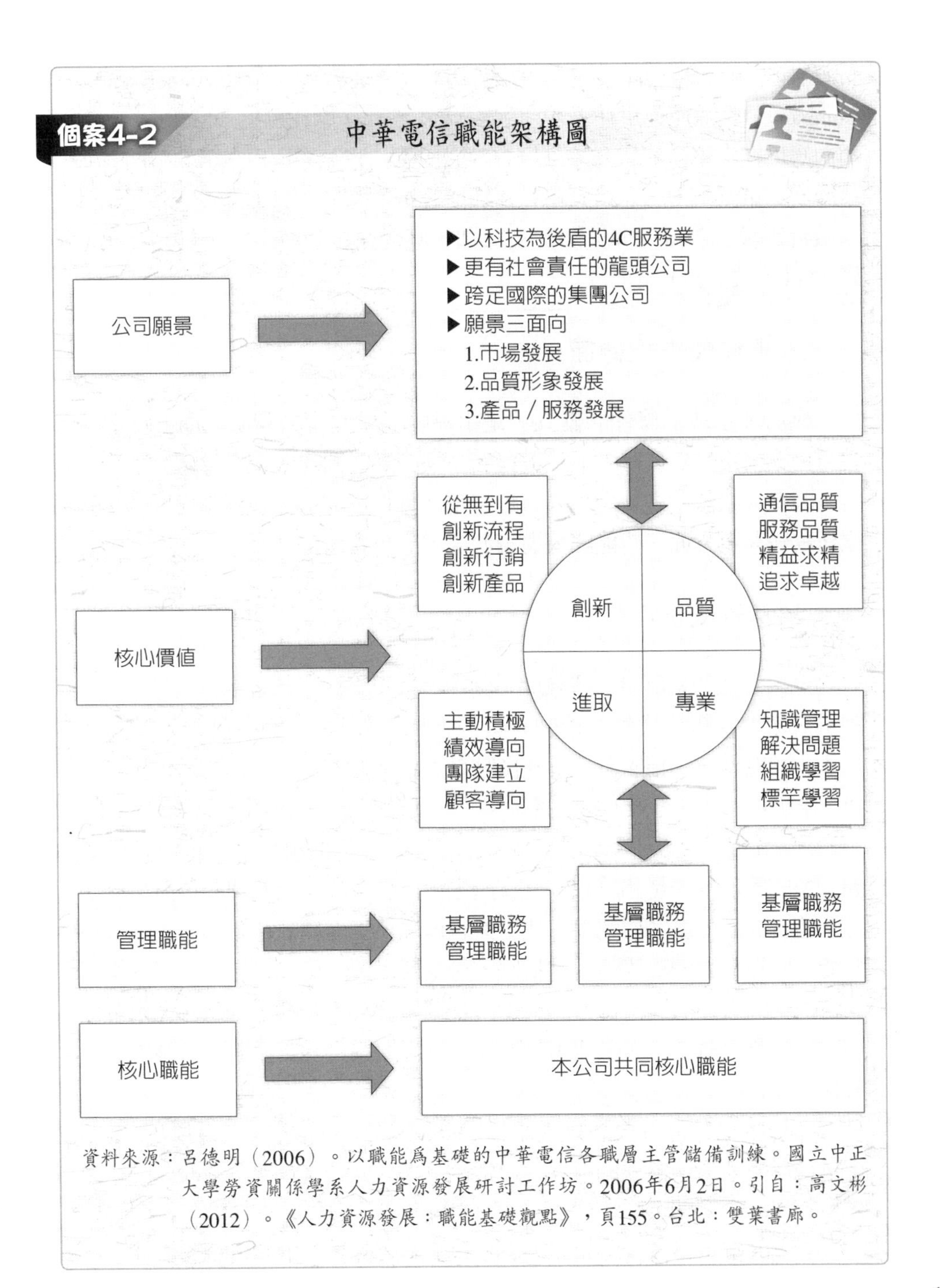

資料來源：呂德明（2006）。以職能爲基礎的中華電信各職層主管儲備訓練。國立中正大學勞資關係學系人力資源發展研討工作坊。2006年6月2日。引自：高文彬（2012）。《人力資源發展：職能基礎觀點》，頁155。台北：雙葉書廊。

薪資管理），但並非不可行，例如：美國運通銀行（American Express Company）將職能運用在人才遴選和 人才培育；摩托羅拉（Motorola）公司則應用在人事評價和升遷；日本的武田藥品將職能運用在職務分析和人事評價；東京電力公司是應用在「職能等級」制度；富士通企業是應用在「職責等級」制度；參天製藥公司則是應用在績效獎金（吳偉文、李右婷，2003：24-25）。

一、人資總體表現構面

核心職務成功條件的確立，是組織職能導向人力資源的重要政策，也是企業構築內部競爭力無法跳躍、省缺的基礎動作。企業導入職能模式後，因在人力資源各功能面向皆可運用，且從業人員在整體制度下所負責之任務與角色方面，皆能讓人力資源專業形象有所提升。

二、招募甄選構面

企業若能在招聘時，將職能中動機、特質與自我概念作爲甄選標準，將可有效地爲組織找到合適的人員，並減少因人員不適任所增加的組織成本。職能導向的招聘制度，其優點是可以有效的辨識出「有能力」的人員，未來可以與「績效」產生連動，才能促進組織提升競爭力（**表4-2**）。

對於企業來說，選擇適合的員工去擔任合適的職位，這個職位不需要太多的管理、監督和培訓，就會產生極佳的績效，而選擇其他雖然聰明卻不適合的人，就需要花很多成本去管理，但工作績效卻一無所獲。運用職能模式在人力資源管理上的招聘，最主要的成效是可以從一大群應徵者中快速且有效地甄選出適合的人選，且讓招募成本有效的降低。運用職能模式所甄選之員工，與未使用職能模式時所甄選之員工比較，其績效表現較佳。

運用職能考選方式進行選才時，會使用行爲面談法，以便探測應徵者是否具備組織所需要的職能。職能的考選，以「如何」（how）、「爲何」（why）爲重點，著重於過去的實績外，特別是未來的發展，同時重視應徵者的行爲特性等。如此一來，就不至於只考選出「只會念書，不會

表4-2　職能面談題項編製流程表

功能職能	主要行為	考選試題設計（以面談為例）
推理分析能力	・客觀看待事情並能廣泛地定義問題。 ・能有系統地分析複雜的問題，並能推理、觀察相關問題的因果關係。 ・能在制定計畫前先分析公司整體環境因素。 ・能根據邏輯分析、個人經驗和專業判斷來產生實務方案。 ・可以在適當的情況下質疑或建議上司相關的決策。	・你覺得自己善於分析嗎？可否舉兩個之前工作上的例子來證明你的分析能力？ ・請告訴我們，你曾分析過的一個難題，及你所給予的建議？ ・當你分析複雜問題時，通常會採取哪些步驟？ ・你給自己的分析能力幾分？ ・你之前的主管覺得你的分析能力如何？ ・請問你是否有過分析錯誤的經驗？你如何補救？

資料來源：黃嘉槿、李誠（2002）。〈以職能爲基礎之甄選面談設計：以K公司HR人員爲例〉。中壢：中央大學人資所企業人力資源管理實務專題研究成果發表會，http//www.ncn.edu.tw/~hr/new/conference/8th/pdf/05-2.pdf。

做事」、「擁有多樣技能，不願奉獻」、「願意全力奉獻，卻不是組織所須具備的職能」等人員（黃一峰、李右婷，2006/01：48）。

企業在甄選員工時，基於成本考量的原則，應先定義出此職位的職能，然後先甄選出具有適當特質與動機的人，至於知識與技術面的不足再以訓練加以補足。然而大部分的公司在進行甄選員工時皆本末倒置，先利用教育背景甄選出具有高度知識與技術的人員，接著才進行特質與動機的塑造，這樣不僅耗時、耗力，且花費的成本也頗大。因此，根據職能甄選適合的應徵者，應先考慮位於內圈的職能，再考慮外圈的知識與技術層面，從而將減少訓練之成本而增進組織效益。

應用職能甄選適合的人選，可爲企業帶來的價值將大於僱用或訓練此人的成本效益，採用職能模式不僅是現今的趨勢，也是正確的抉擇（劉曉雯，2003）。

三、教育訓練構面

企業永續經營的泉源，來自於企業的核心競爭力，爲求擁有與維持

核心競爭力，必須開發與培養其核心人才。伴隨著電腦科技的快速發展，以及人類經濟活動形式的改變，組織經營逐漸朝著知識化、全球化與多元化的方向發展。面對這股潮流，組織必須擁有一群高素質的成員，而人力資源品質就是組織建立核心競爭力的關鍵。

企業在對員工績效評鑑時，較易診斷出員工之訓練需求，而以優秀員工的技能表現爲範本，可有效地使新進員工減少學習曲線時間，並達到較佳的平均表現能力。透過職能模式，更可設計出符合員工需求、工作任務需求或組織需求之訓練課程。

職能運用在職涯規劃及發展上，員工可藉由職能的設計及評估結果，瞭解自己所欠缺的職能爲何，進而參與所提供的進修課程或特殊活動，以增進職能改進績效表現；或者是增強自己的職能，預先爲自己將來所擔任的職務做準備。

四、升遷及接班人計畫構面

以組織的角度而言，在晉升制度上，不再經由年資的累積而擔任較高階級的職務，而是藉由職能評估瞭解接班人所具備的職能爲何，選擇最適合的接班人。

升遷及接班人計畫主要焦點在於組織的高階主管上，藉由職能系統的評估，不但較易發掘人才及培育人才，也可以加以瞭解應徵者是否具有需要的職能，以便加以安排適當的職位。這樣的過程需要先確認職位上所需的職能、選定應徵者名單、選定適當的評估方法，它可藉由情境面談法、測驗、評量中心、績效評估等方式來衡量職能，需要的職能也可以依據所需程度之不同而以權重計分，甄選出適合人選，並追蹤此過程以確保系統的有效性，確認選出的是最適合的人選。

五、績效考核與管理構面

企業運用職能模式後，在進行三百六十度評鑑時會有更客觀的依據，並易於讓員工瞭解自己在工作上不足及須加強之處。舉例而言，我們必須先確定達到高績效的職能行爲爲何，若一位主管在領導的職能方面，欠缺團隊的領導能力，便必須建議主管參與領導課程的訓練；相反地，若此主管已經達到高績效表現的領導職能行爲，便可以依據這樣的職能給予獎賞或升遷（莊敏瀅，2004：9-10）。

六、薪資管理構面

薪資管理攸關組織成員對組織公平性的認知。薪資是員工執行工作，然後組織依其工作職責、工作績效表現、個人條件特性給予各種形式的相對報酬。薪資管理的目標，主要在建立薪資策略、政策與管理實務，以吸引、留住企業所需人才，維持具競爭力的人力資源並激勵士氣，進而達到組織的目標（**圖4-3**）。

企業藉由職能的建構，作爲人才的選、用、育、留之共同基準，以持續強化公司人才的素質和競爭力，同時，透過職能體系的強化，來鞏固企業的核心價值與企業文化（**圖4-4**）。

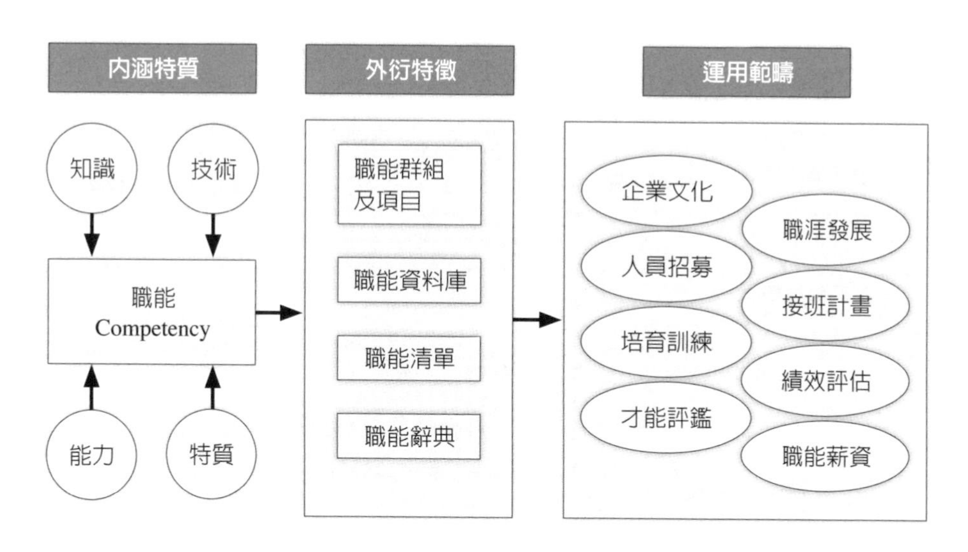

圖4-3　職能模式的人力資源發展架構

資料來源：方翊倫（2006）。「職能模式管理與應用」講義。中時人力網編印。

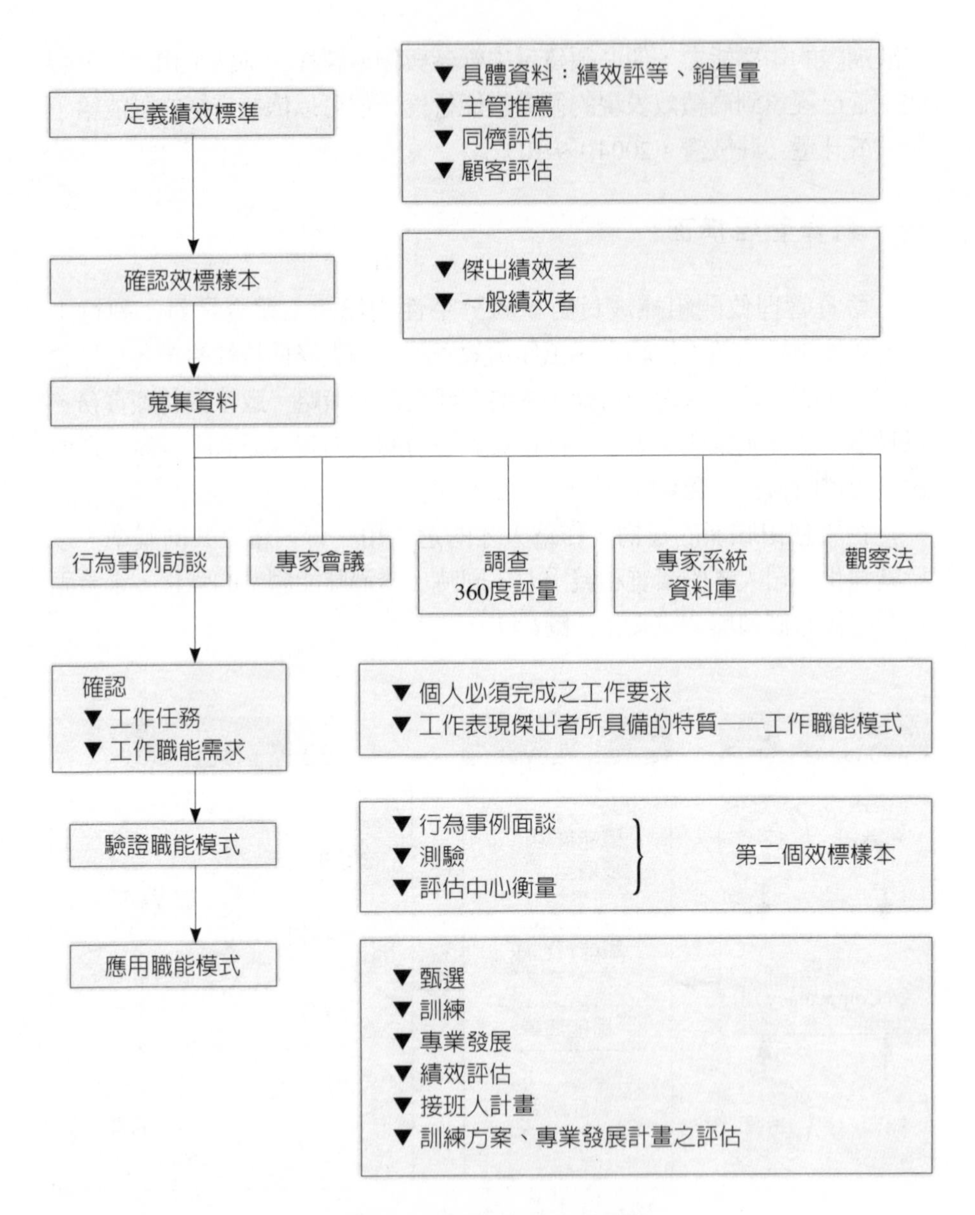

圖4-4　工作職能評鑑流程圖

資料來源：L. M. Spencer & S. M. Spencer (1993). *Competence at Work: Models for Superior Performance*, p.95. New York: John Wiley & Sons.

第三節　職能的評量方法

職能會因企業文化、組織特性之不同而有所改變，因此蒐集及確認職能評量之方法可分爲四大類，十四種方法（**圖4-5**）。

一、訪談類

(一)一般訪談法

一般訪談法（Interview Method），通常是指訪談者透過與受訪者進行面對面的詢問方法（受訪者可以是個別或團體），蒐集一些關於職務、責任與任務較爲細部與深入的資料。此方法將會花費大量的時間與成本費用。

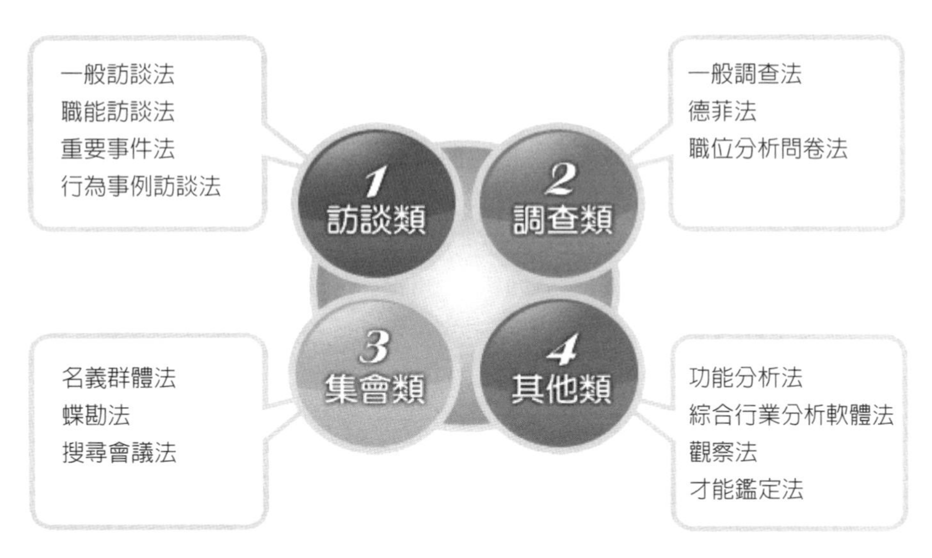

圖4-5　職能分析方法

資料來源：icap職能運用發展平台，http://icap.evta.gov.tw/Knowledge/knowledge_method.aspx

(二)職能訪談法

職能訪談法（Competency Interview Method）屬於結構式訪談，其對象以待分析職位之工作人員和／或其直屬主管爲限。訪談對象數量須達資料飽和，具有固定且簡單的流程，但須一同評估訪談所需的費用。

(三)重要事件法

重要事件法（Critical Incident Technique Method, CIT）係指每種工作中都有一些重要（關鍵）事件，傑出的員工在這些事件上表現出色，而不稱職的員工則相反。訪談者要求受訪者以書面形式，描述出至少六到十二個月能觀察到的五個重要（關鍵）事件之起因及他們採用的解決方法，以確定此項工作所需的能力。使用此方法，可能漏失例行性事件，且重要與否的程度可能太過主觀而忽略了表現中等之員工，無法做全面職務分析。

(四)行爲事例訪談法

行爲事例訪談法（Behavior Event Interview Method, BEI）是一種開放式的行爲回顧探索技術，訪談對象以傑出員工與一般員工爲主，透過受訪者，獲得如何從事其工作內涵，所有鉅細靡遺的行爲描述，其主要的過程是請受訪者回憶過去半年（或一年）他在工作上最感到具有成就感（或挫折感）的關鍵事例。它因屬於情境式，相較其他訪談類，數量要更多，因而此方法的技術難度最高。

二、調查類

(一)一般調查法

一般調查法（Survey Method）係運用大量的量表或問卷，透過郵寄、面交問卷或由填答者自我陳述的方式，大規模地蒐集量化數據的資料。它屬於一種標準化的量化回答，易於資料的分析與比較，但抽樣對象樣本數量要夠多（**表4-3**）。

表4-3　問卷調查的關鍵作法

‧問卷對象的選取需具有代表性，否則問卷的結果將無法類推於母群使用。 ‧問卷編製的過程中必須考量信度、效度的問題，一般來說，可以透過專家意見以及過往發展理論以確保效度。在信度的部分，則可能需要透過多次的預試以及統計指標來進行把關。 ‧問卷的品質（如題項的多寡、內容的正確、印刷的精美……）以及是否有詳細地告知填答者此次調查的目的與重要性，均將影響填答者的填答品質以及回覆率，此部分需特別注意。 ‧問卷發放的時間點最好避免填答者忙碌之時期，例如：年末、檔期活動時。

資料來源：icap職能運用發展平台，http://icap.evta.gov.tw/download/2-05一般調查法。

(二)德菲法

德菲法（Delphi Method）是一種群體決策方法，又稱專家意見法，邀請一群該領域的專家，並允許每位成員就某議題充分表達其意見，同時同等重視所有人的看法，並且透過數回合反覆回饋循環式問答，直到專家間意見差異降至最低，以求得在複雜議題上意見的共識。使用此方法時，問卷作答者必須爲某一職位之專家群，專家團體的意見可帶來更正確的判斷。

(三)職位分析問卷法

職位分析問卷法（Position Analysis Questionnaire Method, PAQ）是一種結構嚴謹的工作分析問卷，以統計分析爲基礎的方法來建立某職位的能力模型。此法優點是同時考量員工與職位兩個因素。

三、集會類

(一)名義群體法

名義群體法（Nominal Group Technique Method, NGT）適合於小型決策小組，在決策過程中，對「群體成員的討論或人際溝通」加以限制，群體成員各別處於獨立思考的狀況下，進行某一議題的討論。與會人數約需八至十位專家。

(二)蝶勘法

蝶勘法（Developing A Curriculum Method, DACUM）是選擇工作兩年以上且工作績優的專家級專業人員參與，借助實務工作者的經驗一起腦力激盪，產出的職責、任務，以及相對應的技能、知識與態度。採用此方法的與會人數約八至十二位專家，實務工作者參與腦力激盪，與產業關連很高。

(三)搜尋會議法

搜尋會議法（Search Conference Method）它係先進行面對面的全體會議。以腦力激盪構想未來環境的模樣與可能產生的轉變，接著進行分組會議，透過群體發散式思考產出構想。最後，再開全體會議，由各小組報導其構想的優先序、策略和行動規畫，並且尋求意見的整合。與會人數需要一位主持人和十五至三十五位參與者，且會議主持人需要專精知能。

四、其他類

(一)功能分析法

功能分析法（Functional Analysis Method, FA）係先考慮整個專／職業各種職務和角色的主要（或關鍵）目的，再系統地一個接個一個分析出要達到目的需要哪些主要功能、次要功能，以及達到次要功能的功能單位，細分出該職位職能的單元與要素。其分析過程系統化與邏輯化，但從團隊或組織觀點分析職能，結果有時無法類推至其他團隊或組織。

(二)綜合行業分析軟體法

綜合行業分析軟體法（Comprehensive Occupational Data Analysis Programs Method, CODAP）利用一套預先寫好的電腦程式來輸入、統計、組織、摘記和輸出透過工作任務清單蒐集的資料。其優點是高度文件化，可分析大量資料。

(三)觀察法

觀察法（Observation Method）係透過實地觀察，記錄相關人員在其工作職位上所做的事與所發生的事，並且根據這些資料進行分析。屬於第一手資料的取得，精確度最高，但所花費的時間和成本也最高。

(四)才能鑑定法

才能鑑定法（McBer Method）係統合多種分析方法，包含：行爲事例訪談法、專家會議法、一般調查法、專家系統資料庫、觀察法及360度評量等方法。是故可以克服傳統方法的缺失，但執行步驟較爲複雜，且資料太瑣碎（**表4-4**）（行政院勞工委員會職業訓練局，2013）。

表4-4　柏伊茲的21項職能

分類	職能名稱
目標與行動管理群	1.效率導向　2.生產力　3.分析與運用概念　4.關注影響
領導群	5.自信　6.運用口頭簡報　7.邏輯的思考　8.概念化
人力資源群	9.運用社會化權力　10.正面思考　11.管理團體流程　12.精確的自我評估
指導下屬群	13.啓發他人　14.運用單向權力　15.自發性
專注他人群	16.自我控制　17.認知的客觀性　18.精力與適應力　19.關注親密關係
專門知識	20.記憶　21.專門知識

資料來源：Robert Wood、Tim Payne著，藍美貞、姜佩秀譯（2001）。《職能招募與選才》（*Competency-Based Recruitment and Selection*），頁30。台北：商周。

第四節　職能模組之種類

由於學者對於職能的定義不同，因而職能模組（competency model）的種類爲數甚多。若將職能模組分爲職務型和角色型，則在職能模組的初期，可先以職務型爲主，待員工熟悉之後再轉化爲角色型。

個案4-3 中華汽車核心職能及其定義

持續改善	針對目前的工作流程或表現，運用適當的方法來找出改善的機會；發展行動方案來改善現況及流程並評量其成效，擷取別人（或別的企業）值得學習之處，用在自己的工作領域或企業中。
百折不撓	在遇到沮喪或挫折的時候，仍能維持工作效率堅持到底；能承受並妥善處理壓力，維持穩定的表現。
分析能力	能夠針對所面對的問題或機會，蒐集相關的資料，並從不同的資料中分析出其因果關係。
創新能力	針對不同的工作狀況發展具有創意且可行的解決方法；嘗試不同或特別的方式來處理工作問題或機會。
積極主動	能自動自發採取行動來完成任務；超越工作既定的要求，以達成更高的目標。
團隊合作	積極的參與團隊的任務；發展並運用和諧的人際關係來促進團隊目標的達成；願意配合團隊共識來改變自己的行為，以扮演好團隊成員的角色。
建立夥伴關係	尋求機會與顧客發展互助的合作關係（包括公司內外部、跨部門、上下游間的夥伴關係）。有效的符合顧客的期望，對顧客的滿意度負責。

職能：積極主動（initiating action）
定義：能自動自發採取行動來完成任務；超越工作既定的要求，以達成更高的目標。
主要行為：

1. 當面對或被他人告知問題發生時，能夠自告奮勇採取行動。
2. 在可容許的範圍內，主動執行新的想法或解決方案，把握改善機會。
3. 在他人提出要求之前，便能主動採取行動。
4. 為了達到目標，即使是超越工作的要求，仍會主動執行。
5. 當面對品質問題時，能主動改善或告知相關人員。
6. 自願加入工作團隊或服務小組（如流程改善小組），主動增加個人貢獻。

行為事例：在導入L型車初期，為生產最好的品質，全員進行所有可能問題點改善的努力。
行動：研發及生產相關單位群策群力，主動提出任何可以改善產品品質的對策，例如，當時為解決問題點溝通的管道與處理流程，同仁就建議用無線電對講機的方式，相關單位同仁使用一個固定頻道，一發現問題，只要有人提出來，所有人員接收到訊息，並進行改善。
結果：經由所有同仁的努力，L型車上市後一炮而紅，為本公司打開國內轎車市場。

資料來源：林維林與DDI專案顧問（2000）。〈職能專案報導：建立核心競爭力之職能體系〉。《中華汽車月刊》，第204期。引自：吳復新、黃一峰、王榮春（2004）。《考選與任用》，頁47。台北：空中大學。

一、職務型與角色型模組

職務型模組，是以職務內容明確化爲基準的職能模組，主要的優點是可達到適才適所；角色型模組，則是將近似的職務彙整爲某一角色類型，亦即是以工作性質與任務內容爲基準的職能模組，因而比職務型模組更具有彈性（吳偉文、李右婷，2003：57）。

如果職能是用來預測個體的績效標準方面，則可分爲門檻職能（threshold competencies）與差異職能（differentiating competencies）。門檻職能指的是個體在工作表現上所須具備最低限度的能力，是必要的特質，但無法區分優異和表現平平之間的差異；差異職能則能區辨出表現優異和表現平平之間的差異。二者都會包含在職能模式的定義和描述的層次中（陳家慶，2004：7）。

二、職能模組的類型

職能模組的類型，可以針對整個組織或某個特別部門中之角色、功能或工作來設計，這是由於組織的成員有其各自不同的需求與目標之故（**表4-5**）。

表4-5　職能分類

類別	說明
核心職能（組織能力）	由組織長期目標和使命來界定，組織應具有的競爭能力，並可適用於公司所有同仁，包括技能、知識、行為風格。
專業職能（個人能力）	根據不同工作特質所需具備特定的技術能力，包括財務分析、產品知識、勞動法規、業務開發。
管理職能（主管能力）	由組織長期目標和使命來界定各階層主管所需的管理能力，包括危機管理、決策能力、專案管理、經營管理。
一般職能（個人能力）	根據不同工作性質所需具備特定的一般或門檻能力，例如儀容談吐、教育程度、基本技能、體能狀況。

資料來源：TTQS官網。

職能模組之種類可歸爲核心職能模組、角色職能模組、專業（功能）職能模組、工作職能模組四類，分述如下：

(一)核心職能模組

核心職能模組（core competency model）主要著重於整個組織所需要的職能，通常與組織的願景、策略和價值觀緊密結合。此模組可適用於組織內所有階層、所有不同領域的員工，可藉此看出個別組織在文化上的差異，以及確保一個組織成功所需的技術與才能的關鍵成功部分。

(二)角色職能模組

角色職能模組（role competency model）主要針對組織中個人所扮演的某個特殊角色，在執行特定職務或角色時，所須具備的知識、技能以及特質等之總和，例如主管（經理、科長、課長等）、工程師、技術員等。在最常見的主管職能模組中，主管一職便涵蓋了各個功能面，包括：財務主管、行政主管、人力資源主管、製造主管等。由於此模組屬於跨功能性，因此較適用於以團隊爲基礎的組織設計（**圖4-6**）。

(三)專業（功能）職能模組

專業（功能）職能模組（functional competency model）通常依照組織功能上的不同來建立，例如製造、業務行銷、行政、財務等等。此模組與工作職掌及目標直接相關，也就是要有效達成工作目標所必須具備的工作相關特定職能，一般只是用於某個功能層面的員工。它最大優點在於可快速的傳遞訊息，並鼓勵組織內的員工，同時具有較詳盡的行爲指標，可促使員工改變工作行爲。

(四)工作職能模組

工作職能模組（job competency model）是企業中之一般行政、幕僚人員所應具備的工作內容，即從事該工作必要的特性（通常是知識或基本的技巧，如閱讀、書寫能力、電腦操作技巧等），適用時機在於組織內有非常多的員工從事此單一工作項目時（**表4-6**）（莊敏瀅，2004：9-10）。

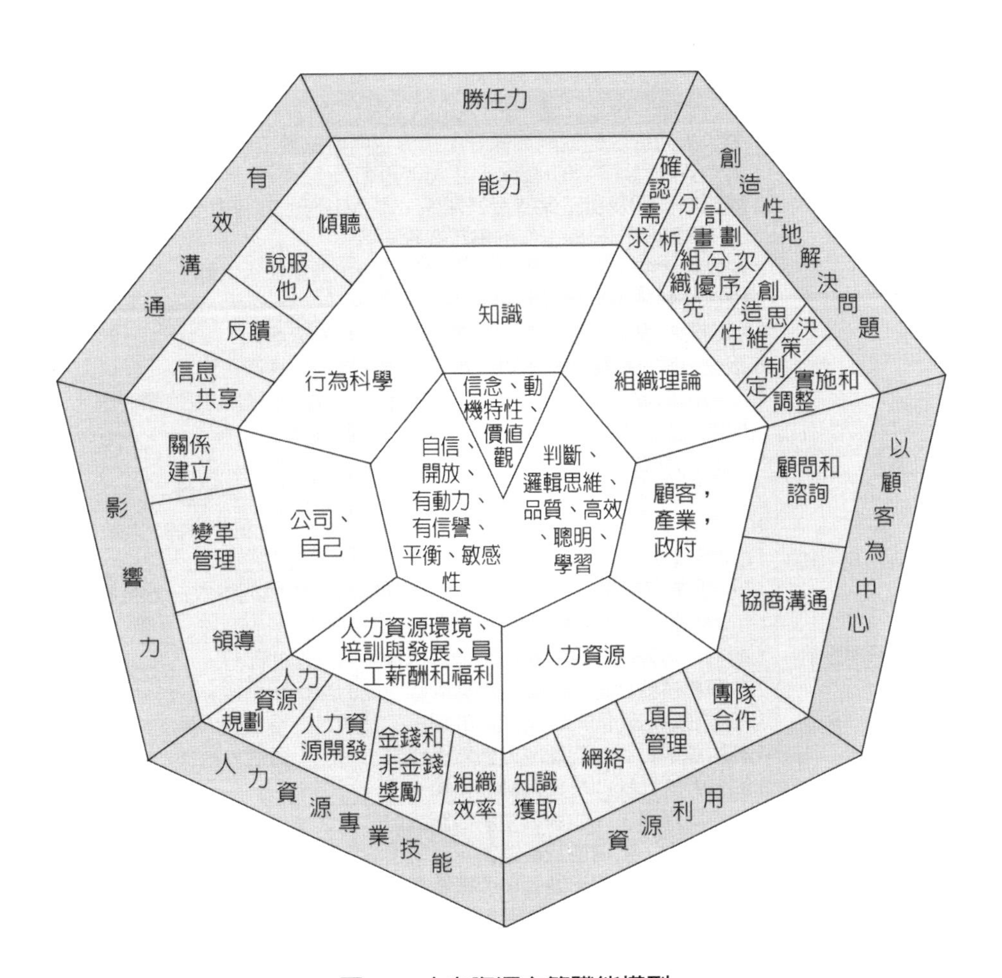

圖4-6　人力資源主管職能模型

資料來源：David D. Dubois編著，楊傳華譯（2005）。《勝任力：組織成功的核心源動力》（*The Competency Casebook*），頁132。北京：北京大學出版社。

表4-6　人力資源經理人的職能

職能	說明
業務管理職能	1.要求人力資源經理能夠保守企業機密與尊重員工個人隱私權，掌握人力資源管理專門知識，公平對待所有員工。 2.與相關部門及員工保持良好關係，贏得工作上的有力支持；能清晰準確地說明自己對工作的構想或看法等。 3.在壓力大的情況下，能控制自己的情緒，並讓他人冷靜下來。 4.瞭解勞動法規及相關制度。 5.對自己的專業判斷、能力有信心，並以行動來證明。 6.接受挑戰，積極面對問題，敢於承認失敗並迅速改正錯誤。 7.在特定情況下，能夠果斷地決策並採取必要的行動，以前瞻性眼光開展工作，避免問題發生以及創造、把握良機。 8.在工作中遇到障礙或困難時，堅持到底，絕不輕言放棄。 9.能夠熟練使用電腦和網路，力求即時獲得新技能和新知識。 10.分析事件的因果，且能找出幾種解決方案，並衡量其價值。 11.為培養他人能力而授予其新任務，或晉升有能力的員工。 12.積極獲取企業經營管理領域的各類知識，依照成本收益分析做人力資源決策，樂於從事人力資源管理工作。
變革管理職能	1.能夠把複雜的任務有系統地分解成幾個可處理的部分。 2.擁有真實號召力，激發人們對團隊使命的熱情和承諾。 3.能夠在較短時間內瞭解他人的態度、興趣、性格或需求等。 4.利用懲罰管制行為在解僱績效不佳員工時，不會過分猶豫。 5.能夠對所在部門及企業施加影響。
員工管理職能	1.能夠回應員工，並對其主動提出或自己觀察發現的問題提供幫助。 2.採取行動，以增進友善氣氛、良好士氣或合作氣氛。 3.表現出對企業的忠誠度，或者尊重企業內的權威者。 4.能夠召集他人一起給需要幫助的員工予以支持。
戰略管理職能	1.能夠視情況而靈活應用規章制度。 2.能夠根據企業需要，創造人力資源管理的新模式或新理論。 3.辨識並提出影響企業的根本問題、機會或關聯因素等。 4.能夠根據企業實際狀況，適當修改自己已經知道的人力資源管理理念（方法）並加以應用。 5.能夠使用自有信息匯集機制（或人際網絡）蒐集各種有用信息。 6.能夠對企業外部相關單位（部門）或人力資源管理專業組織施加影響。

資料來源：丁志達（2012）。「活化人力資源競爭力：從心開始」講義。台北：財團法人保險事業發展中心。

第五節　職能模組之用途

職能模組是指構成每一項工作所須具備的職能，而知識、技能、行爲以及個人特質則潛在於每一項的職能。職能模組亦提供組織對於員工的期望行爲。

一、職能模組的涵義

一個完整的職能模組，通常包括了一個或多個的職能群組，且每一個職能群組底下又包含了個別的職能項目與數個屬於該職能的構面及行爲指標，同時也包含該職能在工作上所展現的特定行爲。一套完整而有效的職能模組，將能夠幫助主管及員工判斷工作上重要的因素，也可以協助主管及人力資源管理工作者推行相關的管理工作（莊敏瀅，2004：9-10）。

二、職能模組之用途

職能模組幾乎可以應用於人力資源管理的所有工具上，諸如選、育、用、留，皆可參考職能模式而制定決策。職能評估與分析，可應用於甄選人員、作爲績效管理依據、設計訓練課程、規劃個人發展及職涯規劃、作爲薪酬發放依據、計畫職位的接替與認定具有高潛能者（升遷、接班人計畫），以及發展整合性人力資源管理資訊系統等。由此可知，職能模組可運用於所有人力資源管理之功能面，亦可將人力資源管理系統做有效的整合設計與規劃。

三、職能模組對組織之影響

職能模組的運用，對組織與員工之影響約有下列數端：

(一)組織層面

組織層面可分爲組織競爭策略與整體績效的介面、能力資料庫的應

用、學習型組織的實踐及契合人力資源發展需求、人力資源功能的整合四大項來說明。

◆組織競爭策略與整體績效的介面

無論是職能模組的建構或評鑑，其工作分析時的首要工作之一，就是要釐清組織的目標與核心能力，因此，當組織建構一套職能模組時，該模組即成為組織中溝通價值觀、共識以及策略的最佳工具，也可將組織策略規劃所需的核心職能與個人職能做緊密的結合，指出組織的需要與員工所具備能力之間的差距，並藉由甄選或訓練來造就雙贏的局面。

◆能力資料庫的應用

企業可將所有員工的個人職能資料建檔並加以電腦化之後，成立組織能力資料庫。如此一來，在組織面對新的挑戰（如外派、接班人計畫、成立緊急事件處理小組等）時，管理階層可迅速從此資料庫中尋找適當的人才來加以應變，甚至運用此一系統因應人力市場的供需，擬定對組織最具價值的規劃與管理。

◆學習型組織的實踐及契合人力資源發展需求

學習型組織的盛行及知識工作者時代的來臨，企業的人力資源素質必須不斷提升，職能模式若與個人績效回饋系統結合，將可協助員工建立學習目標，透過更新人員所擁有的知識、技術與能力，才足以成為組織高附加價值的資源投入，對組織貢獻產出高度的經濟效益，而員工自我成長的動力增加，亦可強化組織的學習能力，建立終生學習的文化與價值，進而擴大對環境變遷的因應能力。

◆人力資源功能的整合

藉由發展整合性人力資源管理資訊系統，將人力資源部門各功能面加以整合運用，可讓組織資源、資訊之使用與傳遞更有效率，並提升人力資源部門的總體績效及專業形象。

(二)個人層面

個人層面可分為個人潛能的開發、專業能力的發展、生涯定位的探

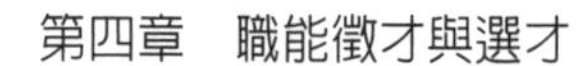

索三項加以說明。

◆個人潛能的開發

職能模組提供員工一個明確的卓越學習模範，讓員工清楚地瞭解如何邁向成功與卓越，以積極的態度幫助個人不斷地激發潛能。由於組織一開始就替員工設定了極具挑戰性的目標，可以讓員工因爲組織目標明確而全力以赴，發揮個人潛能，進而提升員工的工作效率、生活品質與工作滿意度。

◆專業能力的發展

當知識工作者成爲組織勞動力的主體時，專業能力即成爲企業生存成敗的關鍵。組織建構完整的「職能模組」，除了釐清組織能力與一般管理能力外，也著眼於個人專業能力的發展。換言之，組織中的每一位員工的專業能力，將在職能模組的評估與回饋不斷地運行之後，愈趨於完善。

◆生涯定位的探索

當組織中有了職能模式之後，員工在主管的協助下，經由能力評鑑分析和對自我能力的檢視，可以針對專業能力、生涯規劃與潛能開發等，規劃個人生涯發展的行動步驟。同時，個人可以經由對組織職能模式的瞭解，以及職能評鑑的回饋，釐清出現在個人生涯中的種種難題，尋求解決的可能途徑（楊尊恩，2003）。

小常識　美國勞工局的徵才條件

美國最大的雇主是聯邦政府，總共僱用了二百萬名員工。美國勞工局列出的基本徵才條件為：語言能力（閱讀與書寫的能力）、專業經驗（沒有的人則要展現出有能力學習專業知識與技能）、電腦技能、行政能力（如整理數據與資訊、提供客服等）。

資料來源：編輯部。〈2012年在等待的人才〉。《EMBA世界經理文摘》，第306期（2012/02），頁66-67。

結　語

乳酪蛋糕工廠（Cheesecakes Factory Inc.）績效暨發展副總裁文辛（Chuck Wensing）說：「選才是一切的開端。我們能教會人們擺設餐具，卻無法教導他們微笑和樂觀。」顯而易見，用職能模式來招募甄選人才，不但可以讓企業擁有良好之人力資本，亦可以省去企業找到不適任之員工所花費的成本。除此之外，若將高績效者的能力要素與行動特性，經過分析予以具體模組化，則職能模組亦得用於人力資源管理的其他功能，諸如：績效考核、薪資報酬、訓練開發等領域上（陳珈琦，2004：8）。

第五章

徵才實務作業

- 徵才前置作業
- 招募管道的選擇
- 徵才廣告的設計
- 審核履歷表的訣竅
- 選才流程的作法

燕丹善養士，志在報強嬴。招集百夫良，歲暮得荊卿。
——晉・陶淵明〈詠荊軻〉

人才是企業興衰隆替的指標。如何求得好的人才，除了機運之外，就是方法了。《孫子・始計篇第一》說：「多算勝，少算不勝，而況於無算乎！」而徵才就是全部求才過程的先鋒，可見徵才作業的良窳與多算是關係著整個求才成功的關鍵，相信伯樂之志，在千里馬而非駑馬也（劉延隆，2000：72）。

企業選人、用人，是要滿足組織的需求，而不是管理者個人的需求，更不應該是個人的喜好，因此，決定一個人應不應該選任，值不值得提拔，是組織的目標和戰略規劃，亦即人力資源規劃的課題（**圖5-1**）。

第一節　徵才前置作業

徵才作業本身是一個所費不貲的流程，若招募不適當的人員，則可能造成新進員工不能勝任工作、不能適應環境，而需要給予時間適應或施以技術訓練。因此，招募適當的人員，可使缺職率、流動率降低，並且減少企業招募成本以及訓練新人成本等。所謂謀定而後動，企業在徵才之前，應該重視招募方法的規劃，有系統地檢視組織填補的人員資格條件，以及滿足這些條件的最佳方法。

一、人力資源規劃

依據公司目標、經營計畫、整體發展擬定人力政策，進行人力盤點，有助於掌握企業人力供需的狀況。

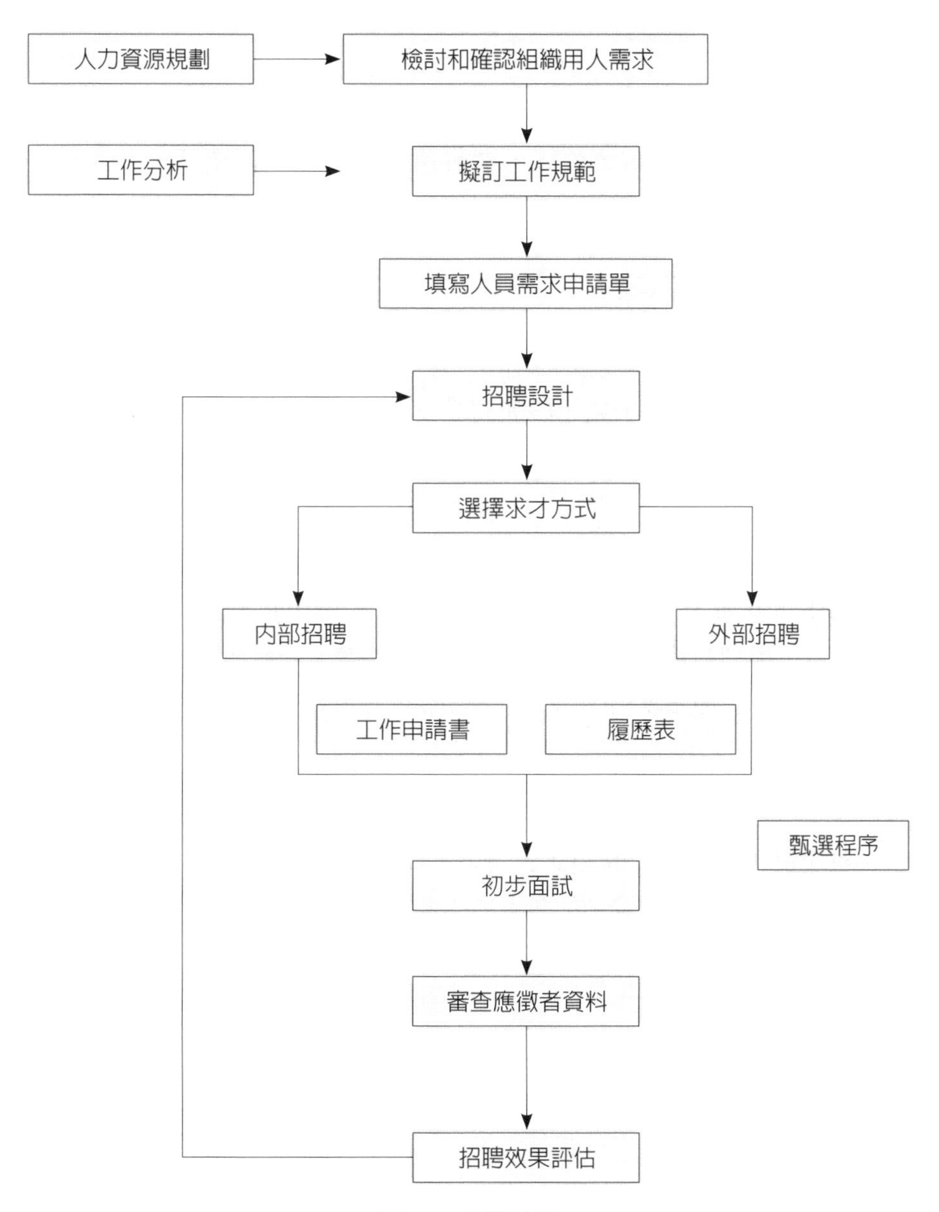

圖5-1　招聘流程

資料來源：廖勇凱、楊湘怡編著（2011）。《人力資源管理：理論與應用》，頁127。台北：智勝文化。

二、用人預算

編製用人預算（薪資預算、調薪預算、升遷調薪預算、專案預算等），以及僱用新進人員的給薪標準和試用後正式聘僱是否調薪的預算。

三、與部門主管溝通

基本上，在會計年度結束之前，人資單位就必須與各部門主管溝通下年度的單位人力數量、需求職缺的層級別、招聘時間與聘僱人數、業務外包項目與人數等問題，做一全盤討論。

四、編列徵才預算

擬定年度徵才計畫時間表，並依年度人力需求及參酌上一年度徵才實際費用，編列預算。包括：登報費用、仲介費、就業博覽會、校園（軍中）徵才活動等成本支出。

五、選擇有效徵才管道

蒐集歷年來已採用的徵才管道中，何種方法最有績效、成本最低，作爲年度選擇有效徵才管道的參考指標。

六、設計人才評量工具

按照職缺求才所須具備的知識、技能、態度、團隊合作、興趣等要項，發展出核心能力面試參考題庫及評量工具，以確認應徵者須具有的人格特質（**圖5-2**）。

七、訂定年度徵才成效目標

依據所建立的徵才管道參考指標，設定新年度徵才成效目標。成效

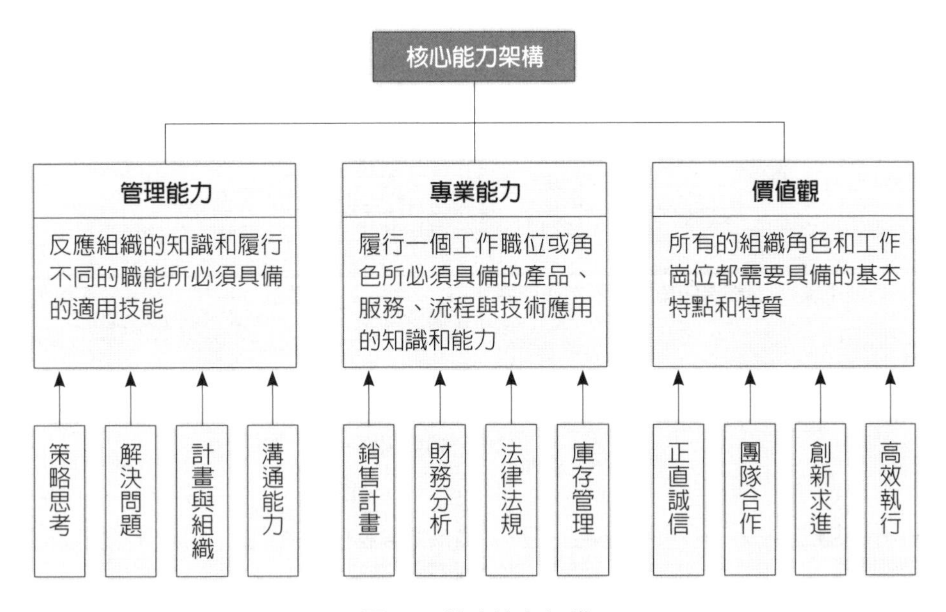

圖5-2　核心能力架構

資料來源：丁志達（2015）。「人力規劃與人力盤點實務」講義。台北：中華人事主管協會編印。

目標包括：招聘耗用時間如何有效縮短，以及招聘成本如何降低等（**圖5-3**）。

八、追蹤實施成效

對徵才作業的執行成效予以定期的評估，詳細地記錄整個徵才活動過程的支出，以及找到多少合適的人選，並與年度目標比較，確認作業的效率。例如：

1.是否廣告宣傳不夠或面談人手不足。
2.是否回函給每一位參加面試者的錄取與否。
3.是否定期檢查人才庫的資料，經常更新人才庫的資料。
4.是否檢視離職面談的紀錄，提供給用人單位主管作爲在徵聘人才時的一個有用的參考依據。

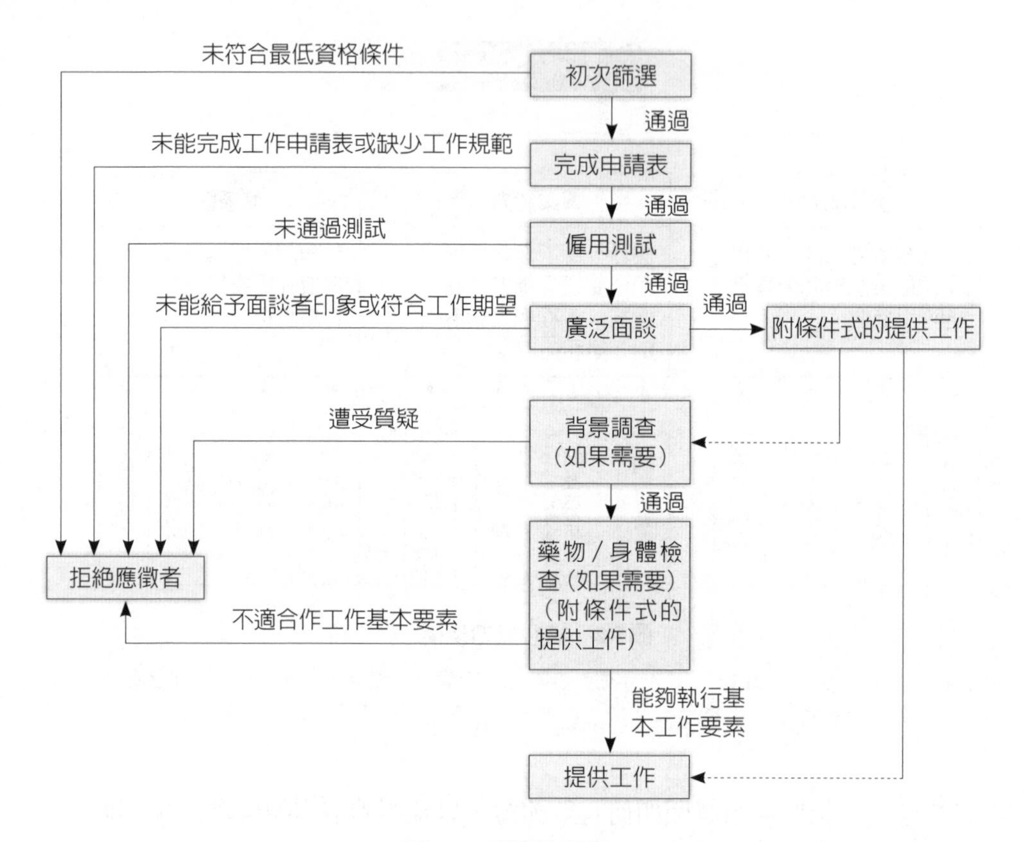

圖5-3　甄選流程圖

資料來源：De Cenzo & Robbins (1999).引自：吳惠娥（2005）。《大陸派外人員甄選策略之研究——以連鎖視聽娛樂業為例》，頁10。高雄：國立中山大學人力資源管理研究所碩士論文。

甄選的基本目標，不只於應徵人的數量，更要注重品質。不合格的人數過多和合格的人數不夠遴選，同樣是大問題。至於哪種招募管道的來源最好，端賴工作的性質、求才的困難度，以及甄選所需的時間而定（**圖5-4**）。

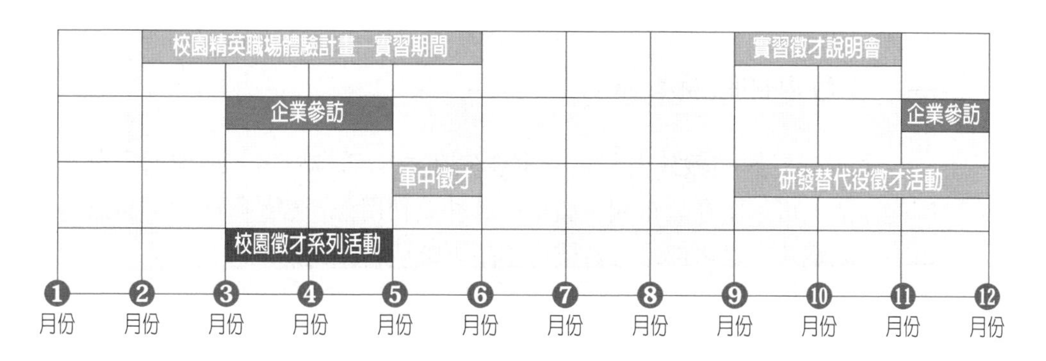

圖5-4　年度職場新鮮人徵才活動

資料來源：精英電腦（2014）。台大校園徵才文宣。

小常識　招聘好，還是內部擢升好？

企業選擇人才時，究竟該進行外部招聘，還是選擇內部擢升好？一項研究指出，外部招聘能吸引較有經驗、教育程度較高的員工，但內部擢升的人員，卻能為企業帶來較高的收益。

根據沃頓商學院教授馬修．比德維爾（Matthew Bidwell）指出，比起內部擢升的員工，相同職位上從外部招聘的員工，享受的薪金待遇較高（大約要高出18～20%），但前兩年的表現卻普遍較差，而且更容易辭職或跳槽。一旦外部招聘的員工撐過兩年之後，他們的升遷速度會遠遠超過內部擢升的員工。

資料來源：編輯部。〈招聘好，還是內部擢升好？〉。《EMBA世界經理文摘》，第309期（2012/05），頁66-67。

第二節　招募管道的選擇

徵才管道可以千變萬化，尤其在網路發達的時代，不可墨守成規，要發揮創意、多方結合，從企業的立場變成顧客立場出發，鎖定「應徵者」做行銷活動，貼著「應徵者」的觀點進行招募計畫。

每一種招募管道均有其不同的特色與效用。因此，在選擇招募管道時，應適切地瞭解各種管道的方法與功用，以便在尋找不同職別的人才時，可以迅速地找到合適的人才。

一、公司內部職缺告示

企業有任何的職缺出現，一定要先在內部通告周知。這種通告有不同的作法，可以貼在公布欄、發電子郵件或利用公司網站等，也可以透過員工推薦納才，讓內部員工有機會申請調職或晉升到這個職位。

個案5-1　昇陽（Sun）公司的招募方式

三年前的一天，我在懷俄明州一個小鎮的酒吧閒坐。在那之前，我受了重傷，後來在小鎮找到工作。那天坐在我旁邊的是一個觀光客（註：昇陽公司主管），他請我喝酒。我說我曾在高中當潛水員，興趣是攀岩。我提及經歷兩次生死關頭後，目前在休養中。他要我說得再詳細一點，於是我就跟他說，我那天在墨西哥的高山上攀岩，突然開始起風，我在懸崖邊上，感覺自己的靈魂出竅，「看著」自己撞上懸崖並且死掉！醒來時，又看著醫生在手術房再度宣布我的死亡。後來我逐漸復元，出院後在小鎮上找到工作。

說完故事後，那個人掏出名片跟我說：「我在舊金山附近的這家公司做事，你就是我們要找的那種人，如果你需要工作，請打電話給我。」

我笑一笑，請他喝一杯酒，把名片放在皮夾內，就把這件事忘了。一年多後的某天，我又看到這張名片，並且想起他說的話。雖然事情已經過了許久，我還是打電話給他，我說：「你可能不記得我，我叫柏金斯……」他馬上打斷我的話：「嗨！懷俄明情況如何？」他馬上記起我，告訴我還是歡迎我去，不但幫我買機票，而且當場就僱用了我！

一開始時，他是我的上司，後來他被調走。現在我在做他的舊差事。命運就是這麼奇妙！

資料來源：Louis Patler著，王麗娟譯（2000）。《預約成功的300種實戰創意》。台北：如何。

小常識　徵才廣告為什麼徵不到人才

公司明明在幾個管道張貼了徵才廣告，但是左等右等，合格的履歷表卻沒有收到幾份。造成這個情況，問題可能出在徵才廣告上。

人力資源議題專家羅蒂曼（Laurie Ruettimann）強調，理想的徵才廣告，應該讓求職者對公司有初步的全面性瞭解，而且知道公司提供員工什麼樣的發展機會，好的職缺描述讓人清楚知道該項工作存在的目的，不只是平鋪直述工作內容，還讓求職者知道在公司工作的感覺。

公司要用真實誠懇的方式，再加上一點點創意，伸出手去接觸求職者，為公司吸引最好的人才上門。

資料來源：編輯部。〈徵才廣告爲什麼徵不到人才〉。《EMBA世界經理文摘》，第294期（2011/05），頁13-14。

二、人力仲介網

自上世紀80年代掀起的線上招才以來，網路人力銀行即成爲另一新興的求職與求才管道，它不僅成本低廉，刊登時間長，提高了求才、求職者之間的互動平台，但缺點則是公信力的問題。

三、網際網路招募

公司網頁的招募網站（e-recruiting）具有傳統招聘形式不可比擬的優越性。一方面，招聘資訊發布快速，保留期長，可反覆查閱，而且覆蓋面廣，不受地域和時間限制；另一方面，招聘企業可以隨時增刪、更新招聘信息，而且在對應徵資料的處理上也更爲快捷、方便，不受時空的限制。有些企業更進一步開始利用部落格（Blog）、臉書（Facebook）作爲徵才的工具之一，招攬「志同道合」的人才來應徵。

企業合併內網（Intranet）與網際網路（Internet）來建立一套專屬之「招募資訊系統」（包括使用外部專業的人力招募網站，與企業自行設置的招募網站），可以簡化企業的招募作業流程，提高招募作業效率，達到最低成本、最有效率的招募品質。

四、媒體廣告

刊登廣告招募員工是一種常見的招募管道，但要使徵才廣告發揮作用，則企業在決定刊登徵才廣告前，必須思考目標人選會經常瀏覽、閱讀、使用頻率最高的媒體。例如：要招募較低職位的應徵者時，在地方報紙上刊登廣告即可，但如果要招募具特殊專門技術人員，則須考慮在專業期刊上刊登廣告。基於時效性的考慮，一般企業選擇以刊登報紙徵才廣告作爲招募應徵者的主要管道之一。

報紙一直是大家所熟悉的求才工具之一，雖然人力銀行網站普及化，但大部分的企業仍然會持續採用傳統的報紙人事分類廣告，諸如：《蘋果日報》、《自由時報》、《聯合報》、《中國時報》等幾家發行量較大的報紙來刊登。只有少數的企業會利用電台廣播、有線電視廣告等方式，來傳播職缺給相關的閱聽者知悉。

五、校園徵才活動

校園徵才是企業以「服務到校」的方式，派遣人員到校園內向學生說明出缺職務性質與待遇，接受現場報名，然後再初步篩選出潛在的應徵者，再做第二次面試。此外，公司有時候還得考慮是否要爲有意應徵的學生安排參觀公司的活動，使應徵者對公司有更進一步的瞭解及互動（**表5-1**）。

校園徵才的重點，可歸納爲三項：

1.事先對募集工作人員加以訓練，且事先準備公司相關資料、手冊、簡介、影片等，並與學校的就業輔導室聯絡。
2.分派人力到各校舉辦說明會、座談會或專題演講，甚至舉辦簡單的面試及資料填寫，其目的是尋找及儲備有潛力及合適企業未來發展的優秀人員。
3.選派到校園徵才的工作人員，最好是該校畢業，且目前在企業內工作，表現良好者。（吳偉文、李右婷，2003：197）

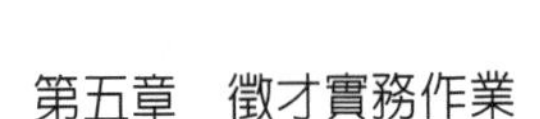

表5-1　校園面談報告

姓名＿＿＿＿＿＿＿＿＿　　　　預計畢業日期＿＿＿＿＿＿＿＿＿

目前居住地址＿＿＿＿＿＿＿＿＿＿＿＿＿＿＿＿＿＿＿＿＿＿＿＿

若與分配表所填不同，則填於此

應徵職位＿＿＿＿＿＿＿＿＿＿＿＿＿＿＿＿＿＿＿＿＿＿＿＿＿＿

視適用情況填寫（若有需要，請詳細填寫）

駕照　有＿＿＿＿＿＿　　　　無＿＿＿＿＿＿

在工作地點的改變上是否有特殊之考量？

＿＿＿＿＿＿＿＿＿＿＿＿＿＿＿＿＿＿＿＿＿＿＿＿＿＿＿＿＿＿＿

＿＿＿＿＿＿＿＿＿＿＿＿＿＿＿＿＿＿＿＿＿＿＿＿＿＿＿＿＿＿＿

是否意願出差？＿＿＿＿＿　若願意，出差時間百分比為＿＿＿＿＿

評量	優秀	高於一般	一般	低於一般
教育：課程是否與工作有關？學習表現是否顯示有良好的工作潛力？				
外表：應徵者是否儀表整齊、穿著得體？				
溝通技巧：應徵者是否謹慎應對？是否能清楚地表達意見？				
動機：應徵者是否充滿活力？其興趣是否適合該工作？				
態度：應徵者是否隨和、善與人相處？				

評語：（若有需要可使用背面書寫）

＿＿＿＿＿＿＿＿＿＿＿＿＿＿＿＿＿＿＿＿＿＿＿＿＿＿＿＿＿＿＿

＿＿＿＿＿＿＿＿＿＿＿＿＿＿＿＿＿＿＿＿＿＿＿＿＿＿＿＿＿＿＿

申請表已發　　是＿＿＿＿　否＿＿＿＿　已取得調閱成績單之權利＿＿＿＿＿

建議　邀請＿＿＿＿　拒絕＿＿＿＿

面談人員：＿＿＿＿＿＿＿＿＿＿＿＿　日期：＿＿＿＿＿＿＿＿＿＿

學校＿＿＿＿＿＿＿＿＿＿＿＿＿＿＿＿＿＿＿＿＿＿＿＿＿＿＿＿

資料來源：*Handbook of Personnel Forms, Records, and Reports* by Joseph J. Famularo. McGraw-Hill Book Company.引自：Gary Dessler著，何明城審訂（2003）。《人力資源管理》（*A Framework for Human Resource Management*），頁114。台北：台灣培生教育。

六、實習生計畫

實習生計畫是企業選拔優秀在校生的一個傳統作法。實習期間通常是利用學校寒、暑假的時間進行是項活動，由企業提供一些實習生名額給相關科系的學生到企業內邊做邊學，讓實習生親身體驗在某一公司內工作的情形，公司主管也可以就近觀察實習生的工作表現、個人特質和發展潛能，以作爲該名實習生畢業後，能否網羅進入公司工作的事先評估，降低用人風險。但企業安排學生實習計畫，往往得花費不少時間和經費，而且公司也必須擬妥一套實習督導計畫，才能使學生見習到有意義的工作。

七、就業博覽會

企業參加就業博覽會的最大好處，就是雇主可以在短期內接觸到相當多的應徵者，而另一個潛在的好處，就是可以接觸到暫時不想換工作的潛在應徵者，或許在得知其他公司的待遇後，他就會興起轉職的念頭。

八、公立就業服務機構

台灣地區公立就業服務機構，以勞動部勞動力發展署所轄的各分屬（北基宜花金馬分署、桃竹苗分署、中彰投分署、雲嘉南分署、高屏澎東分署）與各縣市就業服務中心爲主。其業務及服務項目爲求職求才登記、開發職缺、就業媒合、職業介紹、就業服務諮詢。

九、獵人頭公司

人力資源管理顧問公司（personnel consultancy Limited）又稱獵人頭公司。獵人頭（head hunter）這個英文術語很明顯是來自於僱用組織替代首腦的概念，諸如：首席執行長或首席營業主管等。因此，獵人頭公司特別擅長接觸具有管理專長而又不急於換工作的人才（高階主管職務）。企業經由此一管道向別家公司挖角時，通常得支付獵人頭公司較高的仲介費用（約爲年薪20～30%的服務費）（**表5-2**）。

表5-2　找尋獵人頭公司注意事項

1.確定所選擇的獵人頭公司確實有能力為公司尋得人才。有一些公司會規定員工離職之後在一定期間內不得轉任其他競爭公司服務限制（競業禁止）。這也使得獵人頭公司不見得能夠找到公司所想要網羅的人才。
2.與負責此任務的獵人頭公司人員會談，最主要的目的是希望負責人員能夠確實瞭解公司的需要人才資格，並能進一步瞭解此職位人才的需求（是否「強手貨」）。
3.詢問獵人頭公司所需的費用。通常獵人頭公司的收費標準是以職位薪水的百分比而定，但在委辦之前必須先從客戶端收取一定比率的保證金（履約金）。
4.選擇你所信賴的招募人員（獵人頭公司經辦人），由於在招募的過程中，你可能會透露一些公司的商業機密，所以必須選擇一位值得你信任的仲介商，才不會有其他不良的後果產生。
5.最好能夠找到這家獵人頭公司之前的客戶詢問一下他們的找人觀點與職業道德。

資料來源：周瑛琪（2006）。《人力資源管理》，頁88-89。台北：全華科技圖書公司。

企業借助獵人頭公司找人的原因，最主要是公司沒有合適的人選，考慮因素包括：學經歷背景、在公司的職位、執行力、專業性以及從事變革推動等，尤其當企業面臨競爭壓力、企業轉型、突破現狀等，往往外來的人選比較沒有人事包袱，又有公司內部人員所沒有的專長而被重用。另外的原因尚有：「可減輕僱用面試前的繁雜行政作業」、「可選聘合適人員的機率高」、「由專家先做過仔細的篩選工作，可節省雇主選才時所耗費的時間，而又有較高機率聘用到最爲合適的人才來服務」等優點。但因獵人頭公司的服務費用成本高，所以，企業在決定選擇獵人頭公司時，要考慮獵人頭公司的業界信譽、專業程度、對於產業瞭解的狀況，如果獵人頭公司對產業發展趨勢不夠瞭解，就很難替公司找到適合人才（李瑞華，2006/07/20：65）。

十、上網找人才

有些企業會到一些潛在員工喜歡去瀏覽的網路討論區「主動」獵才，觀察哪些人常常提出聰明的想法，就會主動和他們聯絡。例如：著名的網路公司思科（Cisco System）所僱用的人中，有66%是透過網路找來的（EMBA世界經理文摘編輯部，1999/08：16）。

小常識　企業委託獵才的好處

・節省時間和金錢。省卻登廣告、審查履歷、初試、複試等多道行政手續。
・保密。等到面試時，才宣布公司的名稱和職務。
・最後來公司面試的，都是最合適的人選。

資料來源：Robert Half著，余國芳譯（1987）。《人才僱用決策》，頁63。台北：遠流出版公司。

十一、替代役

依據民國96年1月24日公布施行之《替代役實施條例》部分條文修正案，將替代役區分爲一般替代役與研發替代役兩種。具國內外大學校院碩士以上學歷者，得申請甄選服研發替代役，俾配合國家整體經濟發展政策，有效運用役男研發專長人力資源，提升產業研發能力及競爭力。

十二、員工推薦法

有些企業會鼓勵在職員工推薦人才，並給予獎勵。以這種方式招募人才，可以減少廣告費的支出。員工推薦人才時，爲了不使自己信譽受損，多半會仔細過濾被推薦者的條件，因此被推薦者大都具有相當水準（具有特殊技術的員工較能認識具有相同技術的人才）。研究發現，藉由員工推薦而僱用到的員工會有較低的離職率，但使用員工推薦的一個缺點是，組織內可能會因此發展出小團體或分成派系的狀況，因爲員工傾向於僅推薦認識的朋友或親戚。

因此，企業應限制推薦人與被推薦人在同一單位工作，以避免爾後推薦人離職時，連帶的被推薦人也一同進退，造成單位內人力嚴重短缺。例如，北電網路公司員工內部推薦的流程是：先由需要用人的經理提出用人需求，人力資源部將此信息進行內部張貼，企業內部的員工知道這個用人名額，就可以將自己認爲合適的人選推薦給公司的人力資源部門，如果面試後覺得推薦人員合適，就要經過三個月的試用，試用期滿後，則該被

錄用員工的推薦人就可以拿到推薦獎金（諶新民，2005：137）。

企業在接到推薦資料時，應向推薦人致謝；被推薦人未被錄用，一定要向推薦人申明原委並致歉，甚至贈送小禮品，以聯絡感情。

十三、延攬退休人員再就業

隨著高齡化社會的到來，在勞工逐漸短缺的時候，如何充分運用經驗豐富的年長員工，特別是再僱用已退休的人重回就業，再度受到重視，例如：富蘭克林（Benjamin Franklin）七十八歲才發明雙焦鏡片；萊特（Frank L. Wright）九十一歲才設計古根漢美術館，都是老驥伏櫪的明證。但是在僱用此類離職人員任職時，要確定該員在原先任職公司（單位）工作期間的歷年考績受到肯定的人。研究發現，離職後再被僱用的員工，有較高的留職率及較低的缺勤率，而採取個別差異分析，則發現離職後再被僱用的員工，其對工作認知的程度較為精確。當然企業也可以採取更積極的行動，主動與剛經過人事縮編而離職被資遣的人員聯絡（EMBA世界經理文摘編輯部，1998/03：126-127）。

十四、自我推薦

自我推薦（unsolicited）是指應徵者主動來到公司，與人力資源管理單位招聘人員直接接觸，以尋求工作機會，或者指組織會收到慕名求職者主動寄來的工作申請書或簡歷表，甚至有些求職者會主動拜訪公司，遞交履歷資料，這種求職者「毛遂自薦」式的應徵，也是招聘新人的方法之一。對於毛遂自薦的應徵者，主事者應注意幾件事情（Gary Dessler著，李茂興譯，1992：122）：

1.對於這些人，應該予以禮貌性的接待，這不單是顧及對方的自尊心，也頗會影響公司在業界中的名聲。
2.很多公司對於毛遂自薦的應徵者，都會由人資單位的招聘負責人員做簡短的面談，然後將資料分類儲存，以便公司有適當的職缺時，得以積極招聘這些具有「活力」的員工。

個案5-2 員工推薦晉用獎金辦法

壹、目的

為鼓勵本公司員工適時推薦公司急需招聘之人才，節省招募成本，以達成組織成長目標，特訂定本辦法。

貳、適用對象

除下列人員外，適用於全體員工。

1.行政部負責招募之相關人員。

2.用人單位之主管。

參、獎勵方式與內容

懸缺職位	資格條件	獎勵金
行銷專員	大專電子、資訊、企管相關科系畢業，英文或日文說寫流利，具資訊、網路相關產品銷售工作經驗兩年以上者。	NT$30,000元
軟體工程師	大專資訊相關科系畢，熟悉Network Architecture、Network Programing，具有兩年以上Driver or Firmware相關經驗。	NT$30,000元
高頻電路工程師	大學或研究所主修高頻電路及無線通訊並熟悉Layout軟體，具相關工作經驗兩年以上。	NT$30,000元
數位電路設計工程師	大學或研究所電子（機）相關科系畢，具數位電路設計及應用兩年以上經驗。	NT$30,000元
產品應用開發工程師	大專電子（機）相關科系畢，熟悉數位板PCB Layout或Visual C或Borland C++程式開發的能力及相關工作經驗。（地點：中和或新竹）	NT$15,000元
機構工程師	大專以上機械系畢。具機構設計及OA產品設計一年以上經驗。	NT$15,000元
採購專員	男，役畢。專上，具有一年以上採購經驗。	NT$15,000元

肆、限制條件

1.凡經推薦錄用報到後，服務滿三個月而自行離職者，不發給推薦獎金。

2.凡經推薦錄用報到後，服務未滿三個月，但推薦人先行離職者，不發給推薦獎金。

伍、推薦程序

1.員工備「推薦新進人員申請表」及被推薦人履歷資料送交行政部。

2.被推薦人一經錄用，並服務滿三個月，行政部即填寫「請款憑單」發給。

陸、有效期間

本辦法自　年　月　日至　年　月　日為期一個月，凡於此期間推薦人選者，皆適用此辦法。

總經理＿＿＿＿＿＿＿　日期＿＿＿＿＿＿＿

資料來源：某大科技公司（新竹科學園區內）。

十五、其他招募管道

企業在大專院校相關科系設立獎學金、建教合作、企業高階主管到大專院校做專題演講、高階主管接受媒體採訪、透過專業協會介紹等，這些活動都會增加企業優良形象的曝光機會，有形、無形、直接、間接對企業招募人才的容易度有所助益。

面對上述各種徵才管道的選擇，就招募策略而言，應徵者愈多，企業選擇人才的空間也愈大。同時，上述哪種徵才管道來源所遴選出來的應徵者最穩定，人力資源單位可以用離職率、請假率及工作績效的觀察來檢視其聘僱的效益。將員工的效率與不同的招募管道來源對照，從而確認出何種招募來源的管道才能產生最佳的員工（**表5-3**）。

表5-3　招募方法優缺點分析

方法	優點	缺點
主管推薦	・主管因要與繼任者合作，產生相互依存關係，由其推薦最適合。	・相關推薦之人員，大都於日常接觸的人選中挑選，容易形成近親繁殖，導致墨守成規，難以突破現狀，形成派系，因而引起爭議。
原任者推薦	・原任者任職過程對工作內容與責任有清楚認識，從接觸的人中發掘人才來推薦人選。	
親友師長介紹	・省時、有安全感。 ・免除求才陷阱。 ・縮短適應工作環境時間。	・須承受人情壓力。
工作告示	・顯示人事公開、公正、公平的徵才作法。 ・可激勵員工對組織與企業的忠誠度與向心力。	・一旦實行，員工會期望所有職務出缺都須採取此種方法，若然，可能引起不滿，造成負面影響。 ・多數員工申請時，是否會因競爭過程中導致衝突，或未選中之人是否質疑過程的公平性。 ・若無人選時，還公開對外招募，會產生懷疑組織管理階層的誠意。
公司本身網站	・應徵者大都為有心人，品牌認同高，容易成功。 ・所填寫履歷表格式符合企業需求。 ・成本花費低廉。	・除非是大公司，否則上公司網站求職人數較少。

（續）表5-3　招募方法優缺點分析

方法	優點	缺點
媒體廣告	‧最能反映與傳遞組織所需招募人才種類等資訊，如工作內容所需資格條件、可能給付的待遇等。 ‧求職者容易取得資訊。 ‧合乎傳統謀職管道。 ‧行業別遍及各行各業，職務需求涵蓋低、中階職缺。	‧篇幅有限，公司背景資訊少，無法顯示求才企業的基本資料。 ‧避免歧視性字眼出現，如：省籍、性別、年齡等，以免製造問題，損及企業形象，衍生糾紛。 ‧求職陷阱多。 ‧等待面試通知的時間過長。
雜誌	‧提供完整就業市場資訊。 ‧公司簡介完整易做比較。 ‧附設其他就業相關服務。	‧提供求職者的資訊有限。 ‧所刊登職缺較不具時效性。 ‧取得成本較高。 ‧無法針對就業區域進行規劃。
公立就業中心	‧不以營利為目的，以提供社會大衆求才、求職的服務，提高整體就業率為目標。	‧服務項目較為簡化，過濾、篩選與後續的甄選工作，仍由企業自行負責。
人力仲介公司	‧負責初步過濾與篩選工作，另依合約負起基本資料查詢與驗證工作。 ‧能有效找到人選。	‧以營利為目標，收費較高，另因經濟不景氣，假人力仲介之名而行詐騙之事件層出不窮。 ‧個人資料隱密性仍有疑慮。
校園徵才	‧較能吸引多方人才為我所用。	‧由於學校人數較多且廣，成本較高，整個活動須精心策劃與設計。
建教合作	‧及早對學生展開考核，遇有優秀人才，即可約定畢業後至企業服務。	‧一些較冷僻或新開始的專業領域，人才供應不易獲得。
推薦	‧員工對公司及所推薦的職位有一定程度的瞭解，對推薦的人亦有一定認識，除宣傳外，亦負擔初步篩選工作，成功後支付獎金，成本較低。	‧須承受人情壓力。
自薦	‧通常屬較積極主動者，對公司深刻瞭解與高度認同，可獲得較優人才。	‧由於企業並沒有發出招募資訊，不一定有適當的空缺。
網路人力銀行	‧有系統的資料蒐集、整理，蒐集資訊豐富。 ‧資訊傳達迅速、時效性佳。 ‧附有公司簡介，讓人容易一目了然。 ‧可依個人需要設定搜尋。 ‧求職者資料檔永遠有效存檔。	‧有些工作會要求填寫制式履歷表格，無法凸顯個人特色。 ‧電腦撮合資料不夠人性化。 ‧資料安全堪虞。 ‧個人特質較不凸顯。 ‧會利用網路求職者，易接觸新的就業機會。
有線電視頻道	‧多為新興傳播相關行業。	‧資訊量不多。 ‧稍不注意畫面就消失。

（續）表5-3　招募方法優缺點分析

方法	優點	缺點
就業博覽會	·避免求才陷阱。 ·可及時做初次面談。 ·應徵者同時進行多家選擇，減少奔波之苦。	·無固定舉辦日期。 ·參展家數、業別有限。 ·現場的就業機會易遭過度包裝，不易看清公司真面目。 ·易受天候或宣傳等因素影響。

資料來源：丁志達（2014）。「精準辨識關鍵人才——識才與用人要訣」講義。台北：中華人事主管協會編印。

第三節　徵才廣告的設計

廣告是企業招聘人才最常用的方式，可選擇的廣告媒體很多：網路、報紙、雜誌等，一方面廣告招聘可以很好地建立企業形象，一方面信息傳播範圍廣，速度快，獲得的應徵人員的信息量大，層次多元化。

一、AIDA四項原則

徵才廣告的設計，在結構上要遵循引人注意（attention）、有趣（interest）、使人產生求職欲望（desire）及付諸行動（action）的所謂AIDA四項原則，亦即在刊登的廣告上呈現組織（公司）是一個有趣、有

小常識　刊登匿名人事廣告的理由

·公司想對外招人，卻不希望讓內部員工的人知道。
·公司的聲譽欠佳。
·公司本身對某項職務並沒有腹案，只想試探一下可能合適的人選。
·公司組織有變動，或者有意開拓一條新的生產線。

資料來源：Robert Half著，余國芳譯（1987）。《人才僱用決策》，頁68。台北：遠流出版公司。

活力的工作環境。因爲徵才廣告也是公關工具，不論是否爲應徵者，只要注意到此廣告，都是此公關工具所觸及的對象，更重要的是，必須留意此廣告不能違反法律或規範，例如：不能有性別與種族歧視（discrimination），但可用富有朝氣、敏捷、活潑、有吸引力、具有一定的工作經驗等詞語。在徵才廣告中要使用組織（公司）名稱與地址，而不要使用郵局信箱，除非這個職位有特殊的保密理由，因爲郵局信箱會使一些應徵者打退堂鼓。

(一)注意

在報紙分類廣告中，哪些字與字之間距離比較大，有較多空間的廣告易引起求職者的注意；另外，爲重要的職位做單獨廣告，吸引特定人選。

(二)有趣

工作本身的性質可以引起興趣，工作的其他方面，如工作活動所在的地理位置、收入等等，也是引起求職者興趣的原因。

(三)欲望

在求職者對工作感興趣的基礎上，再加上職位的優點，如工作所包含的成就感、職業發展前途、海外受訓機會或其他的一些類似的長處，這需要揣摩廣告針對的閱讀者會對職位的哪些特殊因素感興趣。但同時需要注意廣告必須眞實，不能爲了招攬應徵者夸夸而談。

小常識　誘人的招聘廣告

世界著名的大博物館徵求一名掌管財務的長才（這段廣告一開場便推銷了任職的地點是赫赫有名的大博物館）。

某大連鎖飯店徵求能擔重任的經理一名（這一段廣告推銷的是機會潛能）。

某實力雄厚的廣告代理商，專營旅遊業務，徵行政專員一名（這段廣告推銷的是旅遊業的魅力）。

資料來源：Robert Half著，余國芳譯（1987）。《人才僱用決策》，頁70。台北：遠流出版公司。

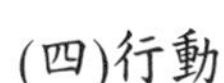

(四)行動

「今天就打電話來吧」、「最好今天就寫信索取更詳細的信息資料」、「請馬上聯繫我們」等等，這些字眼都是讓人馬上採取行動的力量，也是招聘廣告中不可忽略的一部分。（王麗娟，2006：74）

二、徵才廣告的文案內容

撰寫求才廣告也是一種特殊的技巧，其使用的文字，往往能影響應徵者來信數量的多寡。如果需求與資格規定太寬鬆，可能會吸引太多不合格的申請函，反之，則可能造成申請者件數太少，不夠遴選的情況。因此，求才廣告要以求職者的角度來撰寫，而且要考慮到廣告篇幅所花費的成本，既要精簡、扼要，又要引人注意，例如以年紀較長者為招募對象的廣告，不妨放一張年長員工的照片，並在廣告詞中強調「成熟、穩重、有經驗者優先考慮」。

個案5-3　西南航空的徵才廣告文案

西南航空（Southwest Airlines）要用什麼樣的人，都可以找得到。公司的徵人廣告針對好發奇想、不重視傳統，或甚至是像小丑一樣的人來製作，因此，可以吸引到能在喜樂環境中得其所哉的員工。

有一個廣告的主題是：一名老師苛責著色時畫到格子外邊去的小男孩。文案則寫著：這個男孩「有替西南航空工作的初期跡象」。在西南航空，你會因為打破成規、「塗到格子外邊」而得到加分。

另外一個求才廣告是：執行長賀伯‧凱勒赫穿著貓王的打扮，文案上說：「如果你想在欣賞貓王的地方工作，請趕快寄履歷表給我們吧！」

資料來源：Kevin L. Freiberg、Jackie A. Freiberg著，董更生譯（1999）。《西南航空：讓員工熱愛公司的瘋狂處方》，頁66-67。台北：智庫文化。

三、徵才廣告的主要架構

徵才廣告中的說明務必明確而簡潔，其內容應包括（盧韻如，2001：9）：

1.公司的資料：包括公司的背景、歷史、產品線、未來前景、工作地點等。
2.職位內容：包括此職務的職稱、工作內容與責任等。
3.職位未來發展：包括教育訓練、未來潛在利益與發展等。
4.應徵者的資格：包括要求應徵者提供的應徵資料（應徵函、履歷表、證照）等。
5.薪資與福利：包括薪資、福利、獎金的多寡及給付的方式。
6.聯絡方式：包括聯絡電話（手機）、地址、網址、聯絡人等。

另外，企業必須確認主要和次要對象，採取分衆、分離的招聘策略。傳統的招募方法中，時常會忽略這一環節，例如：在購買媒體人事版面時，一般企業會買下四大報紙（《蘋果日報》、《自由時報》、《聯合報》、《中國時報》）、人力資源有關的雜誌、各家人力銀行平台等，卻沒想到這些招募管道的共通性很強，花了大筆預算進行「重複購買」，收到的效果卻很有限。或者，想透過單次的廣告宣傳「一網打盡」，例如：買了四分之一報紙版面，立刻把所有職缺全部塞進去，以爲能乘機省下一筆廣告經費，但往往變成大雜燴，砸了錢，卻沒有把信息送給最迫切的一群人（陳珮馨，2006/08/20）。

四、徵才廣告核稿作業

企業準備的徵才廣告稿件，在發送到媒體刊登前，務必要仔細核對文案內容是否有筆誤，特別是與數字有關的金錢、聯絡電話與網址。媒體廣告宣傳上的顏色、字體、花邊框架等都要與承辦人當面確認清楚，才可避免商業上的糾紛。同時，也要注意到廣告用詞是否出現對性別工作平等權的歧視字眼（**表5-4**）。

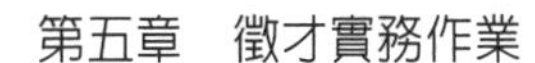

表5-4　關於撰寫有效的招募廣告的幾點告誡

1.設計廣告使其能抓住讀者的注意力，促使他們深入閱讀。使用大字標體有助於向候選人出售工作，不要僅僅列出工作名稱。然而，廣告不應自作聰明或太有創意。 2.不能做你無法遵守的承諾來誤導工作，對於晉升機會、挑戰、責任等要誠實列出。 3.對工作要求和所需資格要詳細陳述（即：教育、經驗和個人特質等）。 4.描述為該公司工作的特點。 5.經濟性地使用廣告空間，廣告的規模應與職位的重要性及所尋求的候選人的數量相匹配。 6.確保廣告易於閱讀且語法正確。印刷字體應清晰明瞭並有吸引力。 7.為讀者提供一個獲取更多信息的來源（即：地址、電話號碼、公司網址）。

資料來源：Lawrence S. Kleiman著，孫非等譯（2000）。《人力資源管理——獲取競爭優勢的工具》（*Human Resource Management: A Managerial Tool for Competitive Advantage*），頁110。北京：機械工業出版社。

第四節　審核履歷表的訣竅

求職者最常讓企業主認識自己的方法，就是寄送履歷表。履歷表所呈現方式與內容均操之於應徵者身上，這類資訊通常只顯示應徵者好的一面。

企業進行招聘面談前，應先仔細研讀應徵者的履歷資料，如果看到應徵條件還不錯的應徵者，曾在你有熟人的機構工作過，可以先打電話探詢有關這位應徵者的工作狀況與風評後，再聯絡面試。

個人履歷表分析，是根據其記載的資料，瞭解應徵者的成長歷程和工作經歷，從而對其個人的經歷有一定的瞭解。

注意事項

履歷表是應徵者所準備的，用以提供其個人工作經歷（任職資格）的最重要部分，它成爲應徵者的推銷工具，以取得篩選履歷工作人員的注意力，加深篩選履歷工作人員的良好印象，讓應徵者得到面試的機會。應徵者衆，企業選人的機率高，但也意味著在篩選方面要更費功夫。通常企業採取兩道關卡過濾履歷表以化繁爲簡。第一道關卡是淘汰不符合工作基

本條件的應徵者；第二道關卡是搜尋包括下列特色的履歷表：

1.此份履歷表是否顯示應徵者有很好的成就記錄？應徵者這幾年來是否在職責及收入方面有明顯提升，或仍停留在不變的水平？如果應徵者沒有重大的進展（職位與待遇），可能是無能力的指標，顯示應徵者不易被激發，或是有某些個人缺失，阻礙應徵者的潛力發揮。
2.應徵者的就業經歷是否趨向穩定？如果應徵者三十五歲以內經常換工作，可以視爲正常合理的在追求各種理想行業與職業的試金石，因爲大多數的人都需要經歷一些不同的職場，以發現一個自己喜歡且極適合的工作領域來發展；如果應徵者不斷變換工作的情形持續到四十歲左右，這通常顯示應徵者「好高騖遠」，是否能安定下來，並成爲可靠的工作者，則要存疑。例如：美國家庭補給站（Home Depot）首席行政執行長米爾納（Milner）認爲：「我們不希望僱用那些老想跳槽的人，即使他是很有才華的人」（彭若青，2006/03：117）。
3.應徵者的職務與工作描述是否與其職稱相符？只要碰到一個極好聽的職稱頭銜，一定要探究詳細其特別的任務和所擔當的責任。
4.應徵者最近是否在職？有時候履歷表上所寫的最後一次工作在「○○年起」，其實應徵者正待業中。其他諸如類似像擔任「顧問」或「自己經營」的詞語，可能用來隱藏應徵者已經好一段時間沒有固定的工作。
5.檢查履歷表上填寫的工作到職與離職日期。有時候，應徵者會只以年份列出不同的工作，而無法指出正確的日期，以掩飾自己失業（待業）的時間。這一項的準確度，需要求證於離職證明書所記載的事實。
6.履歷表上有關應徵者的教育欄紀錄，是否清楚的寫出應徵者在哪個學校「畢業」或「結業」，取得什麼樣的學位或證書，這也是有關接受正規教育或短期受訓資歷的重要衡量標準。
7.應徵者所提供的薪資如何？如果履歷表上薪資欄上寫的待遇超過一般就業市場僱用同一類職位的給薪標準，在面試時，則要查證眞正

的給付待遇細節，因爲一般應徵者其在履歷表上很少會將給付待遇的薪資名目（本薪、津貼、獎金、加班費等）細分說明，這也是面試時要查證，以證實應徵者目前的薪資到底領到多少。

8.應徵者爲什麼需要這份工作？要警覺到履歷表上所述含糊不清的普通性說法，例如：「尋求更多的個人發展機會」的詞語，都應再探詢細節，通常應徵者都會隱藏眞正的求職動機。

9.資歷不完整。例如：學位沒有完成，可能表示應徵者無法克服挑戰；資歷超過職位所需，也表示應徵者缺乏自信。

10.注意履歷表上看起來經過潤飾且虛僞的字眼。有些履歷表是由高人（專家）指點或捉刀代筆的，讓應徵者看起來很傑出，例如：在工作描述上，類似「磋商」、「參與」、「協調」、「共同管理」、「廣泛接觸」等詞句，常常造成一種幻覺，以爲應徵者做了一些「了不起」的事，而實際上卻什麼都不會做（J. H. McQuaig等著，編輯部譯，1995：224-227）。

11.別拿應徵者相互比較，而應將每位應徵者與在職的績優員工的標準評比，從中找出條件符合的人選通知面試。

12.花最少時間去剔除最沒希望的應徵者，花大量時間去考量最可能錄用的人選（Richard Luecke編著，賴俊達譯，2005：15）。

第五節　選才流程的作法

一些著名企業的面試者在主持面試時，都有自成一格的選才方法。例如：中信金控集團重視面相；航運界長榮集團在面試空服員時，會注意觀察一旁等待的應徵者坐姿，如果女生穿短裙，坐姿不雅，鐵定落選；東元電機不會錄用履歷表一長串的應徵者，因爲太多的經歷，代表應徵者缺乏組織忠誠度；台灣本田汽車在面試經銷商時，會注意對方遞名片的態度是否誠懇，以推測他對顧客是否誠懇；統一集團在面試時，只問應徵者兩、三句話，但一定要應徵者提交自傳、履歷表和成績單，從自傳可以瞭解一個人的個性以及他對人的態度，如果一個人在自傳中很驕傲地邀功，不夠謙虛，這種人不能用，至於成績單，則重視操行成績，如果操行不

好，也不會被錄用（宋秉忠、林宜諄，2004/06：204）。

一般而言，企業選才的過程為：

1.工作分析：工作分析就是蒐集關於某一職務工作訊息的過程，以確認相關的工作表現向度與甄選標準（所需的知識、技術、能力、人格特質等）（**圖5-5**）。

2.選擇適當的甄選工具：企業本身可考慮根據本身的情況發展出適當的甄選工具，例如公司自行設計的特殊獨有的履歷表、發展相關的評量表、問卷等；或者購買坊間人力資源顧問公司現成已開發的甄選評量工具來使用，但為了確定所選用的選才評量工具的功能，就應考慮到其信度與效度。

3.訂定選才的標準：在正式進行任何選才的動作之前，企業必須先確定自己到底要尋找什麼樣的人進入公司，訂定選才標準才能選對人，做對事。

4.初審（初談）：當企業收到履歷表時，則應先進行初步篩選，但招聘大量的從業人員（技術員）時，可採用隨到隨談的方式進行甄試。

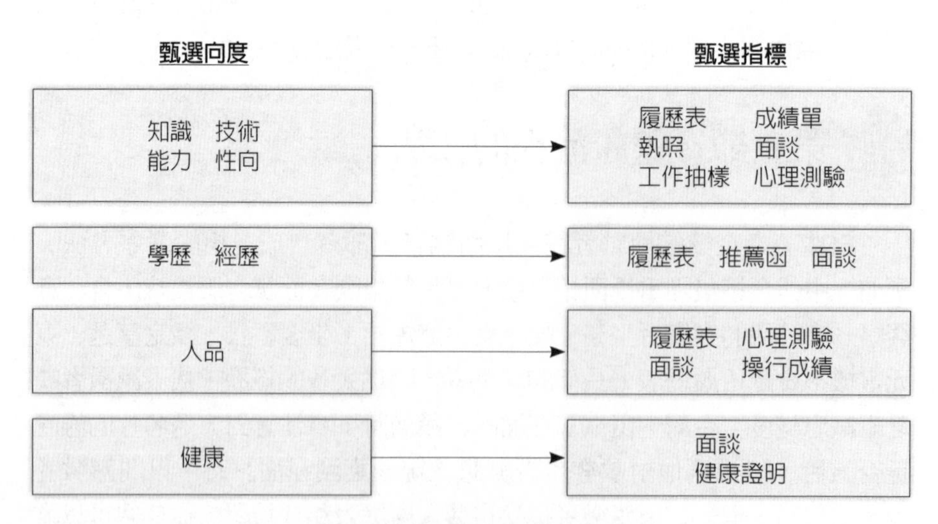

圖5-5　甄選向度與甄選指標

資料來源：丁志達（2012）。「主管應有的面談技巧」講義。台中：中龍鋼鐵公司編印。

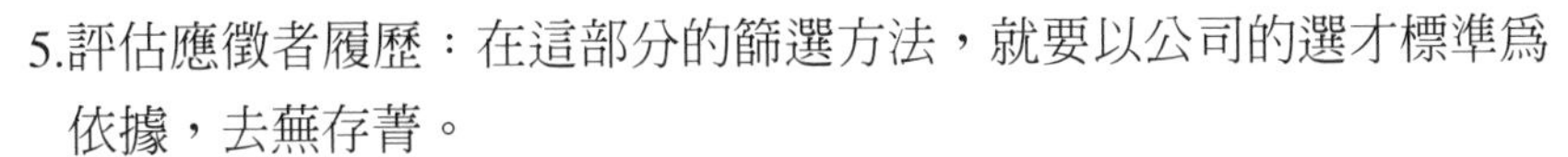

5.評估應徵者履歷：在這部分的篩選方法，就要以公司的選才標準爲依據，去蕪存菁。

6.測驗（測試）：針對不同階層人員，在使用的選才評量工具上也要有所不同。主管人員一般採用智力、性向測驗及個案研究；對直接人員則採用智力、性向測驗及體能測驗；對間接人員則採用智力、性向測驗及專業測驗；現場工作（操作）人員則測試其身體靈活度爲主。

7.覆審（覆談）：針對初次面試後的應徵人員再次進行面談，最好找有任用權的主管一起參加。

8.背景調查：對應徵者進行個人信用（品德）調查，尤其是要任用的主管級人員，以及從事財務、採購、倉儲、人資部門之員工。

9.決定人選：由參與面試的用人單位主管、人資管理單位主管共同決定。

10.錄用通知單：以正式書面文件通知錄取人員的報到時間、職稱、待遇及報到繳交文件（含體檢表）。

11.報到。

個案5-4

員工聘僱管理辦法

一、總則

1.1.本公司員工聘僱管理辦法，旨在樹立聘僱員工的公平、公開與作業流程標準化，以確保聘僱到適任員工。

1.2.本公司的員額編制及其職位的用人資格條件，以公司的經營發展需要確定。

1.3.聘僱員工須依照年度員額編制及職位所需資格條件事先申請，經總經理核可後，由管理單位公開招募或由內部員工推薦人選，並通過面試，擇優錄取為原則。

1.4.本公司所招聘之人員須經總經理核定後使得任用。

1.5.本公司所錄用的所有新進員工必須通過試用期，試用期間考核不合格者終止僱用關係。

1.6.除海外（包括美國、中國大陸）聘僱與臨時定期契約之人員外，公司所任用之人員均須依照公司所訂定之薪資、福利及人事規章辦理。

1.7.本公司聘僱之所有員工，在受僱前必須通過體檢，於受僱本公司期間並須定期接受體檢。

二、適用對象

2.1.全體職工。

三、人力規劃

3.1.各部門主管須於每年年底前，依照次年度公司業務量、營業額及生產力之預測提出「年度人力資源計畫表」，並經總經理核定，作為次年度各部門增減人員之依據。

3.2.用人單位需求人力若為定期契約人員（含工讀生），須填寫「聘僱定期契約人員申請單」，註明契約有效期，但以不超過一年為限。定期聘僱人員報到時須填寫「特約人員契約書」。

四、招聘管理政策

4.1.公司應依據應徵者之考試（筆試、面試、測驗）結果及其學歷、專業技能、工作經歷、相關的訓練紀錄、工作更換頻率、個性及發展潛力等，與職缺所需的資格條件加以審核是否符合職缺需求。

4.2.所有應徵者須經由管理單位安排面試的相關手續。

4.3.各部門主持面試者，原則上由部門主管（經理）親自擔任。應徵各級主管或高階職位者，須由總經理面試。

4.4.用人單位主管自行決定是否使用智力測驗或專業技能測驗，其測驗題目及解答，由用人單位事先準備妥當後轉管理單位交給應徵者測驗。

4.5.為更客觀瞭解應徵者的個性與協調能力，管理單位得視實際需要邀約其他單位主管協助面試。

4.6.聘僱人選以面試與筆試成績擇優錄取為原則。

4.7.為確保公司的業務機密、財產及安全，管理單位應視需要查證應徵者以往的工作經歷、績效及品行操守，如發現有任何欺瞞或不良紀錄之情事，或體檢不及格者，公司有權終止聘僱。

4.8.從本公司離職的員工再應徵公司職缺時，必須考慮及參考其以往在本公司的工作績效表現，並遵循招聘程序面試。

4.9.為維持公司形象，每位前來應試人員均被視為來賓，除提供舒適的考試環境外，對應徵者所提供之履歷資料及考試過程絕對保密。

五、招募程序

5.1.用人部門須依實際各工作單位負荷量及當年度核准增補的員額編制用人。當用人部門決定增聘人員時，須填寫「人力需求申請單」，詳實填入所須增補人員之職位、工作內容、資格專長及對職缺特殊需求之說明後，向管理單位提出申請。

5.2.管理單位根據公司業務需要，人力運用及年度員額編制，審查用人部門的人員申請，經總經理核准後，管理單位再進行聘僱相關手續。

5.3.管理單位收到總經理核准的「人力需求申請單」後，管理單位與用人單位主管共同決定增補人選由公司內部調遷（升）或對外招聘，積極且有效運用公司人才資料庫、內部公告招募訊息、在職員工介紹、媒體廣告、網路求才、校園徵才、就業輔導機構介紹等各種求才管道進行招募，遴選合適之應徵人選。

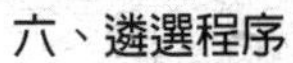

六、遴選程序

6.1.管理單位就應徵者寄來的履歷表之基本資料，如學歷、經歷、工作更換頻率等資訊與職缺所需之資格條件核對整理後，轉交給用人單位篩選甄試人選，再由管理單位統一以書面「面談通知單」或電話、網路等方式通知安排應徵者前來面試。

6.2.應徵者前來面試時，須填寫本公司提供的「應徵人員資料表」及「應徵人員參考資料」表格，再由管理單位通知用人部門主管面試；經面試人員初步認定合適人選時，則由管理單位與應徵者詳加說明公司人事管理規定，並瞭解應徵者的待遇需求等。

七、錄用程序

7.1.管理單位會同用人部門共同複核面試成績，針對參與面談者所填寫「面談記錄表」的評語，以及對應徵者人格特質、態度、教育程度、工作經驗、專業及發展潛力等項目加以詳細評估後，由用人部門主管將遴選合適人選資料填入「錄用人員建議表」，並由用人部門主管與管理單位主管初步商議給薪範圍、職位、職等及試用期後，經總經理核定。

7.2.用人單位在填寫「錄用人員建議表」前，可視實際需要由管理單位查證被遴選決定錄用者，在先前服務機構的工作經歷、績效及品行、操守等表現，如發現任何不誠實或不良紀錄之情事時，須與用人單位洽商錄用與否之決定。

7.3.管理單位應在總經理核定的「錄用人員建議表」後，通知錄用者前來報到。「錄用通知」內容包括：服務部門、職稱、職位、薪資、報到日、試用期間及報到應繳驗的個人證件等，並將「錄用通知」副本交給用人單位主管及管理單位知照。

八、新進員工報到程序

8.1.新進員工須在規定報告日當天親自前來公司報到上班，逾期未報到，除經公司事先同意者外，其職缺不予保留。新進人員須準備下列證件辦理報到手續：

- 8.1.1.身分證（驗後發還，影本存檔）。
- 8.1.2.戶口名簿（驗後發還，影本存檔）。
- 8.1.3.最高學歷與畢業證書（驗後發還，影本存檔）。
- 8.1.4.離職證明書（驗後發還，影本存檔）。
- 8.1.5.勞、健保、勞工退休金轉出證明單。
- 8.1.6.退伍令或免役證明書（限男性者）（驗後發還，影本存檔）。
- 8.1.7.脫帽相片2吋4張。
- 8.1.8.指定匯款銀行存摺（驗後發還，影本存檔）。
- 8.1.9.體檢表（三個月內）正本。

8.2.新進員工於報到當日，由管理單位發給並填寫下列資料：

- 8.2.1.個人資料表。
- 8.2.2.員工薪資所得受領人免稅額申報表。
- 8.2.3.勞、健保、退休金提繳申請表。
- 8.2.4.團保加保卡。
- 8.2.5.聘僱合約書。
- 8.2.6.保密合約書。

8.2.7.工作記錄簿（限研發人員領用）。

8.2.8.上述8.2.1.至8.2.6.項於新進員工報到當日填寫後交管理單位處理；8.2.7.項在到職時發給特定員工，離職時繳回。

8.3.新進人員報到手續如下：

8.3.1.繳驗8.1.及8.2.各項證件、資料。

8.3.2.領取臨時識別證、文具。

8.4.管理單位將報到者繳交之證件及資料，與面試時所填寫之資料內容核對無誤後，由管理單位人員帶領新進人員到各指定的用人部門完成報到手續。

8.5.用人部門須協助新進人員適應本公司之環境及其擔任的工作，並介紹工作同仁相互認識。

九、新進員工試用期

9.1.新進員工試用期，依各別員工擔任職務（位）的不同，訂定四十天至三個月不等的試用期間，在個別錄用通知單上註明。

9.2.新進員工於試用期屆滿十天前，須填寫「新進人員試用期工作報告」，在試用到期前一星期，親自交給直屬主管考評工作績效，再由直屬主管填寫「新進人員試用期考核表」，決定是否正式聘用。如試用人員經單位主管評定表現不佳，品性不良或有不法情事者，公司得隨時停止試用，無條件終止僱用關係，試用人員不得提出異議。

十、權責範圍

10.1.管理單位負責下列員工聘僱管理事務：

10.1.1.協調各部門完成年度人員編制計畫。

10.1.2.審查用人部門員額增補實際需求。

10.1.3.決定招募方式、招募廣告設計、製作、刊登及招募成本控制。

10.1.4.應徵者履歷表彙總篩選。

10.1.5.會同用人部門面試應徵者。

10.1.6.查證應徵者個人工作背景及工作經歷。

10.1.7.建議新進員工之起薪、職稱、職等與試用期。

10.1.8.寄發錄用通知報到書予錄取者與部門主管。

10.1.9.為新進員工辦理加入勞工保險、全民健保、團體保險及提繳退休金。

10.1.10.跟催新進人員試用期間的工作表現。

10.2.財務單位負責員工聘僱管理的下列事項：

10.2.1.年度各部門人員編制預算之審查。

10.3.用人部門主管負責員工聘僱規劃及甄試業務：

10.3.1.擬定部門（單位）年度人員編制與預算。

10.3.2.填寫人員需求申請表。

10.3.3.準備專業技能之測驗試題。

10.3.4.履歷表審查及面試。

10.3.5.會同管理單位共同遴選適當人選。

10.3.6.指導新進人員適應工作環境。

10.3.7.新進人員試用期間考核與正式任用的決定建議。

10.4.總經理核定下列員工聘僱職權：

10.4.1.年度全公司人員編制與預算。
10.4.2.錄用人選、職稱、職等、起薪與試用期。
10.4.3.遴選主管或重要職位應徵人員的面談。
10.4.4.試用期滿人員的正式任用簽准。
10.4.5.其他重要聘僱相關辦法的核准。

十一、附件：

11.1.年度人力資源計畫表。
11.2.聘僱定期契約人員申請書。
11.3.特約人員契約書。
11.4.人力需要申請單。
11.5.面談通知單。
11.6.應徵人員資料表。
11.7.應徵人員參考資料。
11.8.面談記錄表。
11.9.錄用人員建議表。
11.10.錄用通知。
11.11.個人資料表。
11.12.薪資受領人免稅額申報表。
11.13.勞、健保、退休金提繳申請表。
11.14.團體保險卡。
11.15.聘僱合約書。
11.16.保密合約書。
11.17.新進人員試用期工作報告。
11.18.新進人員試用期考核表。

十二、附則

12.1.本辦法經總經理核定後實施，修正時亦同。

資料來源：某科技股份有限公司（新竹科學園區內廠家）。

結　語

毋庸置疑，能力強的人往往會取得更大的成就，這是一個不爭的事實。企業如果聘用的是缺乏主動、積極性的員工，無論他的技能多麼嫻熟，公司都必須千方百計地去提高他的主動、積極性，而且即使這樣做了，也可能毫無商業價值。而如果企業在就業市場上招聘到具有高度工作動機的人，然後在對其進行技能培訓，他則將給公司帶來豐厚的回報。

第六章

招聘評鑑技術

- 招聘評鑑工具
- 招聘評鑑方式
- 人格特質應用
- 工作申請表設計
- 選才的方法

> 河床愈深，水面愈平靜。你看他外表像個老實的人，其實心裡藏著詭計陰謀，才是毒辣的呢！
>
> ——英國文豪・莎士比亞（William Shakespeare）

當今企業已從尋找最優秀的人，演變爲找到最適合的人，專業技能可以訓練，但人際溝通、領導特質、工作熱情等內在潛能卻無法被取代。所以，企業在招聘時，若能有效運用各種招聘評鑑工具，將可爲組織遴選適合的人才，健全組織人力資源的發展與管理（**圖6-1**）。

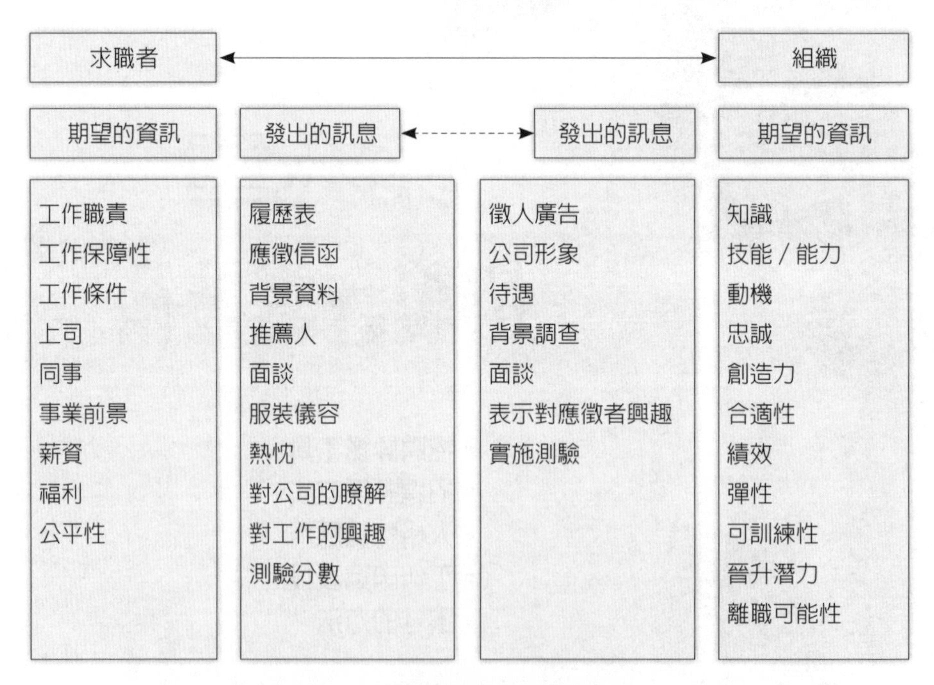

圖6-1　甄選過程中的雙向發訊

資料來源：Milkovich & Boudreau (1994). *Human Resource Management*, p.337／引自：呂家美（2009）。《美髮美容人力資源管理》，頁66。台中：華格那企業出版社。

第一節　招聘評鑑工具

招聘工具必須針對工作性質及職位需要，才能考評定出最合適的應徵者。因此，在決定選擇招聘工具時，應該對擬任工作進行工作分析，以瞭解從事該工作所需的核心職能。就考選工具本身而言，應考慮其信度、效度、標準化的施測與常模等特徵。信度與效度皆高，就表示這個甄選測試能夠充分反映出員工未來在組織中的可能表現（**圖6-2**）。

一、信度相關的概念

信度（reliability）指衡量結果的一致性，不會因爲衡量時間或判斷者的不同而有所差異。如果衡量結果都很一致，結果將非常穩定。例如：我們拿一只體重器測量自己的體重，原則上在不同的地方測量或一天中不同的時間測量，體重應該不會有太大的出入，否則這個體重器的穩定度或一致性就十分可疑。同理，如果五位不同面試者（官）對一位應徵者的社交技巧水準的評價相同，表示這位應徵者的社交技巧具有極高的信度。反之，一位應徵者如果在連續兩週內接受同一測驗，卻得到高低懸殊不同分數，就顯示測試工具的信度可能大有疑問。

(一)缺陷錯誤與汙染錯誤

在衡量的過程中，難免會有一些錯誤，一種是缺陷錯誤，另一種是汙染錯誤。

◆缺陷錯誤

缺陷錯誤（deficiency error）是指衡量領域的要素並未納入衡量。例如：基本數學評量裡未將「減法」納入試題，就是一種缺陷衡量，讓人無法掌握基本數學技巧的眞正程度。

◆汙染錯誤

汙染錯誤（contamination error）是指衡量過程受到干擾。例如：面試

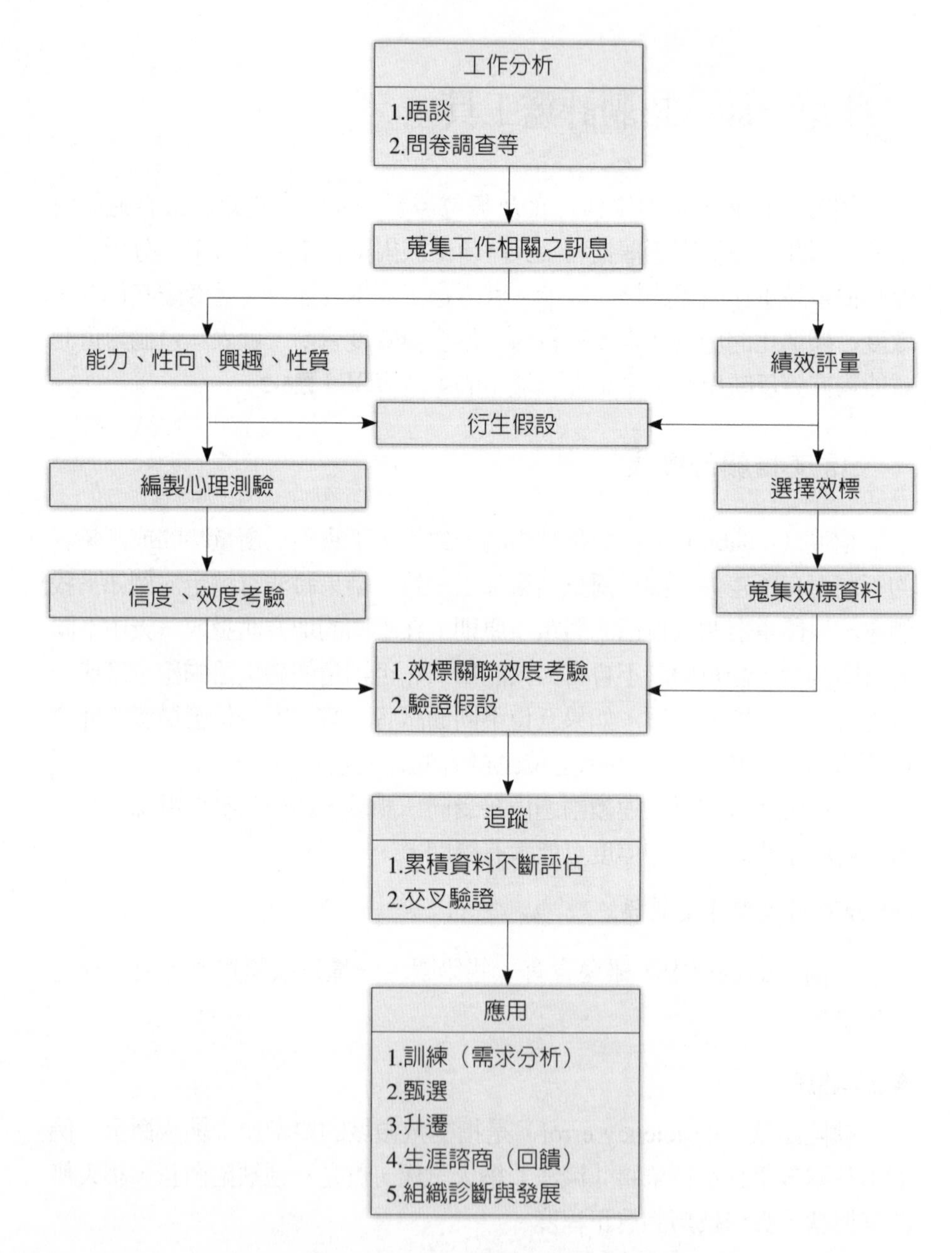

圖6-2　評量工具編製與應用流程圖

資料來源：陳彰儀、張裕隆（1993）。《心理測驗在工商企業上的應用》。台北：心理出版社。

者（官）可能面臨其他職責的時間壓力，因此沒有充分時間正確評估求職者的能力。此外，應徵者給人的第一印象特別好，讓面試者（官）對其工作技巧的判斷受到影響；或是應徵者當中，可能有人特別優秀，讓其他人相形失色，結果平均水準的應徵者，在面試者看來卻掉到平均水準之下。

(二)評估測驗工具的信度方法

企業可以運用下列三種方法來評估測驗工具的信度：

◆再測信度

再測信度（test-retest reliability），係指同一梯次應徵者在不同時間內接受同一測驗，再比較兩次測驗成績的相關程度。相關程度愈高，表示測驗工具的信度愈強，但受測者如果在接受兩次相同測驗的時間間隔中，知識水準有顯著改變，或是在接受第一次或第二次測驗時，在施測環境中出現干擾因素，都可能會減弱兩次測驗成績的關聯程度。

◆複本信度

複本信度（alternate-form reliability），係指將受試者在同一個時間點，接受兩份測驗（一份爲正本，另一份爲複本），然後以受試者在正本與複本的兩個總分，求其相關係數，即可得到複本信度。複本測驗必須在內容、題型、題數、難度、測試時間等均須相同，才能稱為複本測驗。

◆折半信度

折半信度（split-half reliability），係指若複本測驗取得不易時，可將測量工具的內容隨機分爲兩部分，分別對相同的受測者實施測試，再比較測試成績的相關程度。相關程度愈高，表示測試工具的信度愈強。

一個良好的選才評鑑工具，其信度係數通常都在0.9左右。由於有許多招募或甄選活動是由一組專家共同參與，以建立一個客觀明確的計分系統，當其中看法相當分歧時，評量之間的信度就很低。由於這一組人數愈多，要達成一致看法的情形就愈不容易，相對所要求的信度可能低於一般的標準，此爲不可不加以注意的問題。

二、效度相關的概念

效度（validity）是衡量方式對知識、技術或能力的衡量程度。應用在甄選的背景裡，效度則是指測驗分數或面談評比相對於實際工作績效的程度，就員工甄選測驗而言，測驗的效度就在檢討測驗方式和出缺職務工作性質之間，究竟有多大關聯。

效度是有效甄選人才的核心，這表示衡量特定職務求職者的技巧及其工作績效之間的相關程度。不具有效度的技巧，不但沒有用，而且可能會產生法律上的問題。事實上，記錄甄選技巧效度的文件，是公司面臨法律訴訟時最佳的辯護依據。萬一應徵者對公司聘僱作法提出歧視訴訟，甄選方式跟工作的相關性（效度）就是公司自保的關鍵證據，也就是說，測驗的結果是否能夠相當準確地預測應徵者日後的工作表現。

(一)使用效度的基本策略

顯示甄選方式的效度，主要有內容效度和實徵效度這兩種基本策略。

◆內容效度

內容效度（content validity）是評估甄選方式的內容（如面談或測驗）對工作內容的代表性程度。工作知識的測驗，通常就是屬於內容效度策略，例如：某家航空公司會要求應徵飛行員的求職者接受聯邦航空管理局（Federal Aviation Administration）規定的一連串考試，這些考試評估的是應徵者是否具備安全以及有效駕駛客機所需的知識。不過，光是通過這些測驗，並不表示應徵者具備優秀飛行員所需的其他能力。所以在實務上，大都採用專家意見做專業判斷。

◆實徵效度

實徵效度（empirical validity）或稱效標關聯效度（criterion-related validity），係指甄選方式和工作績效之間的關係。甄選方式的分數（如面談的作答或考試成績）會跟工作績效進行比較，如果應徵者在甄選方式的分數很高，而且其工作績效的確有比較優秀時，實徵效度建立。

實徵效度又可分為兩種：一致性效度（concurrent validity）與預測性效度（predictive validity）。

1.一致性效度：它顯示甄選方式評分跟工作績效水準之間的相關程度，這兩者大約在同時進行衡量，如果存在一個可接受的相關性，這個測驗則可以用來甄選未來的員工，例如：公司為增加人手而建立一套測驗，為瞭解這套測驗顯示工作績效的程度，該公司要求目前員工進行這套測驗；公司接著將測驗成績和上司剛完成的工作績效評分進行相關分析。測驗成績和工作績效評分的關係會呈現出該測驗的一致性效度，因為兩者是同時進行衡量的（**圖6-3**）。
2.預期性效度：它是顯示甄選方式的成績跟未來工作績效之間的關係。例如：公司要求全體應徵者接受測驗，並在十二個月後查核工作績效。考試成績和工作績效之間的關係會顯示測驗的預期效度，因為甄選方式的衡量是在評量工作績效之前進行的（**圖6-4**）。

甄選方法或許穩定，但不見得有效度，然而甄選方法若不可靠，則不可能有效度，這個重點對於實際運用方面有極大的影響。求職者有沒有碩士學位的衡量方式具有絕佳的可靠度，不過，如果光有文憑但工作績效並未見改善，那麼碩士學位文憑就不是有效的甄選標準。較有衝勁的應徵者在工作表現上應該會比較出色，可是如果公司賴以衡量衝勁的方式充

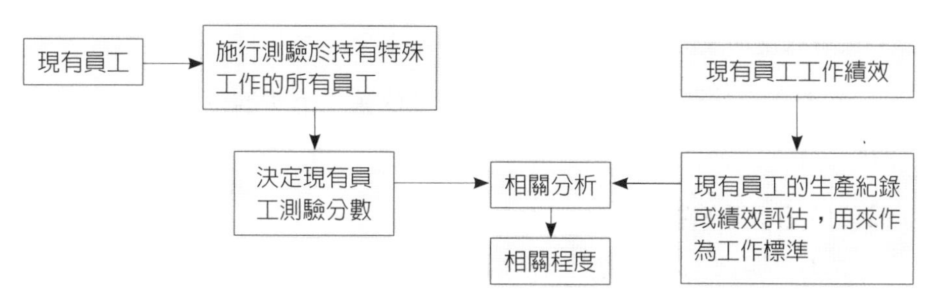

圖6-3　一致性效度的過程

資料來源：Lloyd L. Byars & Leslie W. Rue (1995). *Human Resource Management* (3rd ed.).引自：吳繼祥（2004）。《我國特勤人員甄選、訓練與成效評估制度改革芻形之研究》，頁14。台北：銘傳大學管理科學研究所碩士論文。

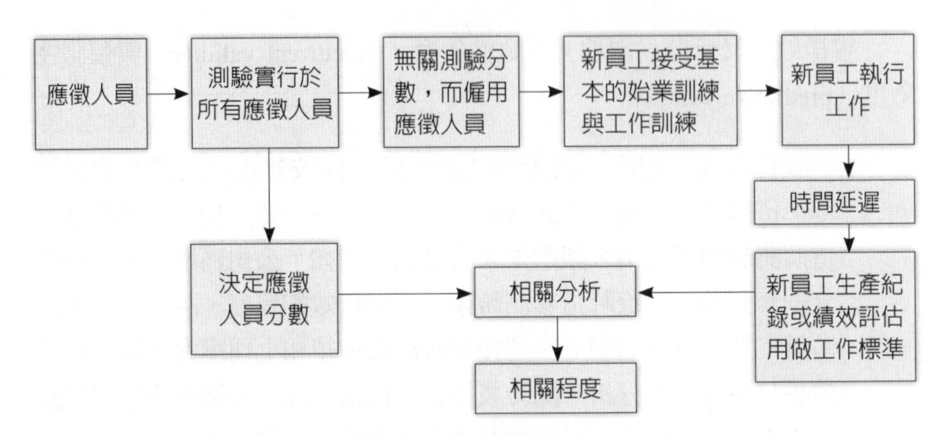

圖6-4　預測性效度的過程

資料來源：Lloyd L. Byars & Leslie W. Rue (1995). *Human Resource Management* (3rd ed.).引自：吳繼祥（2004）。《我國特勤人員甄選、訓練與成效評估制度改革芻形之研究》，頁14。台北：銘傳大學管理科學研究所碩士論文。

滿錯誤或不穩定，就不能作爲有效的工作績效指標（L. R. Gomez-Mejia等著，胡瑋珊譯，2005：214-216）。

一般來說，一項智力評量方法的效度係數（validity coefficient）達到0.3以上，即算相當有效。因爲除了效度本身數值的大小以外，測驗人數的多少也與效度係數的高低有關。一般智力測驗的係數多在0.3～0.6之間，效度係數愈接近1，說明其效度愈高。

(二)檢驗效度的步驟

企業在檢驗測試工具的效度時，可依循以下步驟進行（胡幼偉，1998：24）：

◆步驟1：分析工作性質

人力資源部門首先要對出缺職務進行工作分析，以瞭解勝任該項工作的必備條件。這些條件將成爲檢驗測試效度的預測指標。同時，在工作分析中，也要決定衡量工作表現的標準，此一標準稱爲「準則」。

◆步驟2：選擇測驗工具

選擇測驗工具的基礎，通常是基於經驗、過去的研究或最佳的猜測，而且經常會採取多重型態的測驗方式。

◆步驟3：施測

首先須對現任員工施測，再將測驗成績和受測者的最近工作表現相比較，這就是「一致性效度」的測驗；另一種效度測驗方法是「預測性效度」的檢驗，其進行方式是對應徵者施測，然後以檢驗成績錄取若干應徵者。在新進員工工作一段時間後，測量他們的工作表現，然後再分析新進員工當初的測驗成績和其工作表現之間的關聯程度，以瞭解甄試工具的預測效度。

◆步驟4：重複檢驗

人力資源部門可以用另一批員工來重複前述第三項的施測步驟，或至少定期檢討測試工具的效度。

三、標準化施測

標準化施測的實施（包含：目的說明、施測程度與時間）、計分及解釋等，皆按照一定的標準程序來進行，不會因主事者或受測者的不同而有所改變，以確保測驗結果的正確性與一致性。

四、常模

常模（norm）是解釋測驗結果的參照依據，受試者的測驗分數對照常模加以比較，就可以顯示其在團體中的相對地位，進而瞭解一群受試者之間的個別差異情形。但是，在解釋測驗分數時，應選取最新建立的常模，以免產生偏差。

個人在選才評鑑上的實得分數稱爲原始分數，原始分數的本身顯示不出什麼意義，必須參照標準樣本的平均分數與各分數的分配情形，才能決定個人在配分中的地位是高於平均數，還是低於平均數，這個標準化樣本的平均數，即爲選才評鑑的常模。因此，一項選才評鑑的常模也就是解

釋測評分數的主要根據。例如：測驗原始分數40分的百分等級爲85，此即表示他在該測驗的得分勝過85%的受測者，只是不如15%的人而已。

一套測驗如果沒有常模就等於沒有比較的基礎。以智力測驗爲例，常模至少是要以年齡爲區分，依據智力發展的理論，將年齡層分成十五至二十五個群組，常模的建立，就是將各年齡組的智力分配、平均數和標準差計算出來。性向測驗也是同樣的道理（許書揚，1998：106）。

常模的功用主要表現在：

1.表明個人分數在常模團體中的相對位置，亦即進行「個別之間的比較」。
2.比較個人在不同測驗上的分數，亦即進行「個人內的比較」。

選才評鑑方法必須經過標準化才能成爲客觀的評量工具。在標準化的進程中，首先應從將來實際應用選才評鑑方法的全體對象中，抽取足以代表全體的樣本先行測量，並以樣本分數爲根據建立常模（王繼承，2001：72）。

五、解釋手冊

發展完整的測驗一定要備有測驗解釋手冊，說明該測驗的發展目的、施測方式、分數解釋、適用對象、常模與樣本等資料。

解釋手冊就像任何家電產品的使用說明一樣，可以幫助我們瞭解測驗工具並使用它。因此，企業在使用選才評鑑工具時，一定要詳細閱讀解釋手冊，以免對測驗有所誤解。

六、效標

效標（criterion）就是用來作爲衡量測驗效度之標尺，其本身當然需要合乎一定的水準和理想。在選擇效標之量度方法時，應對其信度和效度加以審慎之考慮，因爲如果效標本身無法有效地代表所預測之特質，那麼無論所求出之效度如何，其意義皆難以確定其評估標準。例如：評估一位營業員的工作績效時，常常運用他的業績總額、業績達成率與新客戶數等標準來加以衡量（**表6-1**）。

表6-1　測驗上常用的效標類別

測驗目的	常用效標
學習成就	・學業成績 ・標準化成就測驗 ・教育程度
性向測量	・專門能力表現 ・學業成績 ・特殊訓練表現 ・標準化性向測驗
工作能力	・工作成績（質與量） ・主管評分 ・工作紀錄 ・訓練表現
教育或心理診斷	・性向及成就測驗 ・人格測驗 ・心理診斷類別 ・特殊教育類別
對比團體	・任何可清晰顯示兩對比樣本（如酗酒者與不酗酒者）之量度標準

資料來源：葛樹人（David S. Goh）（2001）。《心理測驗學》（*Psychological Testing and Assessment*），頁180。台北：桂冠圖書。

一般而言，在人員甄選的研究中，效標多半代表個人的價值或對組織的貢獻。常見的效標有出勤、離職、意外事故、單位生產量、銷售業績、年薪、被升遷之次數等。此外，採用所謂的全方位（三百六十度）的評量方式，亦即主管評價、自評、同儕評價，以及部屬評價來提供效標的資料（徐增圓等，2001：122-124）。

第二節　招聘評鑑方式

選才測驗的工具種類繁多，到目前為止，各種測驗的分類有認知能力測驗（cognitive ability test）、體能測驗（physical ability test）、人格測驗（personality test）、興趣測驗（interest test）、性向測驗（aptitude test）、成就測驗（achievement test）、工作抽樣與模擬測驗（work samples and simulations test）、管理評鑑中心（management assessment

centers）、背景查核（background investigations and reference checks）、測謊試驗（polygraph test）、筆跡鑑定法（handwriting test）、毒品濫用篩選測驗（drug abuse screening test）、面試（interview）、筆試（written test）等多種（**表6-2**）。

表6-2　能力探索題目

題目	內容
專業知識	1.你認為你在學校所學對工作有何幫助。 2.平常閱讀哪些書籍。 3.以前受過什麼樣的專業訓練。
專業技術 管理經驗	1.是否談談在〇〇公司的工作內容。 2.以前的工作成果最讓你驕傲的是什麼？
成熟度	1.你認為做人最重要的品德是哪一項？ 2.如果你要離開現職，你會對主管怎麼說？
抗壓性	1.可否請告訴我一件令你臉紅的事？ 2.請告訴我值得錄取你的理由？ 3.在你前一個職位中，最受不了的是什麼？
溝通表達	1.如果從事本工作，你有什麼比較好的作法？ 2.你認為主管當局應如何使員工發揮最大向心力？ 3.用一分鐘自我介紹。 4.請用一分鐘時間來說服我錄用你。
主動積極	1.你喜歡上一個工作嗎？為什麼？ 2.你對人生的安排如何？ 3.如果對最後一個工作不能改善，你會採取怎麼樣的行動？
團隊合作	1.請描述一位你最好的工作夥伴？ 2.請舉出一個你曾經遭遇過的人際關係問題？ 3.現在跟以前離職的公司同事還有聯絡嗎？ 4.你以前參加過哪些社團？
穩定性	1.你理想中的工作是什麼樣子？ 2.為什麼你要放棄現有工作？ 3.請談一談你遇到過最好和最壞的老闆？ 4.你未來三年的計畫是如何？
誠信正直	1.如果在某種情況下最好別說真話時，你會不會說謊？ 2.你最大的缺點是什麼？
企圖心	1.如果進入公司，你希望對這個大家庭有什麼貢獻？ 2.你以前的工作經驗對將來擔任重任有何幫助？ 3.以前在工作上之重大貢獻及改進事項。

（續）表6-2　能力探索題目

題目	內容
創新改善	1.你認為要解決一項問題的步驟為何？ 2.如果你要打破現狀，改善某一事情你會怎麼做？
領導能力	1.你喜歡領導或是被領導？為什麼？ 2.你用什麼方法作決策？ 3.你用什麼方法為屬下訂工作目標？ 4.你以前擔任過社團幹部嗎？有何成就？

資料來源：林燦螢（2009）。「人力資源管理總論與招聘面談」講義，頁201-204。重慶：重慶共好企業管理顧問公司編印。

一、認知能力測驗

認知能力測驗包括：一般推理能力、記憶力、歸納能力和某種特定心智能力的測驗。例如：對一位簿記員來說，必須具備將收據和憑據中的數額準確記入分類帳或數據庫的能力，這種能力就是一項選才的標準（**圖6-5**）。

二、體能測驗

在自動化設計及先進科技相繼問世後，員工體能在職場上的重要性大不如前，但爲避免職業災害發生，許多企業仍要求應徵者具有一定的體能或精神運動能力。

體能測驗可以瞭解應徵者是否具備和工作性質相關的條件，包括：四肢靈活程度、手眼協調和力氣大小的測驗。例如：台灣電力公司在招考技術人員時，應徵者得通過爬上爬下的手腳靈活度、肢體協調度的技能測驗，計有四百公尺跑步、上下鷹架、接線操作三項。一般而言，體力員工比較容易受到下背部的傷害，因此，在甄選此類工作人員時，若能先對應徵者施予適當的體能測驗，應該可以降低新進人員受到傷害的機率，特別是聘僱清潔人員、倉管人員及組裝生產線上工作人員。

美國心理學教授愛德溫・弗萊士曼（Edwin Fleishman）把生理體能概括分爲九個方面：(1)動力負荷；(2)靜力負荷；(3)爆發力；(4)伸展的靈

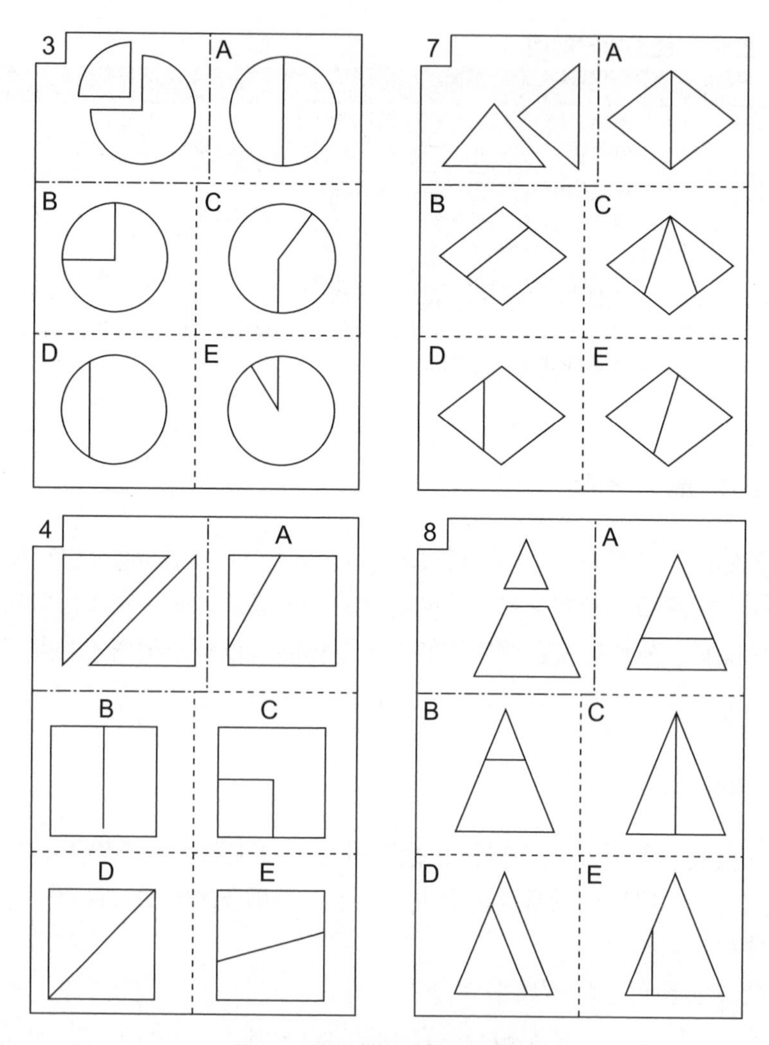

圖6-5　明尼蘇達紙形板測驗

資料來源：葛樹人（1996）。《心理測驗學》（*Psychological Testing and Assessment*），頁335。台北：桂冠圖書。

活力；(5)動態的靈活力；(6)身體平衡；(7)身體協調；(8)耐力；(9)身體負荷。生理健康測驗對所有職務都是必需的。一個經常請病假的員工不可能在工作中表現出好的績效。

三、人格測驗

人格測驗是指瞭解人的人格差異所做的測驗（個性的測驗）。人格一詞有廣義與狹義之分，廣義的人格，是指一個人的整體面貌，即個體具有的所有品質、特徵和行為等個體差異的總和，它包括個人所具備的能力、智力、興趣、氣質、思維、情感及其他行為差異的混合體；狹義的人格，是指人的興趣、態度、價值觀、情緒、氣質、性格等內容。心理測驗所談的人格特質，指的是狹義的人格，即人格是個人在適應社會生活過程中，對自己、對他人、對事、對物交流時，在其心理行為上所顯示出的獨特個性，例如：侵略性或毅力強等行為風格。

一個人的心智能力和體能通常不足以完全解釋其工作能力。應徵者的工作動機（態度、行為和習慣）和人際相處能力，也是重要的考核項目。應徵者的若干人格特質，例如：情緒穩定程度、外向程度、接受經驗指導程度、親和力及誠實等所謂的五大人格因素，是許多企業在衡量應徵者是否可錄用，以及對生產力是否有負面影響時的重要考慮因素。

人格測驗應審慎為之。就甄選新人來說，如果測驗結果與後續行為沒有周延的關係，就是缺乏效度，那麼人格測驗幾乎無意義，而人格測驗要有效，不是一件容易的事（**表6-3**）。

四、興趣測驗

興趣測驗，係指測驗應徵者對各種不同的工作或工作環境之興趣與偏好。興趣測驗的功能，在於選擇出個性及興趣符合工作特質的人員，可減低其因對某項工作無興趣而離職的狀況。

五、性向測驗

性向測驗（適性測驗）在就業輔導方面是一個常用的測驗，用它來衡量一個人的能力或學習與執行一項工作的潛在能力，它可以提供極佳的參考效用。例如：從事建築方面的工作，應徵者可能會被測試關於空間推理的能力。

表6-3　卡特爾（R. B. Cattell）十六種人格特質因素名及特徵表現

因素名	低分特徵	高分特徵
樂群性	緘默、孤獨、冷淡（分裂情感）	外向、熱情、樂群（環性情感或高情感）
聰慧性	思想遲鈍、學識淺薄、抽象思考能力弱（低）	聰明、富有才識、善於抽象（高）
穩定性	情緒激動、易煩惱（低自我力量）	情緒穩定而成熟、能面對現實（高自我力量）
恃強性	謙遜、順從、通融、恭順（順從性）	好強、固執、獨立、積極（支配性）
興奮性	嚴肅、審慎、冷靜、寡言（平靜）	輕鬆興奮、隨遇而安（澎湃激盪）
有恆性	苟且敷衍、缺乏奉公守法精神（低超載）	有恆負責、做事盡職（高超載）
敢為性	畏怯退縮、缺乏自信心（威脅反應性）	冒險敢為、少有顧慮（副交感免疫性）
敏感性	理智的、著重現實、自恃其力（極度現實感）	敏感、感情用事（嬌養性情緒過敏）
懷疑性	依賴隨和、易與人相處（放鬆）	懷疑、剛愎、固執己見（投射緊張）
幻想性	現實、合乎常規、力求妥善處理（實際性）	幻想的、狂放任性（我向或自向性）
世故性	坦白、直率、天真（樸實性）	精明能幹、世故（機靈性）
憂慮性	安詳、沉著、通常有信心（信念把握）	憂慮抑鬱、煩惱自擾（易於內疚）
實驗性	保守的、尊重傳統觀念與標準（保守性）	行為自由的、批評激進、不拘泥於現實（激進性）
獨立性	依賴、隨群附和（團體依附）	自立自強、當機立斷（自給自足）
自律性	矛盾衝突、不顧大體（低整合性）	知己知彼、自律嚴謹（高自我概念）
緊張性	心平氣和、閒散寧靜（低能量緊張）	緊張困擾、激動掙扎（高能量緊張）

資料來源：蕭鳴政（2005）。《人員測評與選拔》，頁284-285。上海：復旦大學出版社。

一些較常用的性向測驗多用於衡量語言能力（衡量一個人在思考規劃及溝通中使用文字的能力）、數字能力（衡量加、減、乘、除的基本能力）、理解速度能力（在衡量相似及相異的認知能力）、空間能力（衡量在空間中將物體形象化，並確定它們關係的能力）及推理能力（在衡量口頭或書面事實的分析及在邏輯的基礎上，依這些事實做出正確判斷的能力）（**表6-4**）。

表6-4　鐘斯（Karl Jones）的性向分類

		明辨型		直覺型	
		思考型	感覺型	感覺型	思考型
內向型	判斷型	嚴謹、實際、可靠、邏輯、專心 A	安靜、友善、負責、忠誠、精細 B	堅決、正直、關心、堅守原則 C	多疑、吹牛、固執、創造性、達成目標 D
內向型	覺察型	安靜、分析、邏輯、機械 E	害羞、敏感、仁慈、忠於主管、緊張 F	集中、友善、負責 G	安靜、客觀、孤獨 H
外向型	覺察型	實際、從容、敏感、有綜合力 I	活潑、平易近人、長於記憶、拙於理論 J	熱情、活潑、聰明、想像力、決定明快 K	敏捷、聰明、多才、能接受挑戰、善於例行性工作 L
外向型	判斷型	實際、喜歡活動、能力高、善於組織 M	熱心、多嘴、正直、合作、不喜抽象 N	易感動、負責、好交際、受歡迎 O	熱心、坦率、果斷、長於推理 P

註：內向型（introverted）：注重內在世界的想法及感覺，比較玄又抽象。
外向型（extroverted）：注重外在世界的人與事。
明辨型（sensing）：對事物的觀察細微。
直覺型（intuitive）：注重整體狀況。
判斷型（judging）：以經驗基礎，事事盡快決定。
覺察型（perceiving）：思考方式有彈性，善於蒐求資料。
思考型（thinking）：以邏輯及客觀方式決定事情。
感覺型（feeling）：以主觀意識作為決定事情的基礎。

資料來源：李長貴（2000）。《人力資源管理：組織的生產力與競爭力》，頁186。台北：華泰文化。

六、成就測驗

成就測驗的主要目的，在於篩選應徵者是否具備勝任某些工作所需的知識或能力，以及在某一方面的學習成果。應徵者必須回答一些可用來區別經驗和技能豐富或較不足的問題。

七、工作抽樣與模擬測驗

工作抽樣與模擬測驗的主要目的，是讓應徵者實際執行出缺職務的

小常識　真實案例測驗

從職缺實際會遇到的問題，預擬一些假設情況，面試時請求職者現場回答他會採取的行動。這種問法才不會光談抽象的想法，而是真正的解決作法。

資料來源：編輯部。〈你一定要知道的徵才守則〉。《EMBA世界經理文摘》，第306期（2012/02），頁136-137。

主要工作項目，以判斷應徵者如獲錄取，是否眞能勝任工作。例如：證券分析師的解盤、期貨操作員的模擬下單、航空公司機長的操作飛行模擬器等。

八、管理評鑑中心

管理評鑑中心基本上是一種評估應徵者管理潛能的模擬測試，但其同時兼有訓練的功能。通常大約十二位管理工作的應徵者被要求在某一場地內，以二到三天的時間執行若干管理任務。公司選派的評估人員在旁記錄應徵者的表現，並且評估每位受測者的管理能力的潛力，這是一種成本較高的測試方式。

九、背景查核

許多公司對應徵者進行背景查核。查核的方法，一般是打電話向應徵者的現任或前任雇主查詢。由於查核結果的訊息不一定完全準確，因此查核所得資訊往往只被當作是一種瞭解應徵者的補充資料。2012年10月開始實施的《個人資料保護法》的規定下，在對應徵者做背景查核時，已有它的難度存在。

十、測謊試驗

不論員工人格特質如何，企業用人最重視的還是誠信及可靠度，一般最常見的誠信測驗是用測謊器。

測謊器的工作原理，是透過衡量受試者的心跳速度、呼吸強度、體溫和出汗量等方面的微小的生理變化，來判斷受測者是否在說謊，因爲測謊器的準確度可以達到70～90%的水準。然而，測謊器本身並不偵測謊言，它只是偵測生理變化，故必須由操作員針對機器記錄的資料來解說，因此，眞正的測謊器是操作員而不是機器。

測謊在提問過程中，一般應該先問姓名和住址等中性問題，例如：「你的名字是不是○○○？」、「妳目前是不是住在台東？」然後再問些實質性的問題，諸如：「妳曾經偷過東西嗎？」、「妳犯過罪嗎？」等問題。根據理論，測謊專家至少可以有幾分把握判斷受測者是否說謊。

美國零售商店、賭場、證券交易所、銀行機構和其他金融機構以及政府的情報機關，在錄用員工之前，都願意使用測謊器，因爲這些在組織內工作的員工，或者需要掌握大量現金，或者工作內容涉及機密文件，對組織的忠誠度非常重要。由於測謊牽涉到個人隱私權之嫌，因此企業即使要使用測謊器，也須徵求應徵者的同意，始能行之。

有好幾個理由可以反駁測謊器的效度：

1.以這種方式探索個人隱私，總會令人感到不舒服。
2.強迫應徵者接受測謊測驗是違法的。
3.測謊器判定受測者是否誠實或說謊，其準確度介於70～90%之間，尙未臻於理想的境界。
4.有些情緒較容易激動的人，即使在說實話的時候，也可能有情緒上的變化，而某些富有表演天才的人，即使在說謊也很可能面不改色。（Gary Dessler著，李茂興譯，1992：162）

近年來，有些企業以筆試的誠實測驗（honest test）來取代測謊試驗，以篩選出有竊占公司財物傾向的應徵者，不過這種測驗的信度與效度還有待進一步檢驗（**表6-5**）。

表6-5　常見誠信測驗提問例示

・如果公司還很賺錢，從公司帶點東西回家就無傷大雅。
・順手牽羊是實踐「社會財富公平分配」的方式之一。
・若店家常常低價高賣，顧客偷換售價標籤就無可厚非。
・某家電影院從不清場，進去的人是否已經購票沒人會知道，你進場是否會買票？
・只要不是真的違法，遊走法律邊緣即無須苛責。

資料來源：Ellyn E. Spragins, "T or F? Honesty Tests Really Work", *Inc. Magazine*, February 1, 1992, p. 104.引自：Raymond A. Noe等著，林佳蓉譯（2005）。《人力資源管理：全球經驗本土實踐》，頁187。台北：美商麥格羅・希爾。

十一、筆跡鑑定法

筆跡鑑定法在員工錄用中的應用，正呈現一種上升的趨勢。筆跡鑑定法是根據個人的字體來分析他的人格屬性，因此跟影射性的人格測試有幾分相似。

筆跡鑑定專家可以根據應徵者寫字的習慣（線、圈、打鉤、斜線、曲線及草體字）來判斷應徵者是否傾向於忽視細節？是否在行爲上前後保持一貫？是否是一位循規蹈矩的人？有沒有創造力？是否講求邏輯？辦事是否謹慎？重視理論還是重視事實？對他人的批評是否敏感？是否容易與人相處？情緒是否穩定等等。筆跡鑑定有賴於受過訓練的筆跡專家的專業分析（**圖6-6**）。

此外，筆跡專家還可以透過筆跡分析（graphology analysis）應徵者的需要、欲望以及僞裝的程度等特徵。但是由於這種方法還缺乏有效性的證據，因此在企業界使用上還不普及（張一弛，1999：139-140）。

十二、毒品濫用篩選測驗

某些企業要求應徵者做尿液篩選，以瞭解應徵者是否有濫用藥物或吸食毒品的習慣。此外，近期的一個應用技術認爲，頭髮測試比尿液抽樣測驗要來得精確，但實證研究結果顯示，有些應徵者對這類檢驗的正當性有比較負面的認知。

1.情緒反應水平 the　the　the (a)退縮　(b)客觀　(c)反應激烈	6.誠實水平 and　and　and (a)坦誠　(b)自欺或文飾　(c)故意欺騙
2.心智過程 many　many　many (a)複雜思維　(b)累積性思維　(c)探索性或調查性思維	7.想像力 light　light (a)抽象思維　(b)形象思維
3.社會反應 many　many (a)壓抑　(b)無拘無束	8.對待生活的態度 Many　many (a)意志消沉／悲觀　(b)樂觀
4.成就方式 the　the (a)缺乏自信　(b)意志力堅強	9.果斷性 many　many (a)果斷　(b)優柔寡斷
5.社會感召力 ann　ann (a)樸素、虛心　(b)賣弄	10.注意力 in　in (a)細心　(b)粗心

圖6-6　筆跡特徵及其解釋示例

資料來源：R. D. Gatewood、H. S. Field著，薛在興、張林、崔秀明譯（2005）。《人力資源甄選》（*Human Resource Selection*），頁529-530。北京：清華大學出版社。

十三、面試

面試是指在特定時間、地點所進行的談話。透過面試者與應徵者雙方面對面的觀察、交談等雙向溝通方式，瞭解應徵者的素質特徵、能力狀況，以及求職動機等方面的一種人員甄選與測評技術（**表6-6**）。

表6-6 著名企業的人員素質測評指標

IBM（國際商業機器）	SONY（索尼）	MOBIL（美孚石油）
自信心	參與的數量	智能
書面交往能力	口頭交往能力	口頭交往技能
行政管理能力	個人的可接受性	書面交往技能
人際接觸	影響力	領導能力
精力水平	參與的質量	創造性
決策能力	個人的寬容度	對自我的瞭解
對應急的抗拒力	對細節的關心	行為的可塑性
計畫與組織能力	自我管理能力	首要工作
堅持性	與權威的關係	對預期的現實態度
主動性	創造性	興趣廣度
冒風險程度	對人的理解	精力與驅力
口頭交往能力	驅力	可接受性
	潛能	組織與計畫
		積極性
		激勵
		決策

資料來源：王繼承（2001）。《人事測評技術：建立人力資產採購的質檢體系》，頁49。廣州：廣東經濟出版社。

面試方法因其簡單、直接而且成本低，廣爲企業所採用，但是效度不高，一般放在經過資格審查、筆試或心理測試等篩選以後進行，以利於節省時間和人力。

十四、筆試法

筆試是一種最古老又最基本的選才評量方法。它是讓應徵者在試卷上筆答事先擬好的試題，然後由主考者根據應徵者解答的正確程度予以評定成績的一種測試方法。這個方法可以有效地測量應徵者的基本知識、專業知識、管理知識、相關知識，以及綜合分析能力、文字表達能力等素質及能力要素的差異。當然，筆試法也有它的局限性和缺點，這主要表現在不能全面地考察應徵者的工作態度、品德修養以及組織管理能力、口頭表達能力和操作技巧等。因此，筆試方法雖然有效，但還必須採用其他選才

評鑑方法，諸如：行為模擬法、心理測驗法、面試法等，以補其短。一般來說，在企業組織的人才選拔錄用程序中，筆試是作為應徵者的初次競爭，成績合格者才能繼續參加面試或下一輪的測試。

基本上，筆試方式可以分為三大類：心理測驗、專業技能測驗和電腦技能測驗，用來驗證應徵者的智商，例如：測驗應徵者的智力和品格、工作態度、性向以及專業技能，作為面談先期資訊蒐集和選才的佐證。

個案6-1　超怪面試問題　大象體重怎麼量

在就業與職涯社群網站（Glassdoor.com）上，有網友分享八萬個面試問題，網站從中篩選出2010年最古怪的二十五個面試問題。

以下問題來自蘋果公司（Apple）、谷歌公司（Google）、亞馬遜網路商店（Amazon）以及其他科技公司的面試問題。要應徵谷歌的人力分析師，得回答：「這間房間你要用多少籃球才能填滿？」；要應徵IBM軟體工程師，你必須知道「在不使用磅秤的情況下，如何幫一隻大象秤重」。英特爾公司（Intel）面試系統驗證工程師時，他們問：「你有八枚便士，七枚一樣重，一枚比較輕，你有一個秤，你要如何在三次機會中找出那個最輕的？」

在Glassdoor.com的古怪面試問題中，《每日商業新聞》（*Business News Daily*）從中進一步篩選出七大類面試問題：

1.攪拌機：應徵高盛（Goldman Sachs）分析師得先回答：「如果你縮小成一枝鉛筆大小，被放在攪拌機內，你要如何逃脫？」
2.怪咖科學：算術能力在金融職場相當重要，因此，第一資本金融公司（Capital One）就問了經營分析師的應徵者：「1到10分，你對於自己的古怪程度給幾分？」
3.提示點：「在1到1,000的範圍內，要你猜中一個特定數字，但會提示你『高一點』或『低一點』，你最少要猜幾次？」如果你回答的出

來，你就有機會在臉書（Facebook）當軟體工程師。

4.算算看：應徵亞馬遜網路商店經理：「如果這場比賽有5,623名參賽者，需要比賽幾場才能決定最後贏家？」

5.可輕易達成的任務：蘋果對軟體品管工程師的應徵者說：「有三個盒子，一個只裝蘋果，一個只裝橘子，另一個則是兩者都裝，但盒上的標籤都標錯。你要如何打開一個箱子，拿出一顆水果，僅看這顆水果，你要如何立即把箱子上的標籤都更正過來？」

6.務實原則：要找到一個合適的人來擔任業務員職位，保險巨擘美國紐約人壽保險公司（New York Life）就問了這個問題：「你為什麼認為只有一小部分人收入超過十五萬美元？」

7.輕鬆一下：尼爾森公司（The Nelsen Co.）應該不需要田野調查，但他們問面試者：「一週來，這座城市喝掉多少瓶啤酒？」

資料來源：陳怡君譯（2010）。〈超怪面試問題　大象體重怎麼量〉。中央社（2010/12/31）。

(一)智力測驗

智力測驗（Intelligence Test, IQ）是最古老和最常用的心理測驗方法。這方面的測驗首先由比內（Alfred Binet）和西蒙（Simon）於1905年發展出來，不久之後，德國心理學家威廉．斯登（Willian Stern）建議，測驗分數應用智力商數（Intelligence Quotient, IQ）來表示。智商是指比西智力量表（Binet-Simon Intelligence Scale）衡量出來的心理年齡與實際年齡的比值。心理年齡和實際年齡相當時，其智商爲100。一般人的平均智商在85～115分之間，中位數爲100，超過130分的人，即可稱爲高智商。世界上智商超過135分以上的人也不過只有1%而已。

(二)情緒智商測驗

根據《情緒智商》（*Emotional Intelligence, EQ*）一書作者丹尼爾．高曼（Daniel Goleman）的說法，就一個人能否達到卓越的工作表現而言，構成情緒智商的五大要素（自我意識、自我調節、激勵、同理心與社交能力）的重要性，兩倍於純智商與純專業能力（**表6-7**）。

事實上，不同職位對五大要素的需求也不一樣，例如：對一個負責策略聯盟的主管來說，擁有高人一等的社交技巧（也就是所謂的衝突管理能力）便特別重要，但對一家剛民營化的公司的中階主管而言，此人是否具備同理心（empathy）就比其他要素來得重要（EMBA世界經理文摘編輯部，2002/02：91-92）。

公司在招募新人時，常要求應徵者說出自己的感覺，以測驗他們自我意義的高低。例如：面試者可能會請應徵者回憶他們以前是否有情緒失控而事後感到後悔的情事。那些自我意識高的應徵者，通常會坦白以告，並笑著敘述自己過去發生的糗事。自我意識高的另有一個特徵，就是他們具有自我解嘲式的幽默（Daniel Goleman著，李田樹譯，1999/01：38）。

台積（TSMC）是國內很重視職場3Q（IQ、EQ、AQ）的公司之一，發展出137道問題，就員工的成就動機、溝通取向、自發性、主導性、管理傾向、創新求變、堅毅性等人格特質方面做測驗，可綜合評估出3Q指數供員工及主管參考（顏長川，2006：120-122）。

(三)專業技術測驗

專業技術測驗是有效評估受測者專業技能的工具，是最容易量化，最客觀的。企業在選人時，不管是採用何種評鑑工具，其目的不外乎藉著測驗來瞭解應徵者的知識、技能和身心條件，據以判斷應徵者是否能在未

表6-7　職場3Q探索

比較項目	IQ	EQ	AQ
英文原名	Intelligence Quotient	Emotional Quotient	Adversity Quotient
中文譯名	智商	情緒智商	逆境智商
特性	先天而來	後天培養	後天培養
測量性	可測	不可測	不可測
職場意義	專業	敬業	樂業

資料來源：顏長川（2006）。〈職場3Q：現在流行什麼Q？〉。《管理雜誌》，第379期，頁120-122。

個案6-2 善用情境模擬　找尋最佳人才

匯豐銀行甄選儲備幹部的方式是使用情境模擬，首先定義出儲備幹部所需的六大能力，再來設計長達八小時的情境模擬測驗，讓應徵者扮演主管的身分，進行文書處理、向上溝通、與外部顧客開會、主持團隊會議等事項，主考官則從中觀察應徵者的行為表現是否符合儲備幹部的要求。

主考官須先熟讀近百頁的評鑑手冊，瞭解所有指導用語及必須觀察的具體行為在哪些；同時須撥出大量的時間進行演練，使正式甄選時，應徵者可以順利進入模擬情境。

匯豐銀行使用情境模擬的效度非常高，原因有二，其一是情境模擬皆是未來工作中會面臨的真實情況；其二是主考官都是熟悉工作職能也瞭解公司文化的主管們，對於公司所需的儲備幹部有更好的預測。

資料來源：林燦螢、鄭瀛川、金傳蓮（2013）。《人力資源管理：理論與實務》，頁160。台北：雙葉書廊。

來的工作表現中達到一定的工作績效。但企業在選擇評鑑工具時，要注意到不可違反應徵者保障就業機會均等的相關法律規定，更不可侵犯應徵者的個人隱私權，以免遭到應徵者的指控而爲企業帶來困擾（**表6-8**）。

第三節　人格特質應用

人格（personality）由多種心理特質所構成，有整合性與持久性。心理學上所謂的特質（traits），便是從行爲推論到人格結構，它表現出特徵化的或相當持久的行爲屬性。人格特質能顯示一個人的工作態度，以及他怎麼與同事共事。

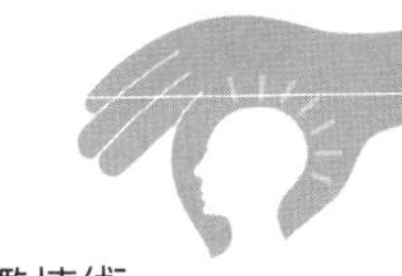

表6-8　甄選方法特質彙整

甄選方法	信度	效度	結果類化程度	效用
面談	低，當使用非結構性面談以及評量難以觀察的特質時	低，當使用非結構式面談以及評量難以觀察的特質時最低	低	低，成本高
背景調查	低，特別是從介紹信調查時	低	低	低，雖然得到資訊的成本不高
傳記式資料	高，對於可被證實的資料而言，有很高的再測信度	高效標關聯效度，但低內容效度	通常跟特定工作有關，但也發展到許多其他工作	高，可以較少花費蒐集到大量資訊
體能測驗	高	中效標關聯效度，對某些工作具有內容效度	低；只與需要體能的工作有關	對某些需要體能的工作有效，因為能防止工作傷害
認知能力測驗	高	中效標關聯效度，不適合考驗內容效度	高；能預測大部分工作的績效，尤其是複雜性高的工作	高，因為低成本以及能適用在廣泛的工作項目
人格量表	高	低效標關聯效度，不適合考驗內容效度	低；少數特質可以預測工作	低，雖然低成本
工作範本	高	高效標關聯效度及高內容效度	通常與特定工作有關，但目前已發展成可適用於多項工作	高，儘管開發的成本也很高

資料來源：修改自Noe, Hollenbeck, Gerhart, & Wright (2010). *Human Resource Management: Gaining a Competitive Advantage*, p. 262. / 引自：房美玉，〈員工招募、甄選與安置〉。李誠主編（2012），《人力資源管理的12堂課》，頁80。

一、人格特質在甄選時的應用

「人格」一詞是由拉丁字persona衍生而來，這個詞語的意義有兩種，一種是指戲劇演員使用的面具（mask），可以用它作爲個人身分的表徵；另一個意思則是眞正的自我，包含了內在動機、情緒、習慣、思想等。人格特質的多樣化，反映了人格的內涵豐富化，它表現個體適應環境時，在能力、情緒、需要、動機、興趣、態度、價值觀、氣質、性格和體

質等方面的整合，是具有行動力一致性和連續性的自我，是個體在社會化過程中形成的具有特色的心身組織。

心理學家常使用臨床心理學發展出來的大型人格量表，延伸應用到工作成就的預測上，例如，在1943年發展出來的明尼蘇達多項人格測驗（Minnesota Multiphase Personality Inventory）共有五百五十個題目，並分類爲十個臨床尺度。台灣蓋洛普公司（Gallup）自行整理出四十種人格特質，以協助企業用人時的篩選活動。這套系統的效益包括：

1.降低招募及篩選新進客服、業務人員的人力與時間成本。
2.降低面試者主觀判斷的負面影響。
3.科學、客觀且迅速地篩選出最合格的應徵者。
4.剖析合格人才的人格特質。

雖然人格測驗並非是甄選工具最佳的一種，但是許多研究者已經發現，適當的蒐集人格資料，將有助於甄選決策的制定。以行爲面談而言，首先，要基於企業的經營理念作爲面談時的依據，另外，再專注於應徵者過去行爲的反應以及其未來貢獻，來驗證其是否適合公司的經營理念。面談時要注重品德、專長、經驗、興趣、健康、教育程度、人際關係等，進而注重創新、誠信、團隊精神、有效溝通、策略性思考等（**表6-9**）。

二、五大人格特質

近年來，有關人格特質的研究皆指出，衆多的人格特質形容詞可被歸納成五大類，也就是用五個人格因素，就可相當完整地描述一個人的人格特質，其類別如下：

(一)外向性

外向性能預測管理及銷售工作的績效，這項人格因素包含兩方面的特性：

1.自信、主動、多話、喜歡表現。
2.喜歡交朋友、愛參與熱鬧場合、活潑外向。

表6-9　應徵者人格特質及其描述

特質名稱	特質描述
協調性	和別人很合作，重視溝通，能夠容忍他人的言行。
攻擊性	不服主管指示，常和別人爭吵，反抗性很強。
服從性	願受別人指揮，不想領導別人，只聽別人的話。
自卑感	做事沒有信心，沒有見解，覺得處處不如人。
活動性	動作敏捷，喜歡參加活動。
領導性	想指揮別人，願任某事的發起人或領導者；精力充沛，喜歡影響別人，能忍受壓力。
抑鬱性	悲觀，心裡悶悶不樂，精神頹廢。
社會的外向	善於交際，結交許多朋友，喜歡發言。
社會的內向	不善交際，沉默寡言，不和別人聊天。
神經質	容易慌張，多餘的煩惱，神經過敏。
思考的外向	對事情缺少周詳思慮，粗心大意。
思考的內向	對事情深思熟慮，三思而行。
安閒性	無憂無慮，隨遇而安。
憂慮性	多愁善感，掛慮太多。
責任性	交付工作均能鍥而不捨的完成，有決心而可信賴。
誠信	做人講信用，童叟無欺；不違法犯紀，能不為金錢所誘惑；為人正直，品德操守，能為人所信賴。
企圖心	喜歡為自己設定目標，追求卓越，願意接受挑戰與不斷突破自我。
客戶服務	待人親切，活潑外向，話題多元，口齒清晰，說話有條理及說服力，並且提供客戶高品質服務。
學習態度	能不斷充實自己的專業知識，並主動吸收新知，時時關心世界局勢與社會動態。
風險控管	膽大心細，做事穩健，觀察細微，迅速正確地判斷異常情況，不會做毫無把握的事。
團隊精神	能與他人合作，公司政策配合度高，且會從整體的利益考量，為團體爭取最高榮譽。
挫折忍受力	有毅力，雖遭受挫折，亦不輕言放棄，且能有效紓解壓力。

資料來源：鄭瀛川、許正聖（1996）。《高效能面談手冊》，頁23。台北：世台管理顧問公司。

這樣的人才，因善於社交、言談，適合做外交方面的工作。

(二)情緒穩定性

個性隨和，不常有焦慮、沮喪、適應不良的情形。這種人才，能夠

與人愉快合作，給人以信任的感覺，適合做協調方面的工作。

(三)勤勉審慎性

在工作績效方面，勤勉審慎性被發現幾乎能預測所有工作的績效，包含：

1.成就導向、做事努力、有始有終、追求卓越。
2.負責、守紀律、循規蹈矩、謹慎有責任感。

這種人才，具有強烈的責任感、可靠性，適合單獨負責一個專案，委以大任。

(四)親和性

待人友善、容易相處、寬容心。這種人才適合做決策者，不以物喜，不以己悲，能夠冷靜處事，善於分析（高占龍，2006：193）。

(五)對新奇事物的接受度

對新奇事物的接受度能預測創新型工作，包含：富想像力、喜歡思考、求新求變。這種人才個體聰明、敏銳，適合做開拓創新型的工作。

在工作行爲方面，勤勉審慎與親和性被發現都能預測助人行爲（如主動幫助同事或顧客）及遵守公司規則的行爲。此外，親和性能預測團隊合作行爲（如願意配合同事的業務），而勤勉審慎性、情緒穩定性和親和性的組合，則能預測所有對企業有害行爲的組合（包括偷竊、侵占、詐欺、毀損公物、暴力攻擊、工作上偷懶、動作遲緩、隨便亂做或濫用病假等）（**表6-10**）（蔡維奇，2000：62-63）。

在文獻中，許多學者曾對五大人格特質向度發展出用以衡量個人特質的問卷。例如：哥斯大（Paul Costa）和麥克瑞（Robert McCrae）於1985年所發展出來的NEO-PI人格量表；1989年又發展出NEO-FFI以及針對NEO-PI加以修正而成的NEO-PI-R，這些量表都在信度與效度上得到了驗證。企業善用五大人格特質，就能量體裁衣，善用人才，眞正實現人盡其才（**表6-11**）。

表6-10　五大人格特質及其構面

構面	次構面	定義
親和性	體貼	表達對他人關心的傾向。
	同理心	能夠瞭解他人經歷，並加以轉換對他人之瞭解的傾向。
	互依性	和他人能良好工作的傾向。
	開放性	接受及尊重個人差異的傾向。
	思慮敏捷	對多元概念和使用有選擇性模式思考之開放程度傾向。
	信任	相信大多數人都是好意的傾向。
勤勉審慎性	注意細節	嚴密及精準的傾向。
	盡忠職守	具有道德義務的傾向。
	責任感	可信及可靠的程度。
	專注工作	對工作方法的自律傾向。
外向性	適應性	能開放的改變或做多方面考量的傾向。
	競爭力	能評估自己表現並和他人做比較的傾向。
	成就需求	有實現個人有意義的目標的強烈驅動力的傾向。
	成長需求	有成就個人事業抱負的傾向。
	活力	高度活躍、有精力的傾向。
	影響力	以自我為中心並表現出自我本位的傾向（具說服及判斷力）。
	主動性	採取行動是積極主動的而非被動或禮貌性的傾向。
	風險承擔	在有限的資訊下願意嘗試的傾向。
	社交性	高度參與社交活動的傾向。
	領導力	扮演領導角色的能力。
情緒穩定性	情緒控制	冷靜傾向。
	負面情感	對事情普遍滿意的傾向。
	樂觀	相信事情都可能的傾向。
	自信	相信自己的能力和技術的傾向。
	壓力承受	沒有不適的身體或情緒上的反應而能忍受有壓力的情境之傾向。
開放學習性	獨立性	自主的傾向。
	創造力	產生獨特的、有原創性的事物及想法的傾向。
	人際機靈	準確獲得和瞭解人際暗示的意涵和使用資訊去達成所欲完成之目標。
	集中思考	能夠經由分析和探測資料，以有系統的主題以瞭解模糊資訊的傾向。
	洞察力	思考具有遠見的傾向。

資料來源：房美玉（2002）。〈儲備幹部人格特質甄選量表之建立與應用：某高科技公司爲例〉。《人力資源學報》，第2卷第1期，頁1-18。

表6-11 NEO-PI-R人格特質五因素

NOE-PI-R 五因素	細刻面（facet）	細刻面主要題目意涵
神經質 Neuroticism	N1：焦慮（Anxiety）	恐懼、憂慮、緊張、神經質、欠自信、欠樂觀
	N2：敵意（Angry Hostility）	暴躁、缺耐性、易怒、心情不穩、緊繃、欠溫和
	N3：憂鬱（Depression）	擔憂、不滿足、欠自信、悲觀、心情不穩、焦慮
	N4：自我意識（Self-Consciousness）	怕羞、欠自信、膽怯、防衛、焦慮
	N5：衝動（Impulsiveness）	心情不穩、急性、諷刺、自我中心、輕率、易怒
	N6：脆弱（Vulnerability）	欠清明思維、欠自信、焦慮、欠效率、欠警覺
外向性 Extraversion	E1：溫馨（Warmth）	友善、易親近、愉快、不冷漠、親切、外向
	E2：群聚（Gregariousness）	愛社交、外向、尋求快樂、健談、不退縮
	E3：堅持（Assertiveness）	侵略、進取、獨斷、自信、強力、狂熱
	E4：活躍（Activity）	精力旺盛、匆忙、快速、積極、決斷、狂熱
	E5：尋求刺激（Excitement Seeking）	尋求快樂、大膽、冒險、迷人、帥氣大方、有精神、靈巧
	E6：正面情緒（Positive Emotions）	熱心、幽默、讚揚、自發、尋求快樂、樂觀、快活
開放性 Openness	O1：幻想（Fantasy）	愛夢想、想像、幽默、淘氣、理想主義、藝術、複雜、難以瞭解
	O2：美感（Aesthetics）	想像、藝術、原創性、狂熱、理想、多才多藝
	O3：情感（Feelings）	易興奮、自發、洞察力、想像、親切、健談
	O4：行動（Actions）	興趣廣、想像、冒險、樂觀、健談、變通
	O5：概念（Ideas）	理想、興趣廣、創作、好奇、想像、洞察力
	O6：價值觀（Values）	不守舊、非傳統、欠謹慎、輕浮
友善性 Agreeableness	A1：信賴（Trust）	諒解、不懷疑、欠小心、欠悲觀、平和、心腸軟
	A2：直率（Straightforwardness）	欠複雜、欠苛求、欠輕浮、欠迷人、欠機靈、欠專制

（續）表6-11　NEO-PI-R人格特質五因素

NOE-PI-R 五因素	細刻面（facet）	細刻面主要題目意涵
友善性 Agreeableness	A3：利他（Altruism）	溫馨、軟心腸、仁慈、慷慨、和藹、容忍、不自私
	A4：順從（Compliance）	不固執、不要求、耐性、容忍、不坦率、心腸軟
	A5：謙虛（Modesty）	不賣弄、不伶俐、不獨斷、不爭辯、欠自信、欠積極、欠理想
	A6：柔嫩心（Tender-Mindedness）	友善、溫馨、同情、軟心腸、仁慈、安定、和藹
嚴謹性 Conscientiousness	C1：能力（Competence）	效率、自信、嚴密、謀略、不混淆、有智能
	C2：秩序（Order）	組織、嚴密、效率、精準、有系統、不粗心
	C3：盡責（Dutifulness）	不防衛、不分心、不粗心、不懶惰、嚴密
	C4：成就驅力（Achievement Striving）	嚴密、雄心、勤奮、進取、堅決、自信、堅持
	C5：自我修養（Self-Discipline）	組織、不懶散、效率、不粗心、富精力、嚴密、勤奮
	C6：深思熟慮（Deliberation）	不急躁、不衝動、不粗心、有耐性、成熟、嚴密、不易怒

資料來源：沈聰益（2003）。《人格五因素模式預測保險業務員銷售績效的效度：NEO-PI-R量表之跨文化檢驗與人格特質架構之實證探討》，頁19。新竹：交通大學經營管理研究所博士論文。

第四節　工作申請表設計

工作申請表是企業內部設計的表格，提供給應徵者塡寫用的，以作為篩選人選的工具，藉此判斷應徵者是否符合工作的最低條件，是選才評鑑中最常用的方法之一。

一、工作申請表的作用

一份精心製作的工作申請表，須具有以下四種功用：

1.它提供了一份關於申請人願意從事這份職務的紀錄。
2.它爲負責面試者提供一份可用於面談時瞭解應徵者的個人傳記。
3.它對於被僱用的應徵者來說，是一份基本的員工檔案紀錄。
4.它可以用於考核選拔過程的有效性。

二、工作申請表設計的內容

通常一份工作申請表包含下列幾個部分：

1.個人基本資料：姓名、性別、住所、聯絡地址等。
2.工作經歷：目前的任職單位及地址、現任職務、薪資、待遇，以及工作簡歷及離職原因。
3.教育與培訓情況：申請人的最高學歷、獲得的學位名稱、語言資格認證種類、技能檢定能力（執照名稱）及所接受過的教育訓練資料。
4.生活及個人健康情況：個人專長、嗜好、健康狀況、家庭成員、有否親屬在本企業內受僱工作、緊急聯絡人的通知等等。

個案6-3 工作申請書

個人資料表

<機密>

照片

編號：＿＿＿＿＿＿（招募任用單位填寫）

應徵類別：＿＿＿＿＿＿ 應徵職稱：＿＿＿＿＿＿

若蒙錄取可於＿＿＿＿年＿＿＿＿月＿＿＿＿報到

聯絡電話：（O）＿＿＿＿＿＿（H）＿＿＿＿＿＿

行動電話：＿＿＿＿＿＿

通訊地址：＿＿＿＿＿＿

戶籍地址：＿＿＿＿＿＿

電子郵件：＿＿＿＿＿＿

個人資料

中文姓名：＿＿＿＿＿＿＿＿＿＿ 英文姓名：＿＿＿＿＿＿＿＿＿＿

性別：□男　□女　　出生日期（年／月／日）＿／＿／＿婚姻：□已　□未

國籍：＿＿＿＿＿＿ 籍貫：＿＿＿＿＿＿ 省（市）＿＿＿＿＿＿ 縣（市）

身分證字號：＿＿＿＿＿＿＿＿＿＿ 護照號碼（外國籍）：＿＿＿＿＿＿＿＿＿＿

兵役：□役畢　□未役　□免.補.國兵役　軍種：＿＿＿ 兵科：＿＿＿ 階級：＿＿＿

服役期間：＿＿＿＿＿＿＿＿＿＿ 未服役者請說明原因：＿＿＿＿＿＿＿＿＿＿

血型：＿＿＿＿＿ 型　　身高：＿＿＿＿＿＿ 公分　　體重：＿＿＿＿＿

學歷

等別	學校名稱	科系	地點	起訖時間				畢業		學位
				年	月	年	月	是	否	
高中										
專科										
大學										
研究所										
其他										

工作經驗

公司	部門	職稱（最後職稱）	月薪	起訖時間		相關經驗年資（主管簽認欄）	主管簽名／日期
				年	月		
						年	
						年	
						年	
						年	
						總計：　年	

目前服務公司

公司名稱：＿＿＿＿＿＿ 地點：＿＿＿＿＿＿ 員工人數約：＿＿＿＿＿＿人

服務部門：＿＿＿＿＿＿＿＿ 職稱：＿＿＿＿＿＿＿＿

隸屬系統：[　　] ← [　　] ←─ ＊＊＊＊＊ ─→ [　　]

（再上一級主管職稱）（直屬主管職稱）（目前的職位）　（屬員職稱）

試簡述個人工作經驗中最嫻熟／最專長之部分（無經驗者免填）：

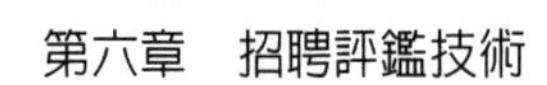

目前薪資狀況

1.底薪（不含任何加給）＿＿＿＿＿＿＿＿ 2.職務津貼 ＿＿＿＿＿＿＿＿

3.交通津貼 ＿＿＿＿＿＿＿＿ 4.伙食津貼 ＿＿＿＿＿＿＿＿

5.生活津貼 ＿＿＿＿＿＿＿＿ 6.其他津貼 ＿＿＿＿＿＿＿＿

7.每月固定收入總計 ＿＿＿＿＿＿＿＿

8.上次調薪日期：＿＿＿＿ 年 ＿＿＿ 月 調幅及金額：＿＿＿ % ＿＿＿ 元

9.預定調薪日期：＿＿＿＿ 年 ＿＿＿ 月 調幅及金額：＿＿＿ % ＿＿＿ 元

10.年終獎金：＿＿＿ 個月　績效獎金：＿＿＿ 個月　季獎金：＿＿＿ 個月

11.年資獎金：＿＿＿ 個月　離職金：＿＿＿ 個月　其他獎金：＿＿＿ 個月

12.員工分紅：股票 ＿＿＿＿ 張　現金 ＿＿＿＿ 個月

13.希望待遇（月薪）：＿＿＿＿＿＿＿＿ 年薪：＿＿＿＿＿＿＿＿

14.最低待遇（月薪）：＿＿＿＿＿＿＿＿ 年薪：＿＿＿＿＿＿＿＿ 否則不接受聘僱

目前福利狀況

工作時數／天：＿＿＿＿＿＿＿＿，休息 ＿＿＿＿＿＿＿＿ 小時

工作天數／週：＿＿＿＿＿＿＿＿ 工作時數／週：＿＿＿＿＿＿＿＿

公司交通車：　□有（免費）　□有（每月扣 ＿＿＿＿＿ 元）

□無，不補助　□無，每月補助 ＿＿＿＿＿ 元

伙食（中餐）：　□有（免費）　□有（每月扣 ＿＿＿＿＿ 元）

□無，自理　□無，每月補助 ＿＿＿＿＿ 元

其他福利狀況：＿＿＿＿＿＿＿＿＿＿＿＿＿＿＿＿

語文能力（請以極佳、佳、平平表示語文程度）

語文	聽	說	讀	寫

家庭狀況（父母、配偶、女子請填於下，兄__人，弟__人，姊__人，妹__人）

稱謂	姓名	年齡	職稱	稱謂	姓名	年齡	職稱

緊急聯絡人：________ 關係：________ 聯絡電話：________

聯絡地址：________

其他

請將任職於本公司之親友填寫於下：
姓名：________ 關係：________

部門：________ 職務：________

嗜好及志趣：________

曾否因案被捕（如曾被捕請說明原因）：________

電腦技能：□WORD □EXCEL □POWER POINT
□其他：________

打字速度（每分鐘字數）：________

專業訓練或特長（特別資格或通過考試檢定）：________

備 □汽車 □機車駕照

請列舉可提供填表人之品性及能力之朋友三人

姓名	服務機構	職稱	聯絡電話

透過何種管道知道有此職缺：

□本公司 ________ 同仁介紹

姓名：________ 部門：________ 職稱：________

□報紙：　□中時　□聯合　□其他：________

□廣告／雜誌 ________

□就業中心 ________

□校園徵才 ________

□自我推薦

□E-mail：

□其他 ________

*本人允許審查本表內所填各項，如有虛報情事，願受解職處分，如蒙錄取則繳交最近一個月之薪資或薪水條及經歷之服務證明

本人簽章：________ 填表日期：________

以下由人事單位填具

員工工號：________ 職等：________

進廠日期：（年／月／日）：____／____／____

年資日期（年／月／日）：____／____／____

復職日期（年／月／日）：____／____／____

異動記錄：

____

____

____

資料來源：台灣應用材料股份有限公司。

三、表格設計注意事項

不同的企業對工作申請表的設計也不盡相同，但諸如種族、膚色、宗教、政黨屬性（政治面貌）等不得列入表內。一般工作申請表設計的注意事項有：

1.在設計工作申請表之前，應該先透過工作分析，找出該工作關聯性的項目，例如：包括應徵者出差的意願、偏好哪些休閒活動，以及具備多少樣的電腦操作經驗等等，以保證每個項目均與勝任某項工作有一定的關係。

2.教育背景方面，乃瞭解應徵者與所申請工作之間的關係。由其教育背景與所申請工作之間的關係，從最適合到最不適合之間給予權數，這個權數與教育程度的高低沒有關係，研究所畢業並不一定是最高的權數，而是所申請的工作和科系之關係爲權數的決定因素。同時，更應該仔細地瞭解所申請工作與在校相關科目所得成績的表現分數，以便瞭解應徵者在課程方面的努力情形，與所申請工作職缺的關係，至於曾受過什麼樣的訓練，更可看出應徵者的基本技術能力的水準（李長貴，2000：176）。

3.在審查求職申請表時，要評估背景材料的可信程度，更要注意應徵者以往經歷中所任職務、技能、知識與申請應徵職位之間的關聯；要分析其離職原因、應徵的動機，對於那些頻繁離職、高職低求、高薪低就的應徵者要作爲疑點一一列出，以便在面試時，加以瞭解。對應徵高階職務者，還須補充其他個人經歷的資格證明（郈啓揚、張衛峰，2003：119-120）。

4.在工作申請表上，除原有印製的文字外，還要有申請者簽名欄，以保證其所塡的資料均爲事實。而這些文字敘述是十分重要的，因爲若查證出應徵者塡寫造假的資料，那麼公司可解僱該名員工。最後，工作申請表上還應該要求應徵者同意其所持之推薦信接受查驗的規定（Mondy & Noe著，莊立民、陳永承譯，2005：165）。

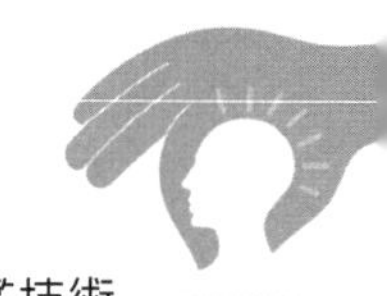

個案6-4　企業應徵方式與特別事項

行業類別	企業名稱	應徵方式	特別事項
金融業	國泰金控	1.書面資料審查 2.通過職能測驗 3.中英文面試 4.高階主管面談	1.具信託、壽險、產險、投資商品、期貨信託、結構商品、外匯、銀行內控證照優先錄取 2.錄取人員需配合公司業務拓展，海內外職務調動
	富邦金控	1.職能評鑑 2.英文口說測驗 3.面試甄選	1.具社團、企業實習經驗 2.具金融相關執照 3.具海外交換、實習學生等國際經驗 4.積極參與社會公益服務及志工經驗
科技業	台積電	1.職缺搜尋（台積電官網） 2.英文及適性測驗 3.面談進行	1.具該職缺相關經驗者尤佳 2.能展現對該職位的熱情與專業 3.具有正直（integrity）的人格特質
	華碩	1.華碩人才招募網 2.邏輯測驗 3.專業測驗 4.口試	1.外語能力 2.相關證照 3.社團活動 4.積極主動的態度 5.確認學經歷背景符合要求 6.個人資料是否備齊 7.對於職缺與公司是否做過深入瞭解
傳產業	統一企業	1.網路投遞履歷 2.履歷篩選兩關 3.面試兩關（最後一關由高階主管面試）	對民生消費產品營運銷售、通路拓展與運籌管理等工作有興趣及專長者
	台塑	1.履歷篩選 2.筆試（適職測驗、國文與英文測驗） 3.面試	1.無工作經驗社會新鮮人 2.理工相關科系專業

行業類別	企業名稱	應徵方式	特別事項
通路服務業	中華航空	1.資格審核 2.紙筆測驗 3.儀器測驗 4.面試 5.體檢審核 6.綜合評量	修護人員需 1.具備三年以上民航機修護經驗 2.具有CAA或FAA修護證照
	台灣高鐵	1.人力銀行線上應徵篩選 2.筆試（英文、邏輯、專業科目測驗） 3.面試	1.站務員最好具運輸業營運或旅客服務經驗 2.服勤員具一年以上顧客服務經驗佳
	統一超商	1.網路投遞履歷 2.專業適職測驗 3.工作動力測驗	積極主動、顧客導向、決策能力佳、善於溝通協調、喜高挑戰性工作
	王品	1.網路投遞履歷或現場徵才 2.性格測驗 3.口試	具服務業特質與經驗者
外商	台灣微軟（Microsoft）	1.筆試 2.英文口試 3.起碼兩輪以上面試	能數據化或其他方式確切地舉證自己過往的成績
	台灣國際商業機器（IBM）	1.筆試（邏輯、圖像、數理） 2.至少兩次面試（英文口試）	參與不一樣的專案，例如跨校性、跨國性專案
其他	中租迪和	1.職能性格測驗 2.面試 3.特定職位視情況進行簡報	語言能力佳，且具有被移動性的人才尤佳，會更有機會派外往海外

資料來源：林讓均、許瓊文、梁任瑋、蔡曜蓮（2013）。〈20大企業應徵方式及錄取標準〉。《今周刊》，第841期（2013/02/04），頁133-136。

第五節　選才的方法

當企業招募人員的信息傳遞後，勢必收到若干應徵者資料，然後經由下列作業程序，才能從徵才、選才到正式錄用合適人選。

一、選才作業

選才作業可分爲「過濾履歷表」與「進行面試」兩部分。

(一)過濾履歷表

履歷表隨著時間，其效度會慢慢降低，故面試時，都以測驗及試作來加強其效度及相關性的確定。例如：某半導體公司在面試時，會用電腦題庫做性向、智商、英文程度、特殊專長的測驗。做完測驗，即將其成績計算出來，作爲參考的數值，但是這只是一項技能的檢定，還是要藉由面談的過程，來瞭解應徵者是否能接受公司的理念及文化。

(二)進行面試

誠如台積創辦人張忠謀在交通大學開課時所提到的：「台積要用的人是志（願景）同道（企業文化）合的人」。所以，企業在招募時，除了瞭解應徵者是否具有技能外，還要注意和公司的願景及企業文化是否吻合。

由於一般的企業都會讓用人主管進行面談，爲了讓主管能在面談當中蒐集有用的資訊，有效的評估應徵者是否具備各項工作的需求，企業必須對用人主管進行如何主持面談及對應徵者提供的資料如何評估的訓練。

二、選才成功的秘訣

正直徵才公司（Integrity Search Inc.）曾經對九百位溝通專家做了一次問卷調查，請他們回憶當初自己應徵職位時，最受挫折的項目爲何。結果發現，他們最不滿意的項目包括：同時由兩位以上的主考官面談

（14%）；過程太長且太複雜（17%）；下一個步驟不明確（23%）；被要求等候的時間太長且不合理（24%）；應徵職位的描述不夠清楚或不一致（27%）；缺乏回饋或覺得自己沒有地位（38%），以及面談未充分準備或沒有重點（39%）（EMBA世界經理文摘編輯部，1998/07：17）。

選才是企業用人重要的一環，所以想要選才成功，有以下之秘訣可循：

1.清楚地呈現招募及甄選爲組織帶來的效益。詳實明確的用才條件及標準。
2.清楚地定義角色及責任。
3.發展技巧。用人主管的選才及面談技巧都可以透過訓練學習，但千萬不要盲目一味迷信面相、八字及紫微斗數等。
4.一致化系統與流程。
5.事先設計面談題目，提供清楚的衡量標準。
6.精確安排面談過程。
7.決定如何做決策。
8.試用期間的緩衝。針對不同的職務有不同的試用期，例如直接人員的試用期一般爲四十天，資訊人員的試用期則須長達三至六個月。

結　語

招聘評鑑的方式非常之多，測驗的目的都是爲了求證工作能力、個性（人格特質）和專門技術。成績測驗是測試專門技術；性向測驗是測試應徵者的先天能力；智力測驗是測試思考分析的能力；興趣測驗是爲了瞭解應徵者的好惡；心理測驗是探討應徵者的心理狀態。爲企業找到對的人是企業永續經營的重要關鍵，人力資源部門若能善用選才評鑑工具，必能將人力的效用發揮至最高點。

第七章
選才面談技巧

- 甄選面試作業
- 招募面談的類型
- 實際工作預覽
- 招募面試陷阱
- 甄選面試技巧

凡偏體搖頭，蛇行雀躍，腰折項歪，俱不好之相。

——明朝・《柳莊神相》

選才是依據職務需求的條件，透過科學的方法與誠懇的面談，讓應徵者與求才者能彼此互相瞭解，進而決定是否訂定聘僱契約，共同爲彼此之利益而努力。

對企業而言，選才是非常重要的，因爲應徵者良莠不齊，唯有透過縝密的選才過程，才能爲組織延聘最適合的優秀人才，而甄選面談是企業最常見用以蒐集應徵者資訊，並且利用這些資訊做甄選決策的工具之一（**圖7-1**）。

第一節　甄選面試作業

甄選面試是一種最古老、最廣泛用來蒐集應徵者資訊，並且利用這種資訊作爲甄選決策工具的評量方法。運用面試方法，可以看出應徵者在

個案7-1　體貼的小動作

每當求職者接到戈爾公司（Gore & Associates）的面試通知時，會發現附上一份Google地圖，內容是從求職者家裡到公司的路線，還列出最佳的路線及預估交通時間。這個目的是緩和多數求職者面試前的緊張情緒。

提供地圖雖然只是公司的一個體貼的小動作，不過求職者可不這麼認為，提供地圖能讓求職者不會迷路並能準時出席，除了替自己製造第一個好印象，同時也是尊重面試官個人時間安排的表現。

戈爾公司的例子說明，一個好的舉動往往會引發更多正面的效應。

資料來源：Steve Harrison著，陳鴻旻譯（2007）。《經理小動作，公司大不同》，頁95。台北：美商麥格羅・希爾。

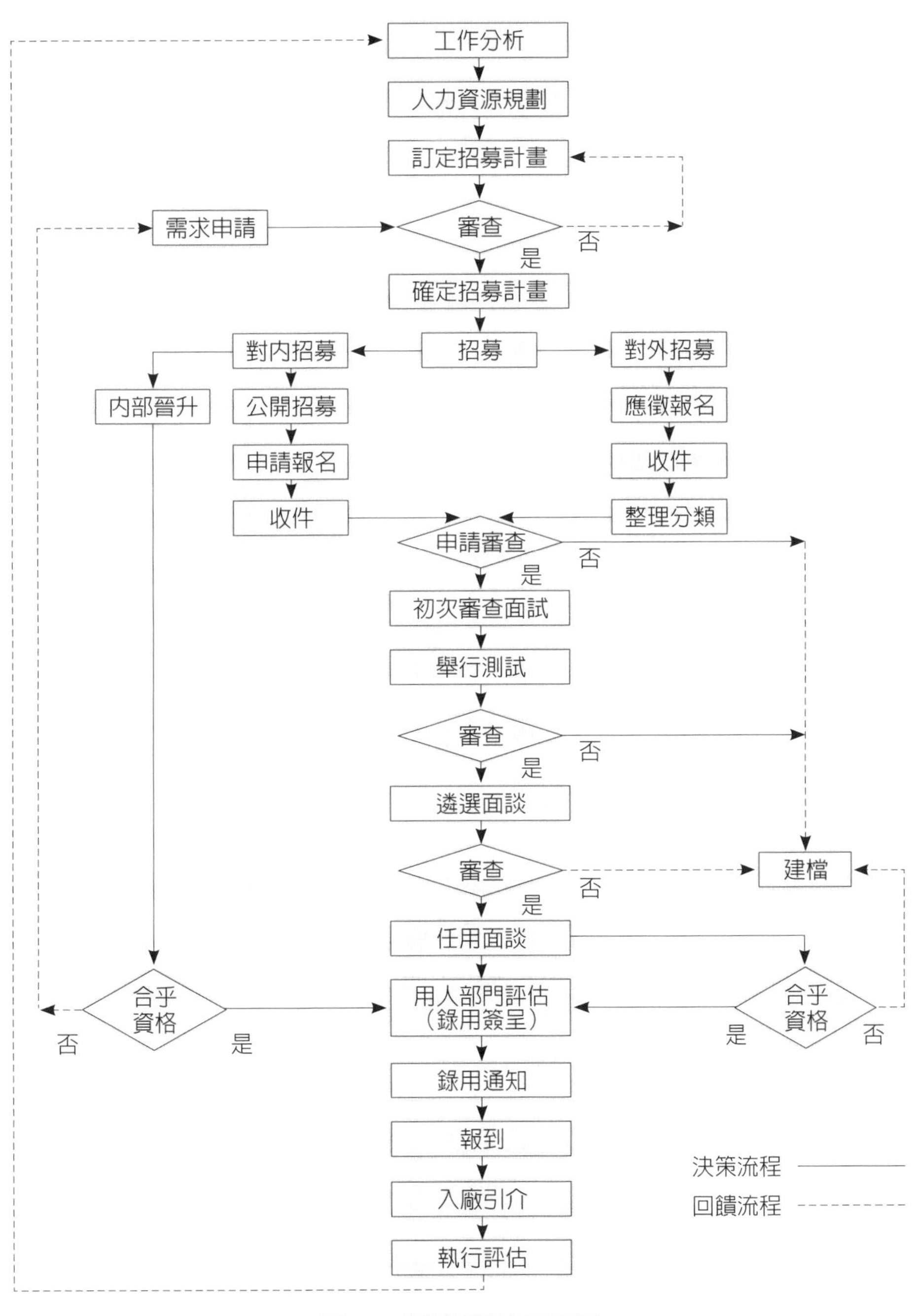

圖7-1　招募甄選之程序圖

資料來源：吳秉恩（2012）。《高階人力資源管理：分享式觀點》，頁140。台北：華泰文化。

工作申請表上無法顯示出的資訊及一些非語言行爲，諸如：身體姿態、表情舉止、眼光移動、說話的分寸等，都可以經由面對面的觀察、瞭解作爲評量錄用人選的參考。

一、招聘面試的目的

招聘面試的主要目的，就是爲職缺選擇合適的人來工作，經由面試者和應徵者雙方口頭上的信息溝通、互動和態度上的觀察，獲得自己需要的資訊，以便做最好的決定（**圖7-2**）。

1.瞭解應徵者的人格特質與背景。
2.瞭解應徵者的相關經驗及能力。
3.瞭解應徵者的工作意願（動機）及職涯規劃。
4.提供應徵者所需的資訊（職位、制度、企業文化）。
5.塑造顯現出優質的企業形象，讓應徵者對企業留下良好而深刻印象。
6.選擇符合職位標準的最適合人才。（楊平遠，2000：65）

二、面試周邊環境的布置

面試就是一場考試，這毫無疑義。對面試周邊環境加以妥善管理，排除面試過程中外界因素的干擾，確保面試雙方的信息溝通暢通無阻，不僅有助於面試者的面試工作順利進行，而且也有向應徵者展示良好的企業形象的功用（**表7-1**）。

◆選擇合適的面試場所

如果企業坐落在比較偏遠的地區，面試場所就應儘量選擇在企業外部交通便捷而且體面的場所（知名度較高的飯店或咖啡廳）進行，以利應徵者容易尋找。面試場所的一切與環境不和諧的因素，都有可能分散應徵者的注意力，在招聘面試中，面試者和應徵者之間的互動溝通，主要透過觀察、交談等方式來完成。

準備	
人才需求條件 1.組織文化 2.工作分析 3.未來發展	應徵者資料 1.履歷表 2.成績單 3.測驗成績

→

複習
面談步驟 1.寒暄 2.前導問題的使用 3.進入正題 4.結束面談前之動作

→

擬定	
面談主題 1.工作經驗 2.教育背景 3.興趣與活動 4.個人的優缺點	問題設定 1.是否符合工作條件 2.是否與組織文化一致 3.是否有動機 4.未來的遠景

→

進行式
面談 1.面談者注意事項 2.面談者運用之技巧 3.控制面談程序之進行 4.避免面談者常犯的錯誤

→

檢視
檢視所蒐集之資料 1.蒐集不足的資料 2.進行相關資料驗證 3.與其他面談主管討論

→

記錄
填寫面談記錄 1.應徵者資料 2.評分項目 3.加註評分者意見 4.總評 5.註明面談主管資料

→

評估
評估應徵者 1.應徵者有無能力擔任工作？ 2.應徵者是否願意接受這份工作？ 3.應徵者行為、性格適合公司組織文化嗎？ 4.應徵者居住地家庭及其他因素對其工作上的影響？

→

任用
1.依甄選標準任用 2.備取人才 3.立即做決定 4.立即安排報到 5.寄發錄取通知書 6.婉拒不適任者

→

自我查核
自我查核及改進 1.面談準備工作查核 2.面談技巧查核 3.資料蒐集查核 4.面談成效查核 5.面談後工作查核

圖7-2　甄選面談流程

資料來源：鄭瀛川、許正聖（1996）。《高效能面談手冊》，頁14。台北：世台管理顧問公司。

表7-1　面試環境的指導原則

・選擇一處沒有任何干擾的安靜環境。 ・選擇一處溫度適宜、燈光柔和的環境。 ・給雙方安排舒適的座位。 ・面試官與應聘者之間保持有助於溝通的距離。 ・雙方座位的安排應有一個角度，這樣既可以進行目光交流，又不會把應徵者直接置於面試官辦公桌的正面。 ・減少各種干擾（各種打擾、電話鈴聲、引起注意的文件、電腦螢幕、外部噪音）。許多有經驗的應徵者能夠輕鬆地從反方向倒讀著讀文件，所以要把所有可能分散面試注意力的東西收起來。 ・減少面試時段阻礙溝通的各種障礙（凌亂的辦公桌、氣勢凌人的座位安排）。如果可能，可考慮使用圓桌，以盡可能縮小雙方之間的權力差距。

資料來源：R. Camp、M. E. Vielhaber、J. L. Simonetti著，葉曉輝、劉源譯；劉吉、張國華主編（2002）。《面試戰略：如何招聘優秀員工》（*Strategic Interviewing: How to Hire Good People*），頁101。上海：交通大學出版社。

個案7-2　優先處理面談

為了找到適任的職員，英特爾的求職者必須接受多達六位主管的面談，而這些主管莫不以面談為優先的工作。

曾經有一位正在進行面談的主管拒絕終止面談而去接聽公司總裁打來的電話，「因為我有一位求職者在此。」

甚至創辦人兼董事長安德魯・葛羅夫（Andrew S. Grove）本人都參與大學剛畢業的求職者的面談工作，如果有幾十家公司都有意任用某位極優秀的人才，葛羅夫就會親自寫一封信，誠懇地告訴他應該加入英特爾的理由，求職者常會為之所動。

資料來源：Robert Heller著，戴保堂譯（2003）。《安德魯・葛羅夫》，頁65。台北：龍齡。

◆面試場所的擺設

桌子的擺設不要過多的裝飾物或不相干文件，手機要關機，室內溫度適中，不要有過強的光源（光線），不要在有異味的場所面談。營造一個和諧、優雅、安靜、色彩柔和、溫度適宜、空氣清新的面談環境，確保雙方能夠輕鬆自如地交流，從而使面試中的信息溝通獲得最大的成效。

營造一個理想的面試環境，不僅有助於透過面試聘請到企業所需的優秀人才，還能夠塑造專業、負責、尊重人才及積極進取的企業形象（藍虹波，2005/12：53）。

三、面試提問的方式

按照面試的提問方式，可分爲封閉式提問、開放式提問、引導性提問、壓迫性提問、連串性提問和假設性提問等六種。

(一)封閉式提問

它只需要應徵者做出簡單的回答，一般以「是」或者「不是」來回答，至多加一句簡單的說明。這種提問方式只是爲了明確某些不甚確實的信息，或充當過渡性的提問。

(二)開放式提問

這是一種鼓勵應徵者自由發揮的提問方式。在應徵者回答問題的過程中，面試者可以對應徵者的邏輯思維能力、語言表達能力等進行評價。

(三)引導性提問

當涉及薪資、福利、工作安排等問題時，透過這種引導性的提問方式徵詢應徵人的意向、需要和一些較爲肯定的回答。

(四)壓迫性提問

主要用於考察應徵者在壓力情形下的反應。提問都從應徵者的矛盾談話中引出話題，比如：面試過程中，應徵者表示出對原單位工作很滿意，而又急於找工作，面試者可針對這一矛盾進行質詢，形成一種壓迫性的談話。

(五)連串性提問

主要考察應徵者的反應能力、思維的邏輯性、條理性及情緒穩定性。面試者向應徵者提出一連串問題給應徵者造成一定的壓力，這也是這種提問方式的目的之一，例如面試者可以對應徵者說：「我有三個問題：第一，你爲什麼離開原來的單位？第二，你若到我們公司工作，有什麼打算？第三，如果你到我們公司工作後，發現新工作和你所期望的工作有差距，你會怎麼辦？」

(六)假設性提問

它是採用虛擬的提問方式，目的是爲了考察應徵者的應變能力、思維能力和解決問題能力。例如，面試者可以這樣提問：「你現在工作不錯，福利也很好，如果我是你，會留在原單位工作，你認爲呢？」虛擬式語句有時會收到很好的提問效果（王繼承，2001：170-171）。

面試者在提問上述問題後，要始終表現出認眞傾聽的態度，並對應徵者交代不清楚的疑點提出進一步解釋。在面談過程中，面談者必須留意下列的情事：(1)不要提出狡猾的問題；(2)面談形式及氣氛不要呆板；(3)不要表露無聊的感覺或不耐煩的態度；這些都會使面談的效果大打折扣（**表7-2**）。

表7-2　選聘精英5步法（POWER Hiring）

方法	內容
業績描述（Performance profiles）	根據真實的工作情況來制訂工作要求。大多數工作要求都列出了技能、必備的工作經驗、專業、能力以及個性特點等要求，但卻很少涉及工作的職責與義務。
客觀評價（Objective evaluations）	為所有面試官提供一份簡單易學的、可以用來準確評價應聘者能力的問題。
廣泛搜尋（Wide ranging sourcing）	瞭解什麼因素使精英人才考慮接受一項工作，然後圍繞這些需求來建立您的搜尋和聘用人才的策略。
情緒控制（Emotional control）	學習如何克服過渡依賴直覺與情緒來做出僱用決策的自然傾向。
正確招聘（Recruiting right）	使用協商的方式而不是交易的方式來進行談判並最終發出聘用通知。

資料來源：Lou Adler著，張華、朱樺譯（2004）。《選聘精英5步法》（*Hire with You Head: Using Power Hiring to Build Great Companies*），封面介紹文字。北京：機械工業出版社。

小常識　求職者有無傾聽能力

在企業環境中，只聽不說太常被視為是弱點。事實上，積極傾聽的人是透過不同的方法獲得場面主控權，注意說話對象的種種細節，包括手勢、停頓、言外之意等。擁有傾聽的能力是一種重要的特質，代表了耐心與禮貌。

資料來源：編輯部。〈你一定要知道的徵才守則〉。《EMBA世界經理文摘》，第306期（2012/02），頁137。

第二節　招募面談的類型

目前有越來越多的管道，可以讓應徵者得到許多訊息，在面試前演練「應對得體」的答案。要如何從眾多的應徵者當中選出眞正需要的人才，恐怕是面試者的一大挑戰。美國著名形象設計師莫利曾對美國一百位執行長（CEO）進行過調查，結果顯示，93%的人相信在首次面試中，求職者會由於不合適的穿著和舉止而遭到拒絕。而有相當多的求職者會在面試之前預備將出現的問題的答案，然後對著鏡子精心「演練」自己的一言一行，這種各式各樣的努力，都是爲了給別人留下一個好印象。這種讓別人對自己形成某種印象的過程，在心理學中稱爲印象管理（impression management）也叫自我呈現（self-presentation），在使用印象管理技術的應徵者中，關注自身優點（自我抬高）的應徵者得到的評價高於那些僅想關注面試者（抬舉他人）的應徵者（侯箴，2006/11：50-51）。

面談的類型，可依其結構化的程度，分爲結構式面談（structured interview）與非結構式面談（unstructured interview）兩類。一般來說，應用「結構化面試」才能找到對的人上車。

一、面試的類型

面試採用的種類，會因徵才的職位別不同而有所不同的選擇，約可分爲預選面試（preliminary interview）、一對一面談（one-to-

one interview）、團體面試（group interview）、壓力面試（stress interview）、行爲描述式面試（behavior description interview）、情境式面談（situational interview）和資訊式面談（informational interview）等七種。

(一)預選面試

甄選程序一開始通常爲預選面試，一般係於電話面試爲主。這種最初的篩選過程，主要是爲了淘汰那些明顯不符合職位條件需求的應徵者。在這一階段，面試者提問的通常較簡單且直接有力的問題，例如：某位職位需要的是有特別證書（如會計師執照），如果一位應徵者在這方面的答案是否定的，那麼面試者也就不必要再繼續問其他的問題，否則對彼此來說只是浪費時間而已（R. Wayne Mondy等著，莊立民、陳永承譯，2005：163）。

(二)一對一面談

在典型的面試中，通常採用一位面試者與一位應徵者進行一對一面試。對應徵者而言，面試可能是一種高度需要訴諸情感的場合，因此，在單獨與面試者相處的情況下，通常是較不具威脅性的。這種方法所提供的面試環境，能使面試者與應徵者之間的資訊交流情形較有效率。

(三)團體面試

團體面試〔群體約談或小組面試（board/panel interviews）〕，係指多位應徵者被安排在同一時間接受公司派出的多位面試者（諸如：未來的同儕、部屬、主管）共同評估應徵者的互動與表現。藉由這種方式，多位面試者能觀察到應徵者在團隊中的表現情形，也就是人際關係技巧的能力表現。

企業實施團體面試的原因有：

1.這種面試方式既省時又有效。所有面試人員齊聚一堂，這樣應徵者就不需要在不同辦公室走來走去，接受不同面試者的問話。
2.資訊取得的一致性。應徵者只要陳述一遍，而不必向不同的面試人員重複陳述。同樣地，因爲面試人員在同一處面試會場裡，應徵者也因此能得到一致的資訊。

採用團體面試法，可以讓所有參與面談者以更全面性的觀點瞭解應徵者，同時也讓應徵者有機會從各種不同角度來更瞭解公司。這種型態所得到的面試結果，因多人會談一位應徵者，其效度與信度均高，然而其缺點則是耗費組織較多的資源與人力，以及可能對應徵者形成壓力等等。

(四)壓力面試

壓力面試，是指面試者有意地設計一種讓應徵者感覺到壓力或不舒服的一種面試方式。在有壓力情況下，藉以觀察應徵者會如何反應工作上所可能帶來的壓力，或是測驗應徵者對自我的壓力容忍度。如果採用壓力面試，可以選擇空間比較狹小的場所，這樣的場所有利於突顯出面試的嚴

個案7-3　**西南航空集體面談**

西南航空（Southwest Airlines）對部分工作的應徵者採取集體面試。他們讓應徵者坐在一起交談，面試者則從旁觀察這些人的行為。要試驗一名應徵者是否不自私，西南航空使用一種不算很有創見的方法，然後分析其結果作為僱用的參考。

面試者請一群應徵者準備五分鐘的自我介紹，並且給他們很長的時間準備，在某人做自我介紹時，面試者並不只是在看那個人，而是在看其他的應徵者是在準備自己的自我介紹，還是在熱心的鼓掌支持可能成為他們同事的人。

能支持同事而不自私的人，才會受到西南航空的注意，當別人在講話時，只管自顧自的準備自己演講的人，是不會受到重視的。

資料來源：K. L. Freiberg、J. A. Freiberg著，董更生譯（1999）。《西南航空：讓員工熱愛公司的瘋狂處方》，頁64-65。台北：智庫文化。

肅性，能使應徵者產生壓力感，可以測試出其心理承受能力，是找出應徵者性格特性的最佳方式。

個案7-4　壓力面試

英國《泰晤士報》報導，俄羅斯商界競爭愈來愈激烈，一些雇主因此採用所謂的高壓面談，協助他們找到適任的員工。面試官可能詢問應徵者非常私密的尷尬問題，甚至故意咆哮、丟水杯，希望測試應徵者的臨場反應。

娜塔莎‧葛里希就遭遇過這種場面。最初面試的氣氛並無不對，直到面前的女面試官開始發飆，對著娜塔莎咆哮，指控她履歷造假，她要娜塔莎滾出去，在她離開時，還將她的履歷往地上丟。

第二天，同一名考官打電話給她，說她通過了面對破口大罵的口試，並通知她去上班。對方解釋，她只是假裝罵人，以瞭解應徵者遭遇棘手狀況時的反應。

二十六歲的娜塔莎說，事情讓她驚訝到難以接受，所以她也要對方滾一邊去。

三十二歲的阿戈什爾娜曾到一家獵人頭公司去面試，考官先是祝賀她通過了面試，但是卻要求她必須去染髮、做整容手術，一切費用由公司包辦。阿戈什爾娜當時就很生氣，覺得被羞辱了，於是破口大罵，結果，她沒能通過面試。

面試官普遍認為，非傳統的面試方式，更能準確協助他們評估應徵者的潛能。其中以把水杯丟到應徵者身上最為明顯。如果對方展現強烈的侵略攻勢，代表對方有個性，且有領袖特質。若是對方沒有反應，代表他或她會是老闆的最佳副手，野心不大，也不具威脅性。

資料來源：王麗娟（2006）。〈面試工作先挺過俄人「罵」〉。《聯合報》（2006/07/03），A14版。

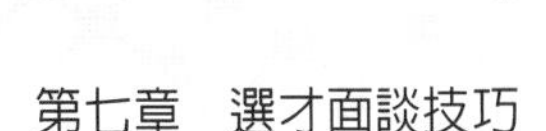

在壓力面試中，面試者會故意詢問應徵者一些直率且不禮貌的問題，以使應徵者感到不舒服的氣氛，這樣做的目的，是爲了測驗應徵者對壓力的容忍度有多大。如果在工作本身的工作環境中，就必須面臨高度的壓力，那麼應徵者就必須具有承受壓力的容忍度才行。

(五)行爲描述式面試

應徵者是否能夠勝任該項職位的工作，可以從他們過去實際做過的經驗（類似的狀況及其行爲反應）爲基礎看出大概，來預測應徵者被錄取後的未來工作表現，此即行爲描述式面試。例如問：「你在過去的職務中，最喜歡哪一類工作？」這可以瞭解應徵者過去對工作的反應，未來將會發生類似問題的解決思維模式。

(六)情境式面談

情境式面談，係主張應該將應徵者放在與日後工作極爲類似（假設）的環境、情境中，來考驗其如何處理（思考邏輯）及反應（行爲反應）。例如問：「顧客若抱怨產品品質不良時，要如何處理？」或者問：「救生艇在外海遭擱淺，爲了保存糧食，必須立刻決定要把那位夥伴丟下船。」救生艇的擱淺，跟應徵者在找的工作沒有關係，但當應徵者在回答會如何做出決策時，面試者就可以因爲應徵者的答案而更瞭解應徵者所做的反應。

(七)資訊式面談

資訊式面談的問題形式比較一般性，可能與工作相關或不相關，例如，最近石化業界發生的工安事件的處理過程，你的看法如何。

一般而言，面試時可同時使用上述的各種方式，但是對於中、高階主管的職務，可使用「行爲描述式面談」，以呈現應徵者之具體經驗與成就，而對於學校剛畢業或尚無相關工作經驗者，「情境式面試」則較爲合適（施義輝，2006/03：113）。

小常識　創造最佳面試氣氛的要點

· 以友好的眼神和微笑開始面談，因為微笑會打破僵局。
· 花幾分鐘的時間輕鬆談論天氣、交通、運動和沒有爭議的話題。
· 如果可能，遞給求職者一杯飲料。
· 關掉手機，保證面試不會因打擾而中斷。
· 解釋一下面試的程序，說明你將對面試的回答做記錄，並讓求職者知道他什麼時候有機會提問。
· 提供一個確切的最後人選的時間，記住！在稀缺人才市場上，人選決定越快越好。
· 尊重求職者，因為即使他不被聘用，他也有可能成為你的一名客戶，甚至推薦其他求職者給你面試。

資料來源：Carol Quinn著，任英梅譯（2003）。《獵頭眼光：尋找最優秀的人爲你工作》，頁57-58。北京：人民郵電出版社。

二、非結構式面試

非結構式面試又稱爲非引導式面談，係屬直覺判斷法，它並沒有預設的問題清單，而是採用自由回答的問話方式，由前一個問題不斷引出新的問題，再請應徵者回答。所以，應徵者回答的答案未必有標準答案可供參考比較。諸如問：「告訴我，上個工作的情況？」它確實可提供一個較輕鬆的面談氣氛。

因爲在非結構式面談中，應徵者有自由發揮的空間，因此，面試者會注意到任何可能隱藏在結構式詢問背後的資訊、態度或感覺，它較能瞭解應徵者的人格特質，這是非結構式面談特別有價值之處。

然而，這類型的面試，也會造成一些問題，諸如問題的詢問缺乏有條理的範圍，而且非常容易受到面試者個人偏見的影響。所以，非結構式面試的效度與信度可能最低，因爲面試者的主觀意識會影響其面試結果。

三、結構式面試

近年來，結構式面試越來越廣泛地被採用。據統計，非結構式面試

在預測員工在職表現的準確度僅20%，結構式面試則爲50%，結構式面試的效度高於非結構式的面試效度，常用於初試階段的面談。

結構式面試屬於標準面談法，它是透過精心的設計，即時考察應徵者的語言表達、人際溝通、思維反應能力。它是在工作分析爲基礎的預設大綱來引導的面試，經由這個大綱的應用，面試者保持對面試過程與問話的掌控，應徵者的所有相關資料都被有條理地詢問（**表7-3**）。

表7-3　面談探尋問題之方向與所要瞭解的項目

問題	探尋問題之方向	所要瞭解的項目
外表與談吐	衣著整齊、說話清楚、體格健康	儀表、態度、自我表達能力
工作經驗	談一談你過去和現在的工作經驗？你現在負有多少職責？	曾任工作與職缺是否相關
	你能否描述一下自己一整天大致做些什麼工作？	對自己工作的瞭解與安排
	在工作中，你最喜歡的是哪項工作？最不喜歡的工作是什麼？	瞭解工作的興趣
	什麼工作做得最滿意？什麼最不滿意？	追求工作的成就感
	當你遇到困難的事，你如何克服？請舉例說明	克服困難的方法
	什麼原因使你決定離開目前的工作？	瞭解離職的原因
	你能告訴我為什麼你對這職位發生興趣？未來希望從工作中追求什麼？	自我成長突破的動機
	如果公司聘用你，你未來短期與長期的工作目標是什麼？	志向與抱負
專業技能與知識	你認為一個人應具備哪些條件才能在這個專業職位上勝任工作？	對專業知識的瞭解
	你在上一個職位是因為具有哪些長處，才使你的工作有成果？	瞭解他的長處對工作的影響
	你如何建立一套生產流程制度，舉例說明。	工作能力
態度與個性	你與以前的上司相處得如何？你能形容一下你遇到最好的主管嗎？最不好相處的主管？	上行溝通能力（領導風格）
	你認為你以前的主管會給你的評語是什麼？好的方面是什麼？不好的方面又是哪些？	以前主管的風評
	你認為自己的優點是什麼？比較弱的缺點是什麼？	自我瞭解的能力

（續）表7-3　面談探尋問題之方向與所要瞭解的項目

問題	探尋問題之方向	所要瞭解的項目
態度與個性	在你以往及各職位中，你做了哪些冒險？冒險之後的結果又如何？	承擔風險的能力
	在與同事相處中，你覺得最難相處的人是哪種人？	與人相處的融洽
	別人或同事給你的建設性批評是什麼？讚賞又是什麼？	對他人尊重
	到目前為止，在你的職業生涯中，最大的成就是什麼？最大的挫折（失望）又是什麼？	成就與挫折的感受度
	工作不順利時，你是如何處理的？	成熟度
教育背景	在學校你最喜歡的課程是什麼？	對工作有否幫助
	你在學校的成績如何？	用功程度
	你在學校參加過哪些社團活動？曾擔任過社團幹部嗎？擔任班級幹部嗎？對你有何影響？	人際關係
	你有無考慮日後繼續進修或接受什麼訓練？	個人成長的計畫
	在學期間，你得過哪些獎項？	努力的程度
健康狀況	去年，你一共請假多少天？為什麼？	勤奮與責任
	依你的身體狀況，你最適合哪一類型的工作？	腦力或體力
	在以往的工作中，是否曾因健康或意外事故而對績效產生很大的影響，讓你覺得很遺憾？	病歷
興趣與活動	工作之餘，你有哪些興趣？在靜態與動態方面？	好動或好靜的個性

資料來源：丁志達（2002）。「有效的甄才與面談技巧」講義。廣東：國基電子公司（廣東省中山廠）。

(一)結構式面試程序的特徵

結構式面試可以促使面試者將面試的焦點擺在應徵職務相關的議題上，並且只詢問與職務有關的問題，因此有助於改善面談的品質，進而提升甄選面談之效標關聯效度。

結構式面試程序，有以下的特徵（**表7-4**）：

1.面談程序是以對工作績效而言重要的工作責任和需求爲基礎。

2.採用的問題有幾種類型，諸如：情境問題、工作知識問題、工作樣本（work sample）／模擬問題等。

小常識　效標關聯效度

效標關聯效度（criterion-related validity）是指一個測驗的分數與外在效標之間的相關程度。它是以經驗性的方法分析測驗分數與外在效標的關係，因此，效標關聯效度又稱為統計效度，或經驗效度。如果測驗分數與效標的相關係數越大，就表示該測驗的效標關聯效度越高；反之，效標關聯效度就越低。

測驗使用者在分析測驗的效標關聯效度時，需要找尋適當的效標資料，而適當的效標至少應該具備客觀性、可靠性、適切性和實用性的特性。

資料來源：葉重新（2000）。《心理與教育測驗》，頁101-104。台北：心理出版社。

表7-4　結構式面試法的優點

優點	說明
簡單易學	由於已預先設定面談結構順序與問題，面試者只要依據個人狀況微幅調整面談的題目，即可依樣畫葫蘆地照章演出。
不會漏問重要問題	因事先規劃與擬定面談的題目，可避免遺漏重要的問題或待釐清的事項。
便於評估答案	由於題目已預先備妥，它能於事前推測應徵者可能回覆的內容，便於評估答案的優劣，或進行更深入的詢問。
易於相互比較	由於所詢問的題目內容大同小異，可較易評估各應徵者的優劣處。
建立專業形象	採用系統性與結構性的面試方式，可以營造面試者的專業形象。

資料來源：林行宜（2006）。〈結構式招募面談〉。《經濟日報》（2006/10/18），A14版。

3.針對每一個問題有預先決定好的樣本（標竿）答案，應徵者所回答的答案，會以五點尺度來評等。

4.進行的程序與面試委員會有關，因此會有好幾個評等者來評估應徵者。

5.在每一次的面談都採用相同的程序，以確保每一個應徵者都有完全相同的機會表現。

6.面試者應做筆記，記錄面談內容，以作爲未來的選才參考資料，並防止日後發生法律上的問題的佐證。（Bohlander & Snell, 2005: 180）

(二)設計結構式面試題注意事項

設計結構式面試的試題，應注意以下幾個方面：

1.應對題目進行仔細審查，看題目是否眞正測量了所要測量的職能特質，也就是面試題目的效度問題。
2.題目應具有較高的區分度與鑑別力，也就是說，素質較高者和素質較低者，在該題目的得分上應該有比較顯著的差異。
3.問題要清晰、易理解，切忌產生歧異。
4.題目儘量採用開放型問題。所謂開放型問題就是指對方不能僅用簡單「是」或「不是」來回答，而必須另外加以解釋的問題。
5.有些題目不能太廣泛，應提供一定的背景資料，否則，大部分面試對象會不知所措，無從談起。

事實上，無論企業招聘什麼樣的人，結構式面試都會被用到，而且在彙總各項選才評鑑結果而做出最終的決定時，面試的結果所占的比重也越來越大。面試也是企業對最有希望聘用的應徵者的最後一次把關，因此，面試者切不可把面試當作招聘中的一種例行公事，而要認眞慎重地對待它（**表7-5**）（符益群、淩文輇，2004/02：70）。

表7-5　觀察應徵者舉止言行重點

項目	觀察重點
智力	・答案的深度思路 ・應徵者所提出的問題是否中肯、有見地 ・警覺性的高低 ・應徵者的成績和名次排序
氣質	・應徵者對警衛、接待員的行為表現 ・應徵者喜愛哪類的休閒活動（交際或孤獨） ・當你要求應徵者多做明確的答覆時，他的反應如何 ・面試時，這位應徵者是否一直很愉快應答
創意和應變力	・以前職務上的創意表現 ・過去解決難題的事實證據 ・使複雜的問題簡單化的能力
自信	・身體語言（特別是眼光的接觸） ・講話聲音的穩定度 ・談及自己的才幹和表現時，能不能做到少用「我」字

（續）表7-5　觀察應徵者舉止言行重點

項目	觀察重點
工作動機	·穩當的升遷資歷 ·野心的顯現 ·對你公司瞭解的程度

資料來源：Robert Half著，余國芳譯（1987）。《人才僱用決策》，頁102-105。台北：遠流出版公司。

第三節　實際工作預覽

傳統上，招聘方案中的訊息被認爲是在推銷公司、宣傳公司是一個良好的工作場所的手法，因此，它一般是正面的表述，例如：豐富的薪資、和諧的同事關係、一流的設備、升遷機會多、海外培訓、優厚的福利，以及富有工作挑戰性等都是強調的內容，但是企業提供的職缺，其工作條件是絕對沒有辦法適合所有應徵者的期望，例如有些人不習慣在工作時穿防塵衣。所以傳統的「正面」招聘訊息會使應徵者產生在實際工作中無法實現的錯誤預期，這種差距會導致錄用後的員工對組織缺乏忠誠度，甚至離職。

小常識　追問的技巧

面談時，面試官要善用「追問」的技巧，及針對人選回覆的答案接續發問。例如，有些人的工作經驗有不接續的狀況，當面試官問他原因時，有些人會說他是去遊學或旅行，面試官就可以再追問細節，例如問他：「當初為何會決定做這件事？」、「你的目的是什麼？」、「後來有達到你預期的目的嗎？你學到什麼？」等問題。透過追問，面試官才能知道他說的是真的還是假的，以及背後的動機。同時，公司也可以瞭解這個人的執行力，這代表當他決定要去做一件事情，是否會虎頭蛇尾，還是執行力很高。

資料來源：編輯部。〈如何面談中高階主管人選〉。《EMBA世界經理文摘》，第307期（2012/03），頁132-133。

一、實際工作預覽

學者約翰・萬諾思（John Wanous）建議採用實際工作預覽（Realistic Job Preview, RJF）來招聘員工。它是以一種公正的方式，將工作的詳細內容資料傳達給應徵者，這份資料中包括有正、反兩方面的資料，應徵者既看到了工作積極的一面，也看到了工作消極的一面。舉例而言，面試者除了應說明工作本身的所需擔任的職務、應徵者應具備的條件，以及公司的政策及程序等正面條件外，也應告訴應徵者在執行該工作時，將不會有很多與其他人交談的機會，或者告訴當事人該工作的工作量時多時少，多而緊急的時候可能會帶來很大的工作壓力。有了這份資料，應徵者能更加瞭解關於工作和公司的實質內容。例如：南新英格蘭電話公司（Southern New England Telephone）爲那些潛在的接線員製作了一部影片，向他們清楚地說明這份工作的監督很嚴格，重複性強，有時還需要應付粗魯的或令人不愉快的顧客。這種信息導致了一個自我甄選的過程，有的應徵者很看重工作的這些消極面，就自動地退出了申請，而那些留下來應徵群體中的人，具備了對工作要求和特點的接受度（Gatewood & Feild著，薛在興、張林、崔秀明譯，2005：13）。

二、對組織的潛在影響

一位應徵者事先如果只獲得正面的工作或組織訊息，以後他就有可能成爲影響組織的潛在負面因素。這些因素包括：

1.應徵者可能在事先瞭解工作的全盤眞相，而不會接受該工作，如今在不瞭解的情況下被錄用了，在瞭解眞相後，短時間內便辭職他就。
2.缺乏眞實的負面訊息，會使應徵者對工作有不正確的期待，如果因此而錄用了他，該新員工會在短期時間內便表現出不滿，接著是低落的員工滿意度和提早的離職。
3.新進人員如果事先不瞭解工作的實際狀況，以後在面對工作的負面情境時，容易對工作或組織不再存有積極正面的期待，對組織的向心力也因此降低。

事實上，沒有人喜歡在被錄用的過程中有被欺騙或誤導的感覺（Stephen P. Robbins著，李炳林、林思伶譯，2004：8-9）。

三、對離職因素的影響

在大部分組織中，流動經常發生在新僱用的人員之間，特別是那些僅工作六個月內離職的人。這種跳槽員工中，有許多是由於「過分熱心」的面試者引起。面試者透過不眞實地誇大對工作的期望去「過分推銷」工作，但對負面的條件（如加班、出差、輪班等）未能據實以告。當過高的期望不能實現時，那些感到「被過分出賣」的錄取者，對工作不再抱有熱情，且會離開組織。例如：在研發組織中，最常見的是對工作自由度的「限制」，造成員工無法進行自己興趣的研究，之後就會產生一連串如調職、怠惰、離職等副作用。透過給應徵者更多實際的關於工作和組織的信息（不好的以及好的），向應徵者提供實際工作預覽能降低流動率，當應徵者被告知令人不愉快的工作實況時，他們能夠做出更多的是否接受該工作的知情選擇。

一旦向應徵者提供了實際的工作預覽，其中某些人將退出挑選過程，因爲他們的需要和工作需求不相容。例如：當申請「包裹搬運工」職位的應徵者被告知裝船的工作有多麼辛苦時，一些人會收回他們的申請，因爲他們不想如此艱難的工作。然而，那些對該工作存有興趣的應徵者如果被僱用，就有可能留在公司，因爲他們一開始便知道這種工作有多麼艱苦。例如：全錄（XEROX）公司在招聘業務人員的時候，特別放映一部強調推銷業務困難的影片給應徵者看。全錄公司的說法是，可以淘汰那些遇有困難就服輸的人。

四、薪資給付有多少

面試者對於未來提供給應徵者的勞動條件和發展機會應該扼要的說清楚，尤其是薪資。應徵者有權知道工作報酬，但是初試時絕不適合談這個問題，必須等到有決定性的取捨時才可以涉及。假使應徵者直接了當的表示希望較高的待遇，得憑面試者自己的判斷抉擇是否接受他提出的待遇要求。如果這位應徵者是業界頂尖高手，面試者可以向應徵者說考慮後會再通知，或是跟公司其他人商量後再答覆。事後，面試者可以接受其提議的金額，而對方也可能改變心態，接受原先面試者向應徵者所提出的給付金額或條件（Robert Half著，余國芳譯，1987：127）。

降低流動率能節省大量的人事重置成本的開支，尤其在公司經歷新員工的高流動率時，例如：一項研究表明，做好事先的實際工作預覽，可降低24%的流動率，可導致每年總平均人事費節省二十七萬一千六百美元（**表7-6**）（Lawrence S. Kleiman著，孫非等譯，2000：100-101）。

表7-6　主持面試的必要條件

・事前仔細的審核應徵者的資料 ・訂出面試流程 ・安排恰當的面試環境 ・營造輕鬆的面談對話 ・讓求職者多說話 ・問話要有技巧 ・做個好聽衆 ・控制面試時間 ・做筆記 ・對職缺不要言過其實 ・以最適當的語氣來結束面談 ・面試後必須做摘要 ・記取每一次主持面談的經驗

資料來源：Robert Half著，余國芳譯（1987）。《人才僱用決策》，頁113-114。台北：遠流出版公司。

第四節　招募面試陷阱

西方的司法女神雕像的眼睛是蒙著布，這象徵只聽取客觀事實，不受訴訟者的形貌、服飾、地位等主觀條件影響，但在企業的招募面試過程

中，面試者通常可能出現以下幾個方面的問題，從而影響錄用面試工作的效果。例如：若干實證研究發現，應徵者在面試過程中的表現的確會影響最後的甄選結果。一般來說，應徵者如果具有相當好的學歷背景，或是在甄選的選才評鑑階段得到較高分數，或是在面試過程中被認定爲具有能夠勝任工作的知識、高度的進取心或是良好的溝通能力，那麼通常會得到較高的面試成績，最後被錄用的機會也會大增。因此，面試者需要在面試中有意識地努力克服這些人爲陷阱（**表7-7**）。

表7-7　面試者自我檢查表

	是	否
1.開始面試的技術		
(1) 主試人是否先行閱讀應徵人的報名單，藉以規劃面試的進行？	____	____
(2) 主試人是否已在面試開始之前，留意培養面試的親切氣氛？	____	____
(3) 主試人是否在面試過程中，逐步推進，進入談話的中心課題？	____	____
2.取得應徵人資訊的技術		
(1) 主試人是否運用「開口式」問題提出詢問，以取得所需資訊？	____	____
(2) 主試人是否根據應徵人的回答，逐步提出追問？	____	____
(3) 主試人是否避免在詢問問題時，對對方提供暗示？	____	____
(4) 主試人是否有能力控制面試的進行？	____	____
(5) 主試人是否能促成應徵人情緒的放鬆，自由作答？	____	____
(6) 主試人是否懂得運用傾聽對方談話的技巧？	____	____
(7) 主試人是否在面試中，取得了有關職位因素的資訊？	____	____
(8) 主試人是否在面試中，取得了有關無形因素的資訊？	____	____
3.對應徵人傳送資訊的技術		
(1) 主試人是否對應徵人清楚說明了應徵職位的情況？	____	____
(2) 主試人是否對應徵人清楚介紹了公司背景的情況？	____	____
(3) 主試人是否對應徵人善盡了「推銷」公司和應徵職位的任務？	____	____
(4) 主試人是否鼓勵應徵人，儘量提出尚不明瞭的問題？	____	____
4.結束面試的技術		
(1) 主試人是否能夠控制面試的情況，逐漸步入結束？	____	____
(2) 主試人倘認為不宜錄用，是否對應徵人提出不傷害對方的說明？	____	____
(3) 主試人倘認為尚須另作面試，是否已將下一步驟告知對方？	____	____
(4) 主試人是否能使應徵人留下對本公司的良好印象？	____	____
(5) 主試人是否在應徵人離去後，將面試結果立即記錄？	____	____

資料來源：人才招募研究小組（1987）。《人才招募與選才技巧》，頁163-165。台北：前程企管。

所有的面試者在招募的全部作業過程中，都應該避免陷入以下常見的誤區：

一、第一印象效應

第一印象是人們交往或相處的初始階段，各種表現給他人的反應效果，在心理學上稱爲第一印象。人們在交往過程的開頭，一個人的容貌、體態、儀表、服飾、言談、舉止、學習、工作等方面，會對與其交往的他人的感官發生刺激，形成一種初步認識，即俗話說的「一見鍾情」。

一般來說，應徵者在參加面試時，大都會刻意打扮與講究服飾穿著，給面試者留下良好的第一印象。研究調查顯示，面試者通常在面試過程前的幾分鐘內，已經對應徵者做了判斷，當此情形發生時，應徵者縱使再有許多具有高度潛在價值的條件也會被忽略。例如：三國時代的劉備對龐統，曹操對張松，皆因龐、張其貌不揚而被委屈對待。

二、燻染效應

人總是生活在一定的環境裡，在同一環境中，成員之間頻繁接觸，相互砥礪，會產生許多相似之處，稱爲「燻染效應」，即俗話說的：「近朱者赤，近墨者黑」。據說孟母三遷，爲的是給孟子尋找一個有利成長的環境。所以，企業要找到有共同信念、價值觀的人來一起工作，透過內部優秀員工推薦的應徵者被錄用的機率就會大增。

三、馬太效應

馬太效應（Matthew Effect），是指人們「注意」的集中性和慕名心理引起的效果。科學史研究者羅伯特．莫頓（Robert Merton）提出，在如何對待科學家和科學貢獻的問題上存在著這樣一種現象：「對已有相當聲譽的科學家做出的科學貢獻，給予的榮譽愈來愈多，而對那些未出名的科學家，則不承認他們的成績。」他將這種現象稱爲「馬太效應」，是借用《新約聖經．馬太福音》中的兩句話：「凡有的，還要加給他，叫他多

餘；沒有的，連他們所有的，也要把他奪過來。」因此，名校畢業生就容易被認定是好的人才。

個案7-5　日本保險推銷之神

1904年，原一平出生於日本長野縣。1930年3月27日，二十七歲的他帶著自己的簡歷，走入了明治保險公司的招聘現場。

一位剛從美國研習推銷術歸來的資深專家擔任主考官，瞟了一眼面前這個身高只有一百四十五公分，體重五十公斤，被人稱為是「矮冬瓜」的應徵者，拋出一句硬梆梆的話：「你不能勝任。」

原一平驚呆了，好半天回過神來，結結巴巴地問：「何……以見得？」

主考官輕蔑地說：「老實對你說吧，推銷保險非常困難，你根本不是幹這個的料。」

原一平頭一抬問道：「請問進入貴公司，究竟要達到什麼樣的標準？」

主考官回答道：「每人每月一萬元。」

原一平繼續問道：「每個人都能完成這個數字？」

主考官回答道：「當然。」

原一平賭氣的說：「既然這樣，我也能做到一萬元。」

原一平「斗膽」許下了每月推銷一萬元的諾言，但並未得到主考官的青睞，勉強當了一名「見習推銷員」，沒有辦公桌，沒有薪水，還常被老推銷員當「聽差」使喚。一年過去了，他創造的業績讓同事們刮目相看。

在他三十六歲時，就已經成為美國百萬圓桌協會成員，與美國的推銷大王喬·吉拉德（Joe Girard）共同聞名於世，後來，他被日本天皇授予「四等旭日小綬勳章」。

資料來源：丁志達整理。

四、鐘擺效應

鐘擺由於上下位置的不同，擺動起來產生的效果也不同，上端稍微擺動，底下的擺錘就會晃動得很大，稱爲「鐘擺效應」。俗話說：「上樑不正下樑歪」或「失之毫釐，差之千里」，可詮釋鐘擺效應的最佳例子（呂建華，2005/12：75）。

五、過度一般化

面試者若對應徵者有他自己喜好的特性，那麼就是好的；若對應徵者具有他自己不喜歡的特性，則是不好的，這種非黑即白的兩分法，稱爲「過度一般化」（overgeneralization），雖然能快速又方便的判斷，卻很隨便而不公平。

六、未經判斷即已斷定

在沒有獲得充分的資料作爲判斷的依據之前，急於斷定。例如：面試者最常問的兩個問題是：「請問你有哪些優缺點？」、「你希望五年內達到哪些目標？」不管應徵者的答案爲何，面試者總難免產生一些很直接的印象，我就是要晉用有這種十足野心的人，或是這樣的人體會不出有什麼幹勁，恐怕不是理想的人選。如果面試者習慣用這種絕對的態度來評量應徵者，恐怕相當不客觀（EMBA世界經理文摘編輯部，2006/02：89）。

七、意識投射

把自身文化背景中的喜好部分投射到應徵者身上，希望在應徵者身上找到同樣的特性。例如：面試者畢業於國立大學，這個教育背景讓面試者引以爲榮，於是若發現應徵者也具有同樣的背景，就情不自禁地喜歡這位應徵者，否則，就覺得失望，如此一來，就很難發現並接受應徵者身上那些與自己不同的優點了。意識投射模式的最大缺點是忽略了這個職缺的眞正要求是什麼。

八、隨身附會

有些流傳的講法只是很一般化的敘述而已，但是有許多人卻拿來當作用人判斷的準則。例如：「女人多較重細節，不從大處著眼」、「鄉下人比較老實」等。這些分類對人的影響是潛意識性的，所以，面試者一定要在評估資料時，特別提醒自己是否受此影響。

九、評等偏見

對於同樣的應徵者，不同的面試者可能給予不同的評等，其中一項的重要影響因素是面試者「評分的寬嚴尺度」，如果面試者存心「找碴」，面談往往會失眞（蔡正飛，1988：103-104）。

十、先入為主的現象

面談者對應徵者先存有先入爲主的印象，就假設應徵者是什麼樣的人，在面談最初幾分鐘內即對應徵者下結論，而刻意忽略應徵者其他相關資訊。

十一、個人偏見

面談者個人偏見對應徵者常造成重大的影響。例如：一位擁有工程背景的行銷主管，在招募新人時，往往也對類似背景的應徵者有較大的偏好，這種情結是特別需要小心的偏見。此外，因應徵者的年齡、種族、性別、過去的工作經歷、個人的背景等所產生的偏見也在所難免。

十二、暈輪效應

面談者僅因爲欣賞應徵者的某一項突出特性，就影響對應徵者其他特性之判斷（推論），導致了以偏概全，這種傾向又稱爲「月暈效果」。例如：應徵者屬俊男美女，外表突出，面試者欣賞這種外表而忽略其他人

格特性（一俊遮百醜）。然而，俊男美女不一定辦事能力強（李正綱、黃金印，2001：146）。

十三、弦月效應

弦月效應正好與暈輪效應相反，也就是當面談者對應徵者在某一方面的表現感到特別失望時，往往會傾向於認爲這個人一無是處，並因而給予過低的評價。

十四、刻板印象

刻板印象，是指對某一團體或某一類人的固定知覺（例如新新人類都是好逸惡勞的），而此種知覺又將使個人對該團體賦予一組相對應的行爲模式。例如，你是九年級的喔！那你覺得自己是所謂的草莓一族嗎？你覺得自己可以適當的處理自己在工作上的情緒嗎？我是說，嗯，很多九年級的小妹妹一碰到委屈就說「不幹了」，那你認爲自己可以妥善處理自己的情緒嗎？

如果，面試者若過分依賴刻板印象，往往就會對應徵者產生錯誤的判斷，並因而不再蒐集眞正能夠代表應徵者的相關訊息，完全按照面試者心中的想像標準去評估應徵者是否適合該職缺（徐增圓等，2001：83-84）。

十五、對比效果

前一位應徵者表現很好（或很差），衍生成眼前的應徵者表現不好（或很好）。

十六、太早下結論

面試者與應徵者談不到幾分鐘，就根據申請表或履歷表上的內容記載，急著對應徵者的面試結果下結論，評斷出應徵者的適任或不適任。

十七、歸因效應

歸因效應，是指面試者認爲自己是全能的「上帝」，永遠正確，居高臨下的態度對待應徵者，過分相信自己的直覺。

面試者爲了避開上述之面談過程的陷阱，應專注於客觀的工作條件、應徵者的資歷、善用招聘評鑑工具，並輔以明確適當的面談結果，充分瞭解應徵者的一切資料的眞實性，如此一來，找對人、做對事的用人機率必能提高許多（**表7-8**）。

表7-8　面談問話的禁忌

- 不要問應徵者的國籍、出生地，這可能引起省籍情結。
- 不要問應徵者的年齡，這可能引起年齡歧視。企業可以問應徵者年齡是否超過十六足歲，如果回答是否定的，可以允許詢問確切的年齡（法律對僱用童工的限制與保護）。
- 不要問應徵者是否單身、已婚、離婚或分居，除非這一信息與工作有關（這是不大可能的）。
- 不要問宗教信仰的問題以及是否參加何種政黨（政治面貌）。
- 不要問應徵者有關身高或體重等辨識特徵的問題。
- 不要問應徵者有沒有小孩，是否計畫要生小孩，或是安排什麼樣的托兒照顧。如果企業決定不聘用一個家有小孩的婦女，這個問題可能引發性別歧視的指控。
- 不要問應徵者有沒有會干擾工作表現的體能或智能障礙。法律規定，雇主唯有在應徵者通過所需的體能、智能或工作技術測驗並錄取該應徵者後，才得以探討有關體能或智能障礙的問題。
- 不要問女性應徵者娘家的姓。有些雇主會藉此推斷應徵者的婚姻狀況，這類問題不論是對男性或是女性應徵者都應該避免，但詢問已在本企業工作，或問一位在競爭對手工作的親屬姓名是合法的。
- 不要問應徵者的前科紀錄，不過可以問應徵者是否曾經犯罪，但前提是這個提問與工作明確有關（例如：保全人員）。
- 不要問應徵者是否抽菸。因為有許多州以及地方上的規定禁止在某些樓層抽菸，所以，比較妥當的問法是問應徵者是否知道這些規定，以及是否願意遵守。
- 不要問應徵者是否有愛滋病（Acquired Immune Deficiency Symptoms, AIDS），或是人體免疫缺損病毒（Human Immunodeficiency Virus, HIV）帶原者。

資料來源：L. R. Gomez-Mejia、D. B. Balkin、R. L. Cardy著，胡瑋珊譯（2005）。《人力資源管理》，頁224-225。台北：台灣培生教育。

第五節　甄選面試技巧

招募與甄選是一種雙向且相互影響的流程，不只雇主試圖吸引應徵者，應徵者也試圖引起面試者的好感，亦即組織甄選合適的應徵者來做事，而應徵者也決定將選擇到哪家企業來發揮個人專長。

一、甄選面試的流程

面試者在正式進行甄選面談前，首先應先確定公司對這一職缺的需求，以及面試者在面談時所須扮演的角色（應負權責），並進而擬定相關的面談計畫。在甄選面試的進行中，需要掌握的要領歸納爲五大項（開場、介紹公司與工作內容、蒐集應徵者資訊、結束面試和評估面談結果），循序漸進，就可以得到一個較有效率的面試結果（**表7-9**）。

表7-9　有效面試問題集錦

分類	面談問題
開場白	・本公司（這個職位）吸引你的是什麼？ ・你如何知道我們的求才訊息？
瞭解應徵者目前（最近）的工作	・請告訴我有關你的工作背景？ ・你怎麼獲得目前的工作？ ・你擔任的是什麼職務？ ・請談談你目前（最近）的日常上班情形？ ・工作中最令你滿意的是哪一點？為什麼？ ・工作的哪一點最令你沮喪？為什麼？你如何處理？ ・對你的職位來說，最具挑戰的是哪一方面？為什麼？ ・你從工作中得到的最大收穫是什麼？他們對你的成長有何幫助？ ・如果我們向你現在的雇主打聽你的能力，他（她）會怎麼說？ ・你的直屬部屬會如何形容你？你的同僚又會如何形容你？ ・你目前或最近的經理認為你最大的貢獻是什麼？
工作經驗	・你的工作經驗對你獲得這份工作有何幫助？ ・請告訴一、兩項你的最大成就以及最大挫折？ ・你遇到的最大挑戰是什麼？你怎麼應付的？ ・你在工作中最有創意的成就是什麼？ ・你怎麼看待自己為成功付出心力？

（續）表7-9　有效面試問題集錦

分類	面談問題
工作經驗	・可以談談你曾經參與而且成果獲得肯定的新企劃或措施嗎？ ・你在工作中做過好決定和壞決定，請各舉出兩個例子。 ・你的工作績效有時不如預期，請聊聊。 ・你能帶給這份職位什麼樣的品質？ ・試舉例說明你督導他人的能力。
評估應徵者的技巧	・你是個自動自發的人嗎？若是的話，請舉例說明。 ・你有什麼最大的優點可以造福本公司？ ・你曾經如何積極影響別人完成任務？ ・談談你在缺乏一切相關資訊下所做的決定？ ・談談你迅速做成決定的事例？ ・你怎麼會支持自己當初不同意的某項新政策或措施？ ・你怎麼激勵直屬部屬與同僚？ ・談談你如何尋找資料、分析、然後做決定？ ・你最近做了一個高風險的決定，你是怎麼做這個決定？
評估應徵者的作風	・在你做過的所有工作，你最喜歡哪一個？為什麼？ ・過去任職時，你偏好有人督導你嗎？ ・你的舊上司扮演何種角色來支持你的工作和職涯發展？ ・你偏好在哪個類型的公司裡任職？ ・你比較喜歡團隊工作還是獨立工作？ ・談談你認為受益良多的團隊合作經驗？ ・你覺得你的上司有哪些重要的特徵？ ・你覺得在何種環境中工作效率最高？ ・你需要多少指導和回饋才會成功？ ・你覺得改變令你最興奮的是什麼？最洩氣的又是什麼？ ・你如何因應公司的改變？ ・你認為自己會是怎樣的上司？ ・你的上司會怎樣形容你？ ・你曾經做過最困難的管理決策是什麼？ ・你喜歡跟哪種人共事？ ・你覺得哪種人最難以共事？為什麼？ ・你在工作中最感困擾的是什麼？你怎麼去應付？
職涯企圖心符合目標	・你希望在下一個工作中避免再犯哪些錯誤？為什麼？ ・為什麼要辭掉你目前的工作？ ・這份工作符合你的整體職涯規劃嗎？ ・你認為三年後自己的處境如何？ ・你過去幾年對職涯的企圖心有何改變？為什麼？ ・如果你得到這份工作，你最想完成什麼事？ ・你認為自己五年以後會是什麼樣子？

（續）表7-9 有效面試問題集錦

分類	面談問題
教育	．你在班上的成績如何？ ．在校時，你參加過哪幾類的社團活動？擔任過何種工作？ ．在校時，你是否有機會賺取自己的部分零用金？ ．你憑什麼特殊的教育背景、經驗或訓練爭取到這份工作？ ．如果你得到了這份工作，你最想加強哪方面的訓練？ ．你所受的哪些教育或訓練，對這份工作有幫助嗎？ ．你受教育的目標是什麼？
顧客服務	．你怎麼設法滿足顧客的需求？顧客有何需求？你如何協助他們？你採取哪些行動而結果如何？
自我控制	．談談你怎麼因應特別緊張的情況、不懷好意的同事或顧客？當時的情況如何？你採取了什麼行動？說了什麼？對方有何反應？
成果導向	．談談你為何主動改進工作方式或某些事物（程序、系統、團隊）的運作？你採取了什麼行動？結果如何？你怎麼知道你的解決方式促成改進？ ．你目前取得了哪一類的執照？
尾聲	．你曾否患過最嚴重的疾病？開刀手術過嗎？ ．我們在討論與職位有關的資歷問題時，是否有疏漏？你對敝公司有什麼疑問？

資料來源：Richard Luecke編著，賴俊達譯（2005）。《掌握最佳人力資源》，頁163-167。台北：天下文化。

(一)開場

開場通常約占整個面試時間的一成左右。這個階段是爲了讓應徵者覺得自在一些，並營造雙方融洽相處的氣氛，建立和善的關係，消除彼此之間的緊張，讓應徵者侃侃而談，順利進入面談主題。例如：面試者與應徵者座位之間盡可能減少障礙；面試者介紹自己與職位，讓應徵者感到輕鬆、舒適；面試者說明面試的流程；解釋面談過程做摘要記錄的動作等。有實證研究發現，面試者對應徵者是否顯現高度興趣和支持的態度，會影響應徵者對徵才公司的觀感，以及一旦被錄取後是否接受這份工作的意願。

(二)介紹公司與工作內容

簡短介紹公司文化、公司營業項目與顧客群、組織架構及應徵職缺的主要工作內容，並鼓勵應徵者提出問題。

(三)蒐集應徵者資訊

視職缺的內容，一般面試的時間大約以一小時爲宜。可以採取非結構式的面談或結構式的問法，也可以進行一對一的或是小組面談。在發問時，應注意下列幾件事：

1.在面談中，不要只是面試者一個人在說話，不要問答案「是」或「否」的問題，應該問一些較須深入回答的開放性問題（例如：「請你說一說，你在上一個服務單位工作的職責有哪些？」），但也要避免會引導出特定回答的問題（例如：「你是不是認爲你的人際關係技巧不錯？」）。

2.不要引導回答方向。

3.不要以微笑或點頭來暗示某些答案是對的。

4.不要像是審問犯人般地詢問應徵者，也不要故作幽默狀、諷刺或顯出怠慢的態度。

5.使用開放式的問題及適當的問話技巧，並鼓勵應徵者充分表達意見，以追根究柢的瞭解應徵者話中之話的涵意，並把握80/20原則，專心傾聽，少中途插話。

小常識　80/20原則

80/20法則（帕雷托法則），指的是在原因和結果、努力和收穫之間，存在著不平衡的關係，而典型的情況是：80%的收穫，來自於20%的付出；80%的結果，歸結於20%的原因。反過來說，在我們所做的全部努力之中，有80%的付出只能帶來20%的結果。所以，假如我們能知道，可以產生80%收穫的，究竟是哪20%的關鍵付出，然後善用這部分，並將多數資源分配給它運用，那麼豈不是可以做得少卻賺得多？而若也知道到底是哪些占大多數的80%，使我們的努力與回報不成比例，進而想辦法對症下藥，或甚至將之刪除，那麼我們不就能減少損失？

資料來源：丁志達整理。

6.應多問開放式的問題，且在問話時不要主控全場，以免應徵者沒有時間充分發言；也不要讓應徵者主控全場，以免沒有時間問完想要問的問題。

7.面談進行過程中要保持良好的溝通氣氛，除非是故意設計的壓力面談。

8.應徵者如對前任工作發出輕視的言語，則可能代表他的不忠或對人的敵意。（**表7-10**）

要預測一個人未來工作表現最好的指標是他以往的表現。所以，面試者與應徵者面談時，好好地把焦點放在應徵者的過去經驗與現在工作有關的問題上。例如說，要找到一位對該工作有熱情的人，面試者就要問應徵者從過去的經驗中，你最擅長什麼？有什麼是被公認或被表揚的特殊事蹟？為什麼被升遷？什麼樣的工作會讓你投入？瞭解這些問題，就會讓你對應徵者的熱情所在，有一清楚的輪廓。然後，面試者還可以根據所掌握到的訊息，針對應徵者是否對該工作有熱情進行評估（EMBA世界經理文摘編輯部，2006/03：126）。

表7-10　面試避免發問的問題類別

類別	例子
多重的問題	・請告訴我一些你在XX公司的工作內容？你的主管及同事相處如何？你為何想離開這家公司？
私人的問題	・你為何不喜歡與家人住在一起？
引導式的問題	・你不介意加班，是吧？你可以輪班，對嗎？
刁難性的問題	・為什麼你在XX公司服務了八年，待遇只有三萬元？
歧視性的問題	・你自認能與這些優秀的工程師共事嗎？
限制性的問題	・你喜歡擔任人事還是會計的工作？
標準答案的問題	・你喜歡與一群人一起工作嗎？

資料來源：丁志達（2008）。「員工招聘與培訓實務研習班」講義。台北：中華企業管理發展中心。

(四)結束面試（尾聲）

一旦所有的問題及討論都結束後，面試者應做出結論，讓應徵者知道面試已經接近尾聲。例如：「我已經問完我所有的問題了，有沒有任何關於工作及本公司的問題我沒有回答你的？」之後，讓應徵者知道下一步會如何進展及何時會收到回音，是透過電子郵件、電話或書信方式通知他，會不會有進一步的面試等等情況（Stephen P. Robbins著，李炳林、林思伶譯，2004：13）。

有些應徵者會在此刻提出有關薪資、福利的問題，這類問題通常是由公司人資單位處理，也有的公司會請應徵者說出自己期望的待遇。

在結束面談時，面試者要記得感謝應徵者前來面試，握手、眼睛注視對方，並親自幫忙開門，陪著應徵者走到門口或親自交給人資單位招募承辦人員，讓應徵者留下「被尊重」的深刻印象，進而影響他的就業選擇。

個案7-6　被尊重的深刻印象

一名台大電機工程碩士，在眾多應徵成功的企業中，選擇了台灣安捷倫科技公司（Agilent Technologies），而不是到配股更高的科學園區，只因面談後主管誠懇地送他到電梯口的小動作。

另一位通訊部門的員工選擇到安捷倫科技工作，則是因為與他面談的三位主管談話風格與誠懇態度都很一致，讓他覺得是一家值得信賴的企業。

資料來源：劉鳳珍（2002）。〈投入資訊服務業　跨進世界舞台〉。《Cheers快樂工作人雜誌》（2002/12），頁148。

(五)評估面談結果

在應徵者離開現場後，面試者應趁著記憶猶新之際，再次回顧先前的面談記錄，把相關的資料與評估填入定型式的面談表中（**表7-11**）。

二、有效面談的幾項建議

在甄選面試時，如果應徵者太快回答面試者提出的問題，而沒有稍微停頓思考的話，這就表示應徵者的答案可能經過事先準備。因此，有效面談要注意的幾項建議如下：

1.面試者應先研讀每一位應徵者的相關資料。
2.預先安排面談程序，並瞭解哪些是面談中的關鍵問題。
3.在安靜的房間內進行面談，不可讓人打擾面談過程。
4.面試者應先和應徵者閒話家常，使應徵者放鬆心情，然後開始就主題詢問應徵者。
5.不論是結構式的面談或非結構式的面談，面試者應專心傾聽應徵者的所有談話內容，並且避免對某一段話預作評論。

表7-11　應徵者面試評估查核表

- 應徵者是否展現出對工作負責任的成熟度？是否瞭解職場上的基本價值，並且清楚自己為公司帶來的價值為何？
- 應徵者是否能清楚說明自己在前一個工作所負責的內容？
- 應徵者是否能清楚闡述自己在前一個工作所負責的項目與公司的策略目標之間有何關聯性？
- 應徵者是否尊重組織階層概念？此人看起來是否尊重你的意見？
- 應徵者是否展現出知識工作者典型的不良行為？例如心存怨恨、揶揄同事或管理者、不尊重流程以及責任？如果此人對過去的工作經驗抱持負面態度，他所提出的抱怨是否具體？或是反應出此人有「反」負責的工作心態？
- 應徵者是否仔細想過，達成成功的目標所需要的資源有哪些（包括時間、訓練以及其他人力）？
- 應徵者是否展現出他對於顧客的瞭解與敏感度？是否能清楚說明過去他跟顧客之間的關係？是什麼原因使他認知到與顧客的關係是否是負面的？

資料來源：Farzad Dibachi、Rhonda Dibachi著，林宜萱譯（2004）。《這才是管理！強化員工生產力，提升企業績效的7大管理策略》，頁256。台北：美商麥格羅．希爾。

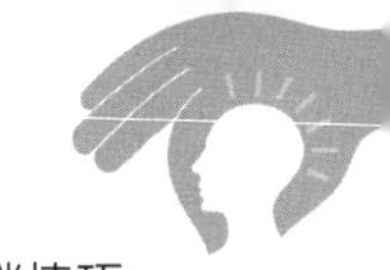

6.面試者不但應避免以言語威嚇應徵者，也應避免以肢體動作、眼神等非語文訊息造成應徵者的不安。

7.面試者可鼓勵應徵者發問，使應徵者知道公司關切其權益。

8.面試者不但可探詢應徵者是否具有勝任工作的基本條件，也可在問答中瞭解應徵者的求職動機，對工作的熱忱等較爲抽象的特質。

9.面試者可以記筆記，但不應一直做筆記，以免妨礙談話（**表7-12**）。

表7-12　面談記錄參考詞彙清單

一帆風順	多才多藝	知足常樂	捷足先登	樂於授權
一板一眼	有始有終	非常友善	深入淺出	樂觀活潑
一視同仁	有條不紊	非常合群	深思熟慮	樂觀豁達
一點就通	有話直說	非常專業	理性掛帥	毅然決然
人云亦云	百發百中	信心十足	眼光深邃	潛力十足
人直口快	老實可靠	信用第一	處世圓滑	窮追猛打
三省吾身	老練世故	冒險犯難	責任心強	衝勁十足
千依百順	自主性強	前瞻導向	野心勃勃	談吐詼諧
口才一流	自立自強	品質第一	創意十足	駕輕就熟
口齒清晰	自動自發	威權掛帥	勝任愉快	魅力四射
大權在握	作風務實	客觀超然	博學多聞	機智圓滑
小心翼翼	作風強勢	很有耐心	富想像力	機智過人
小心謹慎	冷酷無情	待人誠懇	智慧過人	機靈狡黠
才華洋溢	完美主義	待人親切	無所不談	獨立自主
不切實際	志向遠大	急公好義	無為而治	獨斷獨行
不屈不撓	抗壓性強	為人隨和	猶豫不決	積極參與
不畏風險	技巧熟練	突破傳統	善於辭令	辦事牢靠
不苟言笑	技術官僚	苦幹實幹	善體人意	遵守時間
不偏不倚	投機取巧	風趣幽默	韌性十足	頭腦清醒
不講人情	改革創新	值得信賴	勤勉不懈	優秀士兵
中規中矩	步步為營	個人掛帥	感同身受	優秀幹部
井井有條	沉著自信	個性外向	想到就做	績效導向
分析導向	沉默是金	個性積極	愛民如子	聰明伶俐
心甘情願	肝膽相照	哲人風範	楚楚動人	臨危不亂
文質彬彬	言行一致	宵衣旰食	腳踏實地	臨渴掘井
可靠無虞	言詞犀利	悟性頗高	道德掛帥	舉一反三

（續）表7-12　面談記錄參考詞彙清單

市場導向	足智多謀	效率至上	實用主義	講求效率
打拚天下	乖巧伶俐	氣定神閒	慷慨大方	謹言慎行
打造團隊	事必躬親	笑口常開	精力充沛	曠世奇才
未來導向	來勢洶洶	胸懷大志	精打細算	藝術天分
正人君子	和藹可親	能力高超	緊張兮兮	識途老馬
正直不阿	固執不通	能伸能屈	聞過則喜	關心別人
民主作風	忠厚老實	能言善道	儀態不凡	難以捉摸
立竿見影	明白事理	鬼斧神工	寬容雅量	觸覺敏銳
企劃導向	明察秋毫	堅定不移	彈性十足	犧牲奉獻
光明正大	明辨是非	堅持到底	德高望重	辯才無礙
先見之明	服從領導	執簡馭繁	憂心忡忡	顧客至上
先發制人	果斷明快	專心一致	樂於合作	體諒別人
全心全意	直截了當	帶領團隊	樂於助人	觀察敏銳
全心投入	直覺敏銳	得寸進尺	樂於配合	鑽牛角尖

資料來源：Marge Watters、Lynne O'Connor著，陳柏蒼譯（2002）。《求職人聖經》，頁63。台北：正中書局。

10.在面談結束前，面試者應確保應徵者瞭解工作的性質。

11.面談結束時，面試者應告知應徵者公司何時會決定錄取名單。與其說：「錄用與否，我們都會在一週內通知」，倒不如說：「後續的安排，我們會在一週內通知」比較恰當。

12.面試者應記下對應徵者的評估，並且檢討是否讓個人的偏好影響了應徵者的印象。

人才雖然難找，但找錯人要付出的成本可能更大，以上這些建議，都可以幫助面試者找到真正的適任人才（**表7-13**）（胡幼偉，1998：37-38）。

表7-13　應徵者的肢體動作與代表的涵義

肢體動作	代表的涵義
應徵者回話停頓過久	·表示其不瞭解問題 ·表示其不想回答 ·表示其不認同 ·表示正在揣摩上意 ·表示想要掩飾某些事實
皺眉	·表示其不耐煩 ·表示不能同意對方意見
避開眼神	·說謊 ·信心不足 ·膽怯 ·不專心 ·天生習慣
深呼吸	·緊張
掩嘴	·信心不足 ·講反話
姿態變換頻繁	·不耐煩 ·不專心
衣衫不整	·表示並不是非常在乎這工作

資料來源：楊平遠（2000）。《89年度企業人力資源作業實務研討會實錄（初階）——企業實例發表：選才篇》，頁67。台北：行政院勞工委員會職業訓練局。

結　語

公司面試人選的同時，人選也會從他被接待及面談的過程當中，去判斷這家公司是不是值得加入，以及是否符合他自己的價值觀。《有效求才》（*Selection Interviewing*）一書作者大衛·華克（David Walker）說：「用人單位在擇人時，絕不會只要一個目前可以從事這項工作的人，而是希望找到即使一年半後工作內容有所改變卻還能夠適任的人。」

第八章

錄用決策

- 任用概述
- 相人術
- 識人與知人之道
- 人事背景調查
- 健康檢查
- 試用期間

> 不識貨請人看，不識人死一半。
>
> ——台灣諺語

招聘作業的最後一道關卡，就是錄用決策，亦即最終決定僱用應徵者並分配其職位的過程。因此，錄用是招聘過程的一個總結，是給招聘工作畫上一個休止符。前面所進行的所有人力規劃、工作分析、徵才作業、選才評鑑與甄試工作，都是爲這個招聘決策過程做鋪路。在這個招聘過程上，任用決策也常常是最難做出的，因帶有選錯人的風險（EMBA世界經理文摘編輯部，1998/07：17）。

第一節　任用概述

用人不能僅限於「人才」，因爲「人才」與「人材」之間本無嚴格界限，金玉雖貴，然不能代替銅鐵；騏驥雖俊，然「力田不如牛」。所以，用人是一個過程，不可僅限以「任」字，而應指從知人、擇人、任人、容人、勵人，直到育人的全過程，環環相扣，忽略其中任何一個環節，都不可能取得較好的用人效果。所以，企業選才的條件強調應徵者的人格特質要與企業文化相匹配，其道理在此（**表8-1**）。

表8-1　甄選人才的原則

- 選最適合的人，而不是選最優秀的人。
- 選最適合的人，而不是選薪水要求最高（低）的人。
- 選最適合的人，而不是最想要這份工作的人。
- 選工作敬業的人，而不是選常換工作的過客。
- 選擇能團隊合作的人，而不是單打獨鬥的人。
- 選擇具有發展潛力的人，避免選擇太多相似背景的人，以免組織同質化過高、學習意願低落。
- 避免沒選擇的情況下聘用人才，請神容易送神難。

資料來源：林燦螢（2009）。「人力資源管理總論與招聘面談」講義，頁106-107。重慶：重慶共好企業管理顧問公司編印。

一、因事擇人

清朝《雍正皇帝語錄》記載：「從古帝王之治天下，皆言理財、用人。朕思用人之關係，更在理財之上。果任用得人，又何患財不理乎？」因事擇人，即爲謀求人事之間的有效配合，它是人盡其才的重要前提，是提高工作效率，確保事業成功的必要條件。《管子・立政篇》說：「君子所審者三，一曰德不當其位；二曰功不當其祿；三曰能不當其官，此三本者，治亂之原也。」可見，能當其位是任人的重要原則，是因事擇人的首要前提。

因事擇人的一個重要原則，就是不用多餘的人。因爲事之有限，必然要求用人有限。唐太宗李世民任人一貫堅持「官在得人，不再員多」的方針。所以要的人員精幹，必須有完善用人管理制度，尤其嚴格控制員額，嚴格精簡機構，強制推行「能者上，庸者下」的遷黜制度。

二、因人器使

人之才情，各有不同。三國時代劉劭所撰的《人物志・材能篇》是舉才的經典大作，其中對識人本質、識別優劣、量能用才有精湛的論述，他將各種人才概括爲「三類」、「十二材」。「三類」即「兼德（德行高尙者）、兼材（德才兼備）、偏材（才高德下）」；「十二材」即所謂：

小常識　因人器使的故事

日本戰國時代名將堀秀政的家臣中，有一人經常哭喪著臉，令人生厭。有一次，其他家臣向堀氏說：「那個人的臉真不吉祥，令人看了就不舒服，主公用他實在不體面，會鬧笑話出事的，不如早點辭掉他。」堀氏卻回答說：「你們說的是有道理，但沒有人比他更適合當弔喪的使者，是不是？」記著！每個人都有其可取之處，用人要用各式各樣的人。

資料來源：陳明璋（1987）。《人才僱用決策：贏家用人之道》，頁21。台北：遠流出版公司。

「清節家（道德高尚）、法家（善於制訂法制）、術家（機智多變）、國體（三材兼備）、器能（處理事務）、臧否（明辨是非）、伎倆（精於技藝）、智意（長以解惑）、文章（善於著述）、儒學（篤於修行）、口辯（善於應對）、雄傑（膽略過人可委以軍兵）」。材既有別，當各領其用。

三、適才適所

選才的原則最重要是要「適才適所」，即選擇最適合的人選擔任最適合的職務。雖然知識、才能很重要，但是非招募條件的全部項目，最想要此工作的人，不一定是最適合的人，薪資要求過高或過低的人，也不是最適合此工作的人，由於人資人員並不是在爲公司做採購，不是在爲公司殺低薪資的價格而取得一個最便宜的人，而是在找最合適的人，而合適的人就要有一個最合適的薪資價格。

對薪資要求過高的人，當然有些人才很適合這份工作，也很有才華，這時要看用什麼方式來說服讓他接受這份工作，而在工作上有所發揮。要選敬業的人，特別是高科技產業，其員工學習曲線較長，所以招募時要注重員工的穩定性，若員工在經企業長期培訓半年或一年後即離職，這對企業而言是很大的損失。

個案8-1 遴選人才的決策步驟

馬歇爾（Marshall）將軍在考慮人事任用決策時，會秉持以下五項簡單的步驟：

第一：他會仔細思考職務需求。工作說明或許會長期維持不變，不過職務需求會不斷變化。

第二：他會考慮幾個條件符合的人選。正式資格（譬如：履歷表上的資歷）只是個起點，沒有合適資歷的人會遭到淘汰。然而，最

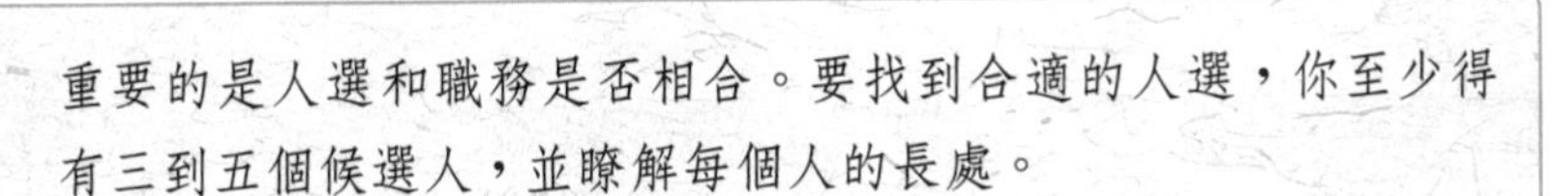

重要的是人選和職務是否相合。要找到合適的人選，你至少得有三到五個候選人，並瞭解每個人的長處。

第三：他會仔細審視這三到五位候選人的表現紀錄。他著眼於這些人的長處，至於他們的能力限制則無關緊要。因為你必須著眼於候選人的能力所及，才能判斷他們的長處是否符合職務需求。長處是績效表現唯一的基礎。

第四：他會和曾經與這些候選人共事的人討論。候選人過去的上司和同事通常能提供最好的資訊。

第五：決定人選後，他會確定接獲任命的人澈底瞭解他的任務。最好的辦法可能就是請新人仔細思考，他們要怎麼做才能成功，然後在上任九十天之後寫成報告。

資料來源：Peter F. Drucker著，Joseph A. Maciariello編，胡瑋珊、張元嘉、張玉文譯（2005）。《每日遇見杜拉克》，頁132。台北：天下文化。

四、不可忌才

企業要避免主管不錄用有潛力的人，人資部門是一個把關的關口，幫公司找到最適合的人才，使其適才適所，但有些主管會忌才，這種心態對公司是一種看不見的長期影響，所以作爲一位把關者，應該要瞭解這個情形，扭轉這種狀況，這樣，公司才能在業界維持一個穩定的領先地位。

五、開誠布公

企業要避免組織同質化，這是指公司內部不能存有類似「校友會」、「宗親會」、「同鄉會」等「非正式組織」形式的人際相互網絡，因爲「同質化」會造成組織沒有創新能力。美國人的創新能力強，是因爲它是民族的大熔爐，所以企業在聘用人才時，要「唯才是用」，絕對不是靠關係，這樣才能維持公司創新的活力。例如：日本本田汽車社

個案8-2　巨人vs.侏儒

奧美廣告公司（Ogilvy & Mather）創辦人大衛・奧格威（David Ogilvy）在一次主持董事會時，奧格威在每位與會者桌上放了一個玩具娃娃。「大家都打開看看吧！那就是你們自己！」奧格威對大家說。

董事們很吃驚疑惑地打開了眼前的玩具包裝，結果出現在眼前的是一個更小的同類型玩具。再拆開這個玩具出現的又是更小的娃娃。

當董事們打開最後一層時，發現了玩具娃娃身上有一張紙條，那是奧格威留給他們的話：「永遠任用比自己差的人，我們的公司將淪為侏儒；敢用比自己更強的人，我們就會成為巨人公司！」

資料來源：David Ogilvy著，莊淑芬譯（2007）。《廣告大師奧格威》。台北：天下文化。

長本田宗一郎在〈經營之心〉一文中說道：「我有自知之明，在技術上，我有絕對的信心，可是在金錢上是不懂得節制。像我這樣性格的人，把公司交給我一個人去主持，保證不到一天公司就會倒閉。因此，我要物色一位和我性格不同的人來和我共同經營公司，我就找到了藤澤武夫。他在經營上有他的特長，可是，技術上他是一竅不通，不知技術爲何物。由於性格的不同，我倆一長一短，互補增長，合作得很好，就把本田汽車這家公司搞成功了。」（陳海鳴、萬同軒，1999/04：191-205）

第二節　相人術

法國名將拿破崙一世（Napoléon Bonaparte）說：「四十歲以後，面相是自己決定的。」企業要準確地識別人才，通常採用選才評鑑工具外，如果再配以「觀相識人」的技巧，就能做到更加科學、合理的遴選適合的人才來工作（**圖8-1**）。

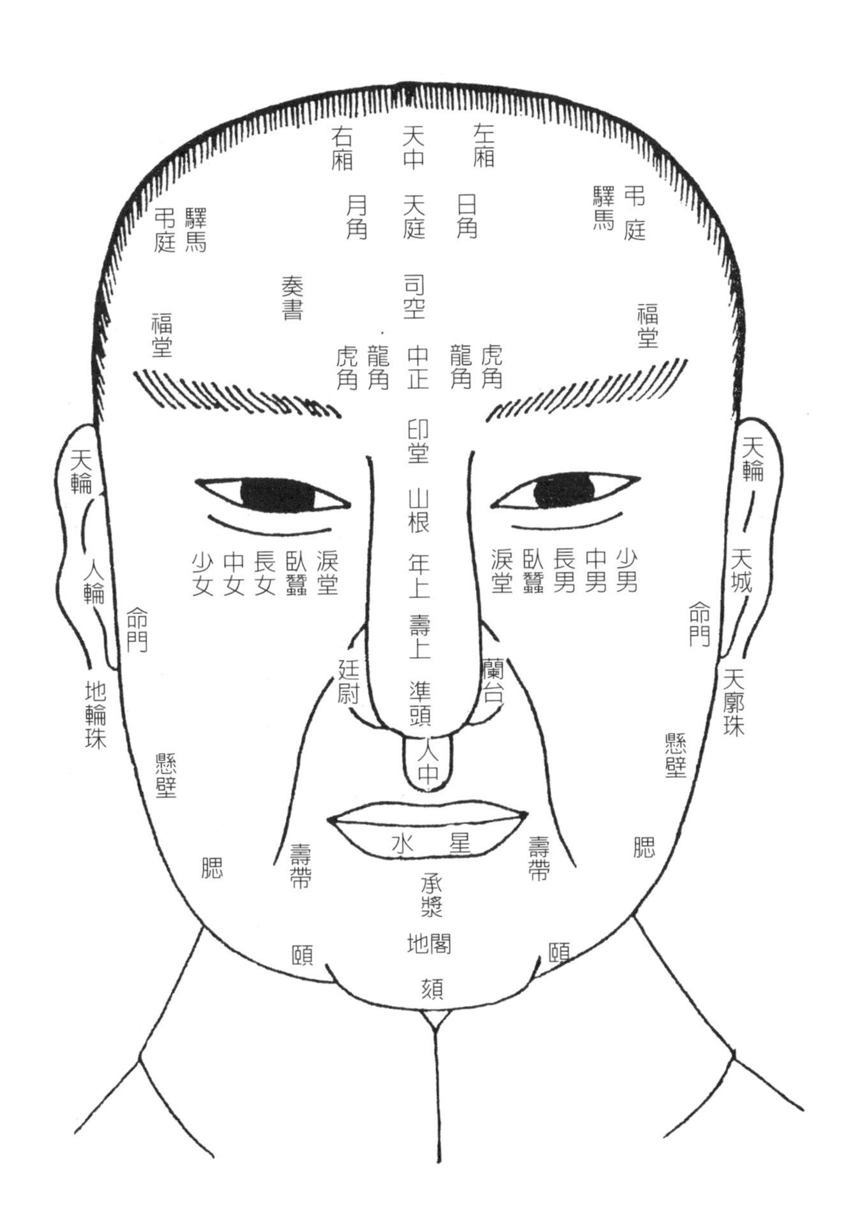

圖8-1　面部十三位圖像

資料來源：梁湘潤（2004）。《相學辭淵》，頁24。台北：行卯出版社。

一、中國古代選才方法

相人術，係觀察人體骨骼、形貌與言行舉止，以測斷其性格好壞與富貴貧賤的中國古代傳統方術之一。中國古代是以「工作能力」（才）、「一般性品德與人格特質」（德）、「應有的行爲規範」（常）與「見識與氣度等價值觀」（識）四類評量因子來鑑識人才。

在人才篩選的方法上，則可分爲「控制應徵者所處情境」的「測」與「未控制應徵者所處情境」的「觀」等兩種評量方法。其中「測」的評量方法可以透過用詢答方式來瞭解應徵者的工作能力，和用實際工作情境來對應徵者加以測驗等兩種評量內容，來瞭解應徵者的「才」；以有利於某種「德」發生的正面情境與不利於某種「德」發生的反面情境等兩種評量內容，來探討應徵者的「德」。而「觀」的評量方法則可以透過某種人際關係下所當爲及配合其某種特定身分時所當爲等兩種評定內容，來瞭解應徵者的「常」；而由應徵者配合其某些特定身分下之所爲與於其某些特定身分下之所難爲探知其「識」（陳海鳴、萬同軒，1999/04：191-205）。

二、面相學

面相學，是中國人的一門幾千年來長期「觀人」的統計歸納的結果，也就是利用觀看人的面相（含五官）和形體特徵，以及言談舉止來判定人的素質（智慧、經驗、知識）等情況和潛能狀況，例如：職業軍人的一般形體特徵是身軀挺直；芭蕾舞者的一般形體特徵是脖子細長，腰桿直立，臀部較豐滿；體育運動員通常較健壯等，這些都說明人的面相和形體受某種特質所決定（田浴，2004/10：24）。

觀察從事各職位的面相特徵

面相學所著重的就是面部，所以一個人臉部氣色好壞，都會直接或間接影響到運勢的起伏。氣色明亮的人，給人神采奕奕的感覺，自己做起事來也會充滿信心；反之，氣色不佳的人，看起來沒有朝氣，做事無精打采，效率自然大打折扣。語言（包括口頭與書面語言）是一般人最熟悉的溝通媒體，此外，還有非語言媒體，係指面部表情、身體姿態等等。

◆面部表情

面部包括前額、眉毛、眼睛、鼻子、臉頰、嘴脣、下巴等。透過面部各種器官之變化，可以展現喜樂、悲哀、驚訝、恐懼、憤怒與厭煩等表情。面部器官之中，以被稱爲「靈魂之窗」的眼睛最具表達力，眼睛明亮而正，其人胸中必正；眼睛明亮度差些，雖然脾氣與元氣不太好，可是信用還是很好，若兩眼一大一小，又不夠明亮，除非不得已，儘量避而遠之。《孟子・離婁上》說：「存乎人者，莫良於眸子。眸子不能掩其惡。胸中正，則眸子瞭焉。胸中不正，則眸子眊焉。聽其言也，觀其眸子，人焉廋哉！」。

喜上眉梢，愁眉苦臉，在表情上只是生活際遇的表現，日子久了，自然影響工作效率與生命情趣。鳳凰上宮闕，「闕」在人面上即「眉」，雙眉之間即「闕中」，用於觀察爲人處事的氣魄。眉頭可看人做事有無頭緒，沒頭緒者多觸霉（眉）頭。眉尾端詳則做事有條不紊，疏稀毛落者不但三心二意心頭無主，且一旦天冷或緊張，手腳都會冰冷發抖，難成大業，此其氣候也。

下巴是「頤指氣使」命令他人的第一利器，頤和則正，身心正則萬事亨通。運用下巴表達身心的語言，除非是「隱私」，下巴小謂之瓜子臉，紅顏多薄命；下巴大謂之葫蘆臉，狐假虎威。人在成長中的際遇，都在臉上留下不可磨滅的痕跡，下巴最常被忽略，卻是最假不了的證據（李家雄，1998：9-10）。

◆身體姿態

一個人的坐姿、走姿、立姿等，均足以傳達諸多的信息。例如：挺胸、收小腹，以穩健的步伐走路，可能傳達精神抖擻或趾高氣揚的信息。腳擺放在桌上的坐姿，可能傳達自滿或玩世不恭的態度。

個案8-3　選人才　不能憑直覺

憑直覺決定要不要用一個人卻是非常不明智的做法。理由很簡單，因為直覺通常很容易讓我們「愛上」面前這位應徵者。履歷表通常都是極盡表現與讚美之能事，應徵者面談的時候當然也只會淨挑好聽的話說。所以務必要質疑自己的直覺，要再多查點資料，不要只看履歷表。

所以僱用新人前，務必要求承辦人質疑自己的直覺，且要再三確認，對每個來應徵工作的都要再多查點資料，不要只看履歷表。還有，不妨找應徵者的老東家，問問這個人過往的紀錄，但一定要強迫自己仔細傾聽，尤其要注意那些好壞參半的訊息和不太好聽的看法。

我們經常發現，許多人打電話去打聽求職人的背景時，一開始都會義正詞嚴地說要知道真相，但聽到最後口氣愈來愈沉重，彷彿就要脫口而出：「拜託別再說了，我只是要你們的背書。」總而言之，如果是談交易，直覺通常幫上大忙，但如果是選人才，直覺可能派不上用場。

資料來源：Jack Welch文，廖玉玲譯（2006）。〈選人才　不能憑直覺〉。《經濟日報》（2006/04/10），A12版。

第三節　識人與知人之道

法國年鑑學派新史學的開山大師費夫爾（L. Febvre）說：「歷史其實是根據活人的需要向死人索求答案，在歷史理解中，現在與過去一向是糾纏不清的。」所以，挖掘古文典籍中的智慧，學習歷代領導人的卓絕典範，可以讓我們在歷史長河裡淘到智慧的珍寶，參考答案雖然存在，但如何用對人的考題，依然是管理最大的試煉（廖志德，2004/03：18）。

南宋大儒陸九淵說：「事之至難，莫如知人，事之至大，亦莫如知人；誠能知人，則天下無餘事矣。」一個企業，錯用人才，必造成虧空營

損；一個國家，錯用大臣（將），帶來的災難，更是生民塗炭。戰國長平之戰，趙王不聽藺相如之勸，錯用趙括，導致全軍覆沒；三國諸葛亮不聽劉備交代，錯用馬謖，導致街亭失守，這都是說明知人事大，因此，錯愛是禍患的起因。

一、莊子的識人之道

道家經典之一的《莊子・列禦寇篇》中，論及了九種識人之方法可供參考：

1.遠使之而觀其忠（讓人到遠處任職，以觀察其忠誠度）。
2.近使之而觀其敬（讓人就近辦事，以觀察其是否謹愼、恭敬）。
3.煩使之而觀其能（讓人去處理繁雜困難的工作，藉以觀察其能力及耐力）。
4.卒然問焉而觀其知（對人突然提問，以測驗他的機智及應變能力）。
5.急與之期而觀其信（倉卒約定見面的時間或臨時交辦事件，以觀察他的信用程度）。
6.委之以財而觀其仁（託付他大筆財物，以觀察他是否爲清廉的仁人君子）。
7.告之以危而觀其節（告訴他情況危急，觀察其節操）。
8.醉之以酒而觀其側（故意灌醉他，以觀察其本性、儀態）。
9.雜之以處而觀其色（與衆人雜處時，觀察其爲人處事的態度，或是男女雜處，以觀察是否好色）。

從上述九種表現可得到驗證，不好的人，自然無所遁形，就會被淘汰。所謂知人，才能善任，企業也才能永續經營，壯大事業，獲得美名（高添財，1998：124-127）。

個案8-4 識人與知人之道

有一個公司的重要部門的經理要離職了，董事長決定要找一位才德兼備的人來接替這個位置，但連續來應徵的幾個人都沒有通過董事長的考試。這天，一個三十多歲的留美博士前來應徵，董事長卻是通知他凌晨三點去他家考試，這位青年於是凌晨三點就去按董事長家的鈴，卻未見人來應門，一直到八點鐘，董事長才讓他進門。

考的題目是由董事長口述。董事長問他：「你會寫字嗎？」年輕人說：「會。」董事長拿出一張白紙說：「請你寫一個白飯的『白』字。」他寫完了，卻等不到下一題，疑惑地問：「就這樣嗎？」董事長靜靜地看著他，回答：「對！考完了！」年輕人覺得很奇怪，這是哪門子的考試啊？第二天，董事長去董事會宣布，該名年輕人通過了考試，而且是一項嚴格的考試！他說明：「一個這麼年輕的博士，他的聰明與學問一定不是問題，所以我考其他更難的。」

董事長接著又說：「首先，我考他犧牲的精神，我要他犧牲睡眠，半夜三點鐘來參加公司的應考，他做到了；我又考他的忍耐，要他空等五個小時，他也做到了；我又考他的脾氣，看他是否能夠不發飆，他也做到了；最後，我考他的謙虛，我只考堂堂一個博士五歲小孩都會寫的字，他也肯寫。一個人已有了博士學位，又有犧牲的精神、忍耐、好脾氣、謙虛，這樣才德兼備的人，我還有什麼好挑剔的呢？我決定任用他！」

這位董事長的識人與知人的智慧非常獨到且正確，可以說已突破了管理學的盲點，想必他深諳三國時代曹魏劉劭所著的《人物誌．九徵》所說的：「觀人察質，必先查察其平淡，而後求其聰明。」

參考資料：吳光生（2014）。〈觀人察質，必先查察其平淡……〉。《上銀季刊》，第117期（2014年10-12月冬季號），頁64。

二、諸葛亮的知人之道

諸葛亮所撰〈將苑・知人性〉文章中提到：夫知人性，莫難察焉。美惡既殊，情貌不一，有溫良而為詐者，有外恭而內欺者，有外勇而內怯者，有盡力而不忠者。然知人之道有七焉：

一曰，間之以是非而觀其志（即考察他辨別是非的能力和志向）。

二曰，窮之以辭辯而觀其變（即指出尖銳的難題詰難他而看他的觀點有什麼變化，能否隨機應變）。

三曰，咨之以計謀而觀其識（即詢問他的計謀、策略看他的見識如何）。

四曰，告之以禍難而觀其勇（即告訴他艱難、禍至，看看他有無克服困難的勇氣）。

五曰，醉之以酒而觀其性（在開懷暢飲的場合看他的自制能力和醉酒後的眞實品性如何）。

六曰，臨之以利而觀其廉（讓他有利可圖，看他是否廉潔）。

七曰，期之以事而觀其信（即告訴他要完成的事情，看他信用如何）。

透過間志、窮變、咨識、告勇和醉性、臨廉、期信各方面的考核瞭解，以達到知人的目的，而不致錯用了奸佞、小人和庸才、劣才。

與諸葛亮同時代的魏國思想家劉劭就指出：「一流之人，能識一流之善；二流之人，能識二流之美；盡有諸流，則亦能兼達衆才。」說明了具有什麼樣學識的人，才能發現和識別什麼樣水平的人（孫寶義，1993：83）。

第四節　人事背景調查

人事背景調查（background investigation）是組織確認應徵者是否表裡如一的方式，透過應徵者提供的證明人，或從他以前的工作單位那裡蒐集的信息來核實應聘者的個人資料，這是一種能直接證明應徵者情況的有效方法。其目的就是獲得應徵者更全面的信息，進一步驗證自己的判斷，而另一個重要作用，是驗證應徵者提供的信息是否眞實可靠。例如：應徵會計職位者，必須調查其目前是否有欠債（卡債）、前科或犯案，及家庭經濟狀況，以減少錄用後「監守自盜」的財務風險負擔。

人事背景調查可以涵蓋很多內容，諸如：教育背景、個人資質、忠誠、信譽等等，但是不是每一個背景調查項目都要面面俱到，在很多情況下，只要獲取最關鍵的信息就可以了。例如：保全業即是一項高風險行業，人品的重要性不言可喻，因此，每位保全員要先做身家調查，不能有前科，每人的指紋要向警方申報。

一、人事背景調查的作業程序

人事背景調查最好安排在面試結束後與通知錄取前的這一段時間進行，它的作業程序可分爲人事背景調查的條件與人事背景調查的注意事項。

(一)人事背景調查的條件

企業要做好人事背景調查的條件有：

◆要清楚該職缺應具備的職能

職能，是指與任職者工作績效有直接因果關係的能力、工作個性、工作風格等因素，只有熟稔職能模式，才能編製合理有效的人事背景調查的問題。

◆採用恰當的詢問方法

人事背景調查詢問的問題，要儘量具體、明確化。如果你想瞭解應徵者的團隊合作能力，請不要這樣問：「你認爲他的團隊合作能力怎麼樣？」不妨這樣問：「請你仔細回憶一下，在你與他合作共事的過程中，他是否有時願意犧牲自己的利益來完成工作？」這樣的問題，不僅針對性強，而且可以讓對方容易回答（**表8-2**）。

表8-2　推薦人查核表（應徵者資格審查）

・請給出一個應聘者概括性的優點或缺點。 ・舉例來說明其主要的優點和缺點。 ・這些缺點怎樣影響其工作業績。 ・能給出一些關於應聘者創作能力方面的例子嗎？ ・作為經理，你如何評價此人？ ・他的最大的工作成就是什麼？ ・在組織和發展團隊時這個人發揮了多大作用？ ・在專業技術方面，你如何評價此人？請舉例。 ・專業技術是他的一項真正的優勢嗎？為什麼？ ・請舉出一兩個例子說明其在工作中完成SMARTe目標的能力。 ・團隊精神和人際關係——在團隊項目中的實例。 ・時間觀念——關於時間壓力的例子。 ・他的口頭表達和寫作能力如何？這些都是如何衡量的？ ・處理面對壓力、批評的能力，並舉例。 ・他是一個怎樣的決策制定者？舉例並說明這些決策是如何做出的。 ・能給出一個關於其信仰的例子嗎？ ・在哪一方面應聘者還可以加以改進？ ・你會重新僱用該應聘者嗎？為什麼？ ・你怎樣看這個人的品質和個人價值觀？這對其工作業績有怎樣的影響？ ・與你所認識的這一水平的人相比，你怎樣評價這個應聘者？為什麼他是優秀的，或相反？ ・在0至10之間對其工作業績進行評價，如果要給他增加1分，理由是什麼？ 說明：SMARTe為五個英文字的縮寫，即具體細節（Specific）、可以計量（Measurable）、以行為導向（Action oriented）、結果明確（Results）、以時間為基礎（Time based）和環境說明（environment described）。

資料來源：Lou Adler著，張華、朱樺譯（2004）。《選聘精英5步法》，頁121。北京：機械工業出版社。

◆注意調查對象的選擇

人事背景調查的對象與調查內容要匹配。如果要瞭解應聘者的專業知識水準，應該向其最後學習階段的同學或相同專業的同事調查；如果要瞭解工作態度，可以向原來的上司（以合作時間最久者爲佳）調查；如果要瞭解其團隊合作能力和成就動機，可以諮詢他先前與他工作過的同儕（專案小組）。

二、人事背景調查的注意事項

人事背景調查的內容，應以簡明、實用爲原則，其注意事項有：

1.企業並非對所有應徵職缺者做信用調查，而是要針對一些像高階主管、財務、會計、警衛、法務、倉管、採購、人事等會接觸到公司的機密、資金、物料管理的工作者做人事背景調查。

個案8-5　介紹人的片面之詞

多年前，我就發現推薦信或介紹信有其缺失。有一天，我進主管辦公室，他正在通電話，要我坐在一旁等待。由通話內容聽來，他顯然在回覆對方查詢被推薦人的工作經驗。他向電話那頭大聲嚷道：「她會傾全力做事，從不半途而廢，她有無窮精力，毅力過人。」

我當然好奇他在說誰。他繼續吹噓她的好處，全力奉獻……是……是，潛力很高，我覺得假以時日，奧黛莉一定可以擔當管理的大任，我們一定會懷念她。

奧黛莉？簡直不可能，他不是在說那個奧黛莉吧！她是典型說多做少，老是自我中心，歷來考績都是最差的人，絕不可能是他描述的那個人。

主管掛上電話，自鳴得意地邊搓手邊笑著說：「這回應該可以除去這個頭痛人物了。」

你不能信任聽聞，人各有動機，若沒有一點直覺，你根本不知道對方說的是真是假，再加上當今人們愛興訟，在別人查證介紹函時，說壞話不小心吃上官司。因此，查證介紹信時，大家不見得會說出真正意見，你只能查證，如任用時間等事實。

資料來源：Paul G. Stoltz著，莊安祺譯（2001）。《工作AQ：知識經濟職場守則》，頁201。台北：時報文化。

2.人事背景調查應尊重被調查者的意見，要徵得被調查者的同意。有些應徵者在應徵職位時，可能並未向原單位提出離職，因此，這類應徵者不希望面試者去向現任服務單位進行人事背景調查，以免過早暴露自己的離職意向而騎虎難下，左右爲難。
3.人事背景調查僅針對已經有錄用意向的應聘者行之，如此一來，設計人事背景調查的問題會更周詳與全面。
4.人事背景調查結果只能作爲錄用決策的參考，不能作爲唯一的評價依據，因爲調查對象形形色色，千差萬別，有的肆意渲染，有的會詆毀中傷，有的會輕率敷衍。
5.注意不要碰觸到《個人資料保護法》有關個人人格權受保護的規定，除非經當事人書面同意使得爲之。

總而言之，企業對一些重要職位的應聘者，進行人事背景調查是有其必要性與正當性。企業在招聘過程中，引入人事背景調查，不僅可避免錄用應徵者後與原服務單位的糾葛（如競業禁止、聘僱合約未解約等），它還能夠體現出招聘工作的專業、規範，有助於樹立企業的良好形象（余琛，2005/12：50）。

小常識　查詢參考人的問話

- 你認為張三在工作上最強項在哪些方面？
- 依你看，他的弱點是什麼？
- 就同一件工作來說，你覺得他的表現比別人如何？
- 他過去在你這裡服務的時候，你認為他對公司或是這個部門有些什麼特殊的貢獻？他是不是那種不拘小節的人？
- 工作壓力大不大？
- 他會常常曠職嗎？
- 他上班準不準時？
- 他很誠實嗎？
- 你會不會再錄用他？

資料來源：Robert Half著，余國芳譯（1987）。《人才僱用決策》，頁91。台北：遠流出版公司。

第五節　健康檢查

健康檢查是在招聘過程中一項很重要的步驟，大多數的組織都留待應徵者通過各種測驗與面談後，對於準備僱用的應徵者，企業會指定並要求應徵者到當地一家信譽卓著或經常往來的醫療機構（醫院）進行體檢，在報到時，檢附體格檢查表（正本）備查。

一、健康檢查資料的運用

除了一般性標準的健康檢查項目外，組織可視工作的性質要求應徵者增減檢查項目，而其健康檢查提供之資料，可以作爲下列三方面的應用：

1.可以瞭解應徵者是否符合此職位之體能需求，並發現其是否有體能上的限制而不適任某種工作。
2.可爲應徵者的健康狀況做記錄，以及將來人壽保險（團體保險）或職災補償的證明。
3.找出健康問題所在之後，可以降低員工缺席率及職業災害，亦可發現連應徵者都不知道的潛在疾病（傳染病、慢性病、隱疾）而能提早治療。（楊平遠，2000：65）

二、身體健康檢查的對象

在下列情形下，應徵者通常需要進行身體健康檢查：

1.應徵者所申請的是特別艱苦的工作，或是必須一個人獨自擔負的工作，例如保全人員。
2.應徵者申請的職缺，在工作者的生理衛生方面的要求標準極高，例如：酒席承辦人員、食品製造業、廚師等。
3.經由面談過程或其他管道得知應徵者的醫療紀錄似乎很可疑者。

個案8-6　體格檢查爲不合格規定項目

為符合臺北市大眾捷運系統行車人員技能體格檢查規則之規定及捷運業務需要，新進行車類組人員有下列異常情形之一者，體格檢查為不合格：

(一)任一耳純音聽力各檢測音頻之數值超過40分貝（DB）者。
(二)兩眼矯正後視力，任一眼視力未達0.8以上。
(三)辨色力異常，有斜視、夜盲症及其他重症眼疾。
(四)慢性酒精中毒者。
(五)藥物依賴或成癮者。
(六)發育不全或骨骼肌肉畸型，足以妨礙工作者。
(七)患有法定傳染病未經治癒且須強制隔離治療者。
(八)心理精神異常，語言、知覺、運動或智能等機能障礙或癲癇症等發作性神經系統疾病者。
(九)平衡機能經檢查醫院判定為異常者。
(十)患有高血壓或冠狀動脈疾病，經臨床診斷不能勝任緊急事故應變：
1.血壓之收縮壓超過140mmHg或舒張壓超過90mmHg。
2.患有心臟病或心血管疾病者。
(十一)患其他重大疾病，由本公司醫師判定足以妨礙工作者：
1.尿液常規檢查及尿沉渣檢查其中之一經檢查判定為異常，或安非他命及嗎啡其中之一為陽性反應。
2.血液常規檢查、血糖、膽固醇、三酸甘油酯、GOT、GPT、BUN及肌酸酐等其中之一經檢查判定為異常者。
3.腦電波檢查經檢查醫院判定為異常者。

資料來源：臺北市大眾捷運公司（公告民國103年1月22日）。〈臺北捷運公司招募新進人員作業說明〉，http://manpower.trtc.com.tw/workerdata/procedure.pdf。

4.所申請的工作本質會危害到工作者的健康時。

5.工作申請者生理上已患有痼疾或殘疾，例如：領有身心障礙手冊者。

在工作申請表格中，申請人簽名的上方空白處，可以加上一段文字敘述，表明應徵者若能受到僱用，願意於任何時候接受身體健康檢查，這將是比較明智的作法（藍虹波，2005/12：53）。

企業錄用員工前，必須清楚、明白的告訴錄取者體檢的項目內容，哪些體檢項目的異狀情況被檢查出來，公司不會錄用的，以免錄取者報到後，因健康檢查項目中的某一、二項不合格而被通知解約，這對錄取者是不公平的，因爲有些求職者爲了到新單位就職，已將原先的工作辭退後才到醫院做健康檢查，如今，因體檢過不了關，讓錄取者走投無路，這是不符合企業責任的作法，應避免之。

第六節　試用期間

招聘有「黃金週期」，最好在七天內迅速確定人選，才有機會留下好人才，否則一轉眼被競爭者「捷足先登」就徒呼奈何了。當求才洽談的結論爲雙方互相接受時，企業應立即寄發正式的任用通知。

一、僱用聘書

錄用通知書的內容必須符合當初面試洽談的條件，同時要讓受聘者感到受歡迎。除此之外，爲了使其能儘早與公司融爲一體，可以告知目前公司的聯絡人、公司提供的協助（提供住宿或代租住屋）以及報到日期。

僱用聘書上應載明一些重要的事項，諸如：

1.聘僱生效日期。

2.職稱。

3.試用期。

4.薪資。

5.福利概況。

6.是否接受僱用的答覆期限。

企業不要認爲正式僱用聘書寄出後就算完成了最後步驟，還必須更進一步的與其個人接觸。一通詢問電話是很重要的，詢問其是否接到通知？是否能夠到職？再強調這份工作職務的優點，並提出協助意願等。

假如報到當日未前來報到，又沒有任何回音，人資單位承辦人必須立刻電話詢問，用親切的口吻尋求一個肯定的答覆，其目的是爲瞭解受聘者有無困難，以便協助處理。這項行動非常必要，假如該受聘者拒絕這項職務，企業可以立刻開始準備下一次的求才計畫，或通知備取人選前來工作的意願。

招聘工作不僅要注意人才的選擇，更要重視任用前後的一連串準備工作，以期能順利完成人才的聘用，確實達到人才爲己所用的目的（劉季旋，1989/11：83）。

至於未錄用的人選，千萬不要輕易放手，企業要懂得建立儲備「人才庫」，現在不合適的人選，或是未如期約定來報到的人才，不代表未來就沒機會再聘僱，若能透過貼心的方式，例如利用電子郵件隨時告知職缺訊息，以維持一份良好的關係，往後也許可再借重其專才爲企業服務。

二、新進人員試用期

1997年6月22日修正前的《勞動基準法施行細則》第6條第三項規定：「勞工之試用期間不得超過四十日。」惟有鑑於《勞動基準法》並無試用期間之規定，亦未對試用期間設限，因此爲避免牴觸《勞動基準法》，杜絕爭議，此項《勞動基準法施行細則》之規定，已於1997年6月22日法規修正時予以刪除，至此《勞動基準法》及其《勞動基準法施行細則》即無任何有關試用期間之相關規定。

因企業僱用新進員工，大都僅能針對該員工所提出之書面文件，而就其學經歷爲形式上之審查與面談，並無法眞正瞭解該名受僱者之工作能力，而無法隨即判斷該名新進員工是否適任，且新進員工在剛進入公司工作，亦無法知悉服務公司之體制及是否能適應工作環境，因此，實務上企業在聘僱新任員工時，大都會與該名新進員工約定一定期間爲試用期，

而依該名員工試用期間之表現，決定是否正式任用（符益群、凌文輇，2004/02：70）。

(一)試用期的作用

原則上，所有被錄用的新進員工都必須經歷試用階段。試用期間長短的約定，則應依勞工工作性質、勞動契約長短等因素綜合判斷，如果新進人員所擔負的工作，其性質較爲單純，其試用期大約是三個月，若是其所擔負的工作性質較爲複雜，而且責任也較重，其工作試用期可能就會更長些。

(二)試用期間解約補償

行政院勞工委員會在1997年9月3日（86）台勞資二字第035588號函指出：「於該試用期內或屆期時，雇主欲終止勞動契約，仍應依勞動基準法第十一、十二、十六及十七條等相關規定辦理。」認爲試用期間勞動契約之終止，仍有勞動基準法法定終止事由的限制，亦即認爲企業主應給付資遣費及其預告工資（**表8-3**）。

表8-3　勞動基準法有關雇主解僱的規定

條文	內容
第11條	非有下列情事之一者，雇主不得預告勞工終止勞動契約： 一、歇業或轉讓時。 二、虧損或業務緊縮時。 三、不可抗力暫停工作在一個月以上時。 四、業務性質變更，有減少勞工之必要，又無適當工作可供安置時。 五、勞工對於所擔任之工作確不能勝任時。
第12條	勞工有下列情形之一者，雇主得不經預告終止契約： 一、於訂立勞動契約時為虛偽意思表示，使雇主誤信而有受損害之虞者。 二、對於雇主、雇主家屬、雇主代理人或其他共同工作之勞工，實施暴行或有重大侮辱之行為者。 三、受有期徒刑以上刑之宣告確定，而未諭知緩刑或未准易科罰金者。 四、違反勞動契約或工作規則，情節重大者。 五、故意損耗機器、工具、原料、產品，或其他雇主所有物品，或故意洩漏雇主技術上、營業上之秘密，致雇主受有損害者。 六、無正當理由繼續曠工三日，或一個月內曠工達六日者。 雇主依前項第一款、第二款及第四款至第六款規定終止契約者，應自知悉其情形之日起，三十日內為之。

（續）表8-3　勞動基準法有關雇主解僱的規定

條文	內容
第16條	雇主依第11條或第13條但書規定終止勞動契約者，其預告期間依下列各款之規定： 一、繼續工作三個月以上一年未滿者，於十日前預告之。 二、繼續工作一年以上三年未滿者，於二十日前預告之。 三、繼續工作三年以上者，於三十日前預告之。 勞工於接到前項預告後，為另謀工作得於工作時間請假外出。其請假時數，每星期不得超過二日之工作時間，請假期間之工資照給。 雇主未依第一項規定期間預告而終止契約者，應給付預告期間之工資。
第17條	雇主依前條終止勞動契約者，應依下列規定發給勞工資遣費： 一、在同一雇主之事業單位繼續工作，每滿一年發給相當於一個月平均工資之資遣費。 二、依前款計算之剩餘月數，或工作未滿一年者，以比例計給之。未滿一個月者以一個月計。

資料來源：丁志達（2014）。「103年度勞資爭議調解人訓練及認證」講義。花蓮：天翌管理顧問公司。

內政部在1985年9月9日（74）台內勞字第344222號函指出：「勞動基準法施行細則第五條規定：勞工工作年資自受僱當日起算。故勞工於試用期間屆滿，經雇主予以留用，其試用期間年資應併入工作年資內計算。」

三、引導新進員工入門

根據調查顯示，絕大多數在六個月之內離職的新進人員，最常見的離職原因就是該工作和原先的期望不符。

新進員工報到上班的第一天，往往是決定員工留職態度的時刻。在第一天的前二到四個小時，員工最能夠聚精會神聆聽所有的資訊和指示。企業必須掌握這神奇的數小時，讓新進員工能在未來帶來最大的貢獻。

1.確保有人負責帶領新進員工，回答新進員工的問題，才不致讓新進員工徬徨無助地枯坐在位子上無所適從。
2.帶領新進員工參觀整個公司環境並介紹其他同事與之認識，讓他感受到團隊歡迎的氣氛。

個案8-7　實習5天就被炒　提告敗訴

鍾姓男子應徵飯店櫃檯人員，實習五天就因情緒控管不佳、對剛進飯店的客人喊「謝謝光臨」而未獲錄取。他提告請求確認僱傭關係存在，並要求飯店給付薪水，但新北地院法官認為業者沒錯，判鍾敗訴。

飯店人員說，鍾面試時同意先實習受訓兩週，通過後才轉任為試用人員，但實習受訓五天中，相關主管發現鍾不僅與同事爭執，還向客人報錯價；且未專心工作，客人剛進飯店應該喊「歡迎光臨」，他卻喊「謝謝光臨」。

飯店要求員工保障客人隱私，上班期間禁止使用手機、錄音筆、相機等3C產品，鍾卻違規使用手機在飯店內拍照。飯店以他實習成績和態度不佳不予錄取，也給他實習的基本薪資。

法官認為，雇主只形式審查新進員工學經歷，無法確認對方是否適任，因此須先試用；雇主以試用員工不適格為由行使解僱權，法律上應容許較大彈性，飯店依鍾表現認定不適任並沒錯。

資料來源：饒磐安（2013）。〈實習5天就被炒　提告敗訴〉。《聯合報》（2013/09/20），B新北市/運動版。

3.告訴新進員工未來幾週甚至幾個月中整體的訓練計畫包括哪些項目，公司期望他在這段時間內學到什麼技能。

4.給新進員工一些公司的沿革、價值觀等背景資料，當新進員工看到公司的整體圖像，就愈能融入整個企業中。

5.簡短向新進員工說明公司的政策和規定，但不須太過繁瑣。

6.讓新進員工瞭解公司將如何驗收他的訓練成果，讓他感覺到公司對這個訓練的重視，他就會更認同整個公司和工作。

7.午餐時間往往是新進人員最尷尬的時刻，邀請一些同事和新進員工一起共進午餐，不要只由上司或人力資源人員代表歡迎。

8.在一天快要結束的時候，鼓勵新進員工多問問題，多一點互動，讓他帶著愉悅的心情回家。

找到對的員工，提供對的訓練，將可以爲企業帶來更高的價值（Gatewood & Feild著，薛在興、張林、崔秀明譯，2005：13）。

結　語

識人與用人是一門大學問，常因人、因地、因場合而異。在今日的企業中，錢和其他資源都不難取得，但是好的員工卻是最珍貴的資源，因而企業主應該不斷地自我提升用人的技巧，採用有系統的招聘方法，它會大大地提高「獵才」的機率。

第九章

人才管理與留才戰略

- 人才管理
- 管理才能評鑑中心
- 留才策略
- 離職管理

> 上（李世民）謂魏徵曰：「為官擇人，不可造次。用一君子，則君子皆至；用一小人，則小人競進矣。」
>
> ——《唐鑑》．北宋．范祖禹

人力資產等式的一邊是聘僱決策，另一邊則是留才。當人才和資本一樣成爲「流動財」，使得人才流向，決定了企業的強弱，對企業而言，如何招聘和留才同等重要。國際商業機器公司（International Business Machines Corporation, IBM）創辦人湯姆．華生（Thomas J. Watson, Sr.）曾經豪氣萬丈地說：「就算你沒收我的工廠，燒毀我的建築物，但留給我員工，我將重建我的王國。」在「人力資本」才是企業重要資產時，員工的羅致、培育、借重與維護，仍成爲企業經營者必須全力以赴的要務。

要掌握人才，便先要掌握人性，人性有許多共同點，例如喜歡被尊重、喜歡學習；人性也有差異性，有人喜歡安定，有人喜歡冒險，有人喜歡被關懷，有人喜歡去關懷別人。管理若能符合人性的期待，就能掌握人才，就能留人，企業經營就能成功。

第一節　人才管理

厚植人才的競爭力，是企業近年來最重要的策略工作之一，特別是地球變「平」的全球化時代。俗話說：「戰國君王多，三國英雄多。」所謂時勢造英雄，三國紛爭，正是一個需要英雄俊傑、人才輩出的時代，曹操就把人才看作逐鹿天下的第一要務，因爲「治平尚德行，有事尚功能」，曹操不問門第，唯才是舉，造就曹氏帝業。根據《三國志．宗僚》開列：蜀漢人物一百零四人；曹魏人物二百四十二人；東吳人物一百三十一人，總共四百七十七人，曹魏人才冠於吳、蜀，三國鼎立終歸魏國一統天下。

美國科技公司的人才策略

企業	舉例說明
Google（谷歌）	如果員工不幸去世，其配偶還能在未來十年享受到去世員工的半數酬勞；他們未成年子女還能每月收到一千美元的生活費直至十九歲成年。除了半數薪酬，配偶還能獲得去世員工的股權授予。
Facebook（臉書）	所有人都以成績說話，只要完成一個重要項目並且在規定的時間內完成目標數據，公司立即對項目成員進行加薪和晉升。
Twitter（推特）	給出的薪水在行業內位居最高，達到十一萬五千美元，這是對人才最直接最古老的吸引力。
IBM（國際商業機器）	有興趣才能將工作做好，將興趣與工作很好地結合在一起，最大化的發揮自己的潛能，既保證了個人工作的成就感，又保證了對公司利益的最大化。實現員工與公司的雙贏。
Amazon（亞馬遜）	其他各大公司的離職、辭職員工、自由派藝術家、大學學者、搖滾音樂家、甚至職業滑冰、賽車選手等等，無論什麼背景，只要你自信、富有創意，就可以成為亞馬遜重要一員。
HP（惠普）	用人：尊重人、培養人、鍛鍊人、各盡所能，人適其位。
Apple（蘋果）	為最優秀的員工提供最好的工作環境。這是蘋果公司的理念。賈伯斯（Steve Jobs）曾用超過四分之一的時間用於招募人才。
Microsoft（微軟）	創新、開放、尊重以及多元包容是微軟的企業文化，非常自由，正直誠實、開放尊重、樂於挑戰、熱愛工作、勇於負責、自我要求，成為身體力行的準則。
LinkedIn（領英）	篤信「做得更少、做得更好」的哲學。員工持有LinkedIn股權，已經成功將股票變現提升自身的收入。
Yahoo!（奇摩）	實行高補貼離職政策，確保那些相信公司使命，願意跟公司一起走的人，踏踏實實地留下來，同時讓那些猶豫徬徨的人自行離開。

資料來源：INSIDE，〈10家美國科技公司的人才策略〉，http://www.inside.com.tw/2013/08/15/10-tech-company-talent-strategy。

個案9-2 知名企業的人才標準

企業名稱	A級人才機密檔案
國際商業機器公司（IBM）	必勝的決心（win） 又快又好的執行能力（execution） 團隊精神（team）
殼牌（Shell）	分析力（Capacity） 成就力（Achievement） 關係力（Relation）
摩托羅拉	遠見卓越（Envision） 活力（Energy） 行動力（Execution） 果斷（Edge） 道德（Ethics）
寶潔（P&G）	領導能力 誠實正直 能力發展 承擔風險 積極創新 解決問題 團結合作 專業技能
聯強國際	智力商數（IQ）與情緒商數（EQ）兼具 富團隊合作精神 不斷地自我檢討、改善 主動努力、積極學習 平衡的特質（過分保守的不要、過分積極的也不要） 成熟度高
台灣飛利浦	具創新精神 具團隊合作的協調精神 要能夠搬來搬去（即適應、學習能力強） 具世界觀
仁寶科技	具團隊精神 前瞻的眼光 吃苦耐勞 強烈完成任務的信心與企圖心

資料來源：黃海珍（2006）。〈世界知名企業的人才標準〉。《中國就業》，總第103期（2006/01），頁49-50。《能力雜誌》，第577期（2004/03），頁30、60。

一、人才管理的重要性

人力資源管理和人才管理都是在處理企業員工的選才、用才、育才、留才的問題。然而，兩者最大不同之處，在於人力資源管理關心的對象，包括組織中全體的員工，而人才管理主要關心的對象則是在組織中約20%的頂尖員工。藍斯·博格（Lance A. Berger）和桃樂西·博格（Dorothy R. Berger）在其《人才管理》（*The Talent Management Handbook*）一書中指出，在組織中屬於拔尖人才者（super-keeper）約占3～5%，屬於優越人才者（keeper）約占8～12%，這些員工擁有公司競爭所需的核心能力與價值，是公司成功的典範，公司一旦缺乏或失去這些組織中頂尖的員工，將嚴重影響公司的成長，甚至公司的永續經營。微軟（Microsoft）創辦人比爾·蓋茲（Bill Gates）就曾說過：「如果抽離我們公司最傑出的20%員工，微軟將不再是一家舉足輕重的公司。」（林文政，2006/5：8-9）

同樣地，網際網路產品全球領導廠商思科系統（Cisco Systems）創辦人約翰·錢伯斯（John Chambers）也認為：「與一般軟體工程師相比，最優秀的工程師能寫出十倍可用的程式碼，他們開發產品創造超過五倍的利潤。」管理大師彼得·杜拉克（Peter F. Drucker）說：「當產業無法吸引條件好、有才幹、有企圖心的人，這便是衰退的第一個徵兆。例如：美國鐵路的沒落並非始於二次世界大戰之後，只是在那個時候才開始浮出檯面，而且情勢變得無法扭轉。美國鐵路業早在一次大戰期間就已顯露頹勢。一次世界大戰之前，美國的工程系畢業生都嚮往進入鐵路業。可是從第一次世界大戰結束，不管是什麼原因，鐵路業不再得到年輕工程畢業生的青睞，甚至一般受過教育的年輕人也不願投入。二十年後，當鐵路陷入困境，管理階層便沒有人具備解決問題的擔當和能力。」所以，產業無法吸引人才乃是衰退的第一個徵兆（Peter F. Drucker著，胡瑋珊等譯，2005：130）。

人才管理在近年開始蔚為風潮，在激烈的人才爭奪戰中，企業如何能夠一次就選對人、用對人，「人才管理」成為企業愈來愈重要的議題與課題，整合性的人才管理機制讓企業在擁有人才資產的基礎上，發揮最大的人才資產效益，使得企業得以生生不息、基業長青（**表9-1**）。

表9-1　人力和人才的主要差別

類別	人力	人才
人才供給	充裕、供給無慮	優秀人才永遠不足
時間範圍	隨時可以尋找、補充新員工	長期努力建立人才庫
態度	雇主主導，員工各司其職	權力分享、工作整合
人口結構	從當地招募員工	招募全球各地的頂尖人才
經濟效益	評估不易，把人力視為成本	能夠準確評量，創造盈餘
全球化效應	只在當地完成工作	可以移往全球各地工作
徵才人員的觀點	遇缺才補	積極規劃，打造人才庫
行銷	微乎其微	有策略地投資，並評量投資報酬率

資料來源：徐峰志譯（2006）。〈搶人才！人才市場趨勢〉。《大師輕鬆讀》，第178期（2006/05/18），頁17。

二、人才評估矩陣

所謂人才，絕非天才，而是要有一顆進取的心，願意奉獻，不斤斤計較，能團結一致，全力以赴，向共同目標努力的打拚者。早在約一千八百年前的三國時代，劉備就提出了「成大事者，以人爲本」的口號，成功、牢固的人才戰略，使得劉備在力量弱小的劣勢下收攏了一大批人才，成就了一番事業。所以，企業能將對的人擺放在正確的位置（適才適所），才能凸顯出組織的能量。

人才的評估依其表現強度大小，可分爲四類：

(一)人才

人才，係指屬於潛力和能力頂尖的一群，就好像是組織裡頭的「閃亮明星」，這群人最容易被競爭對手挖角，所以他們需要栽培，應給予更多知識的訓練，培養精專的策略規劃，盡全力關照這一類的人才。例如：讓他們眞正投身於熱愛的工作項目，讓他們在工作中有不斷成長的機會，迎向新的挑戰，以及和同事的優質互動關係。舉例而言，對年營業額超過二百四十億美元的聯邦快遞（Federal Express）來說，收送文件與包裹的快遞人員，對於企業營運的關鍵性，超出將文件包裹運送各地的貨機駕駛人員，其原因是，快遞人員除了是直接接觸客戶的第一線人員外，更必須常對如何維持整個遞送環節的效率做出正確的判斷，所以，收送文件與包裹的快遞人員就是關鍵人才（**表9-2**）（李學澄、苗德荃，2005/07：47）。

(二)人財

人財，係指潛力好，但其能力尚須加強的一群人。「人財」顧名思義是組織的財富，是組織裡頭具有潛力的一分子，其共同的人格特質，就是對知識飢渴，培養其最好的方法，就是給予很多專案去執行，很快就可收到效果。

(三)人在

人在，是指能力好但其潛力不張的一群，屬於組織裡螺絲釘的角色，能把分內工作做好，在固定的職能上，可以將工作效能發揮很好，但卻無法到達管理職，不過可以彌補人竭的不足。

(四)人竭

人竭，是指在能力和潛力上都顯得不足的一群，雖其表現並不如其他人理想，但不足以影響組織的運作，而提升人竭的方法，就是以績效考核去制衡，要求其效率更高、更好（吳怡銘，2005/05：36-37）。

表9-2　人才管理七原則

1.開明的領導團隊：執行長真的明白人才管理的重要，認為培養人才可為公司創造競爭優勢。 2.績效導向的菁英領導體制：願意基於績效以及績效背後的價值觀和行為分辨人才，慧眼識人。 3.明確界定和闡述價值觀，說明公司的堅定信念，以及期望的行為。 4.坦誠溝通，彼此信任：如此方能準確瞭解員工的才能與潛力，並針對個別的發展需求加速人才成長。 5.人才評估／培養系統和財務及業務營運系統一樣嚴謹，並可反覆使用。 6.人資主管擔當管理高層的業務夥伴，在人才培育制度的建立扮演重要角色，層級不低於財務長。 7.持續學習，不斷改進，視環境變遷持續更新公司領導層及領導原則。

資料來源：Ram Charan、Bill Conaty著，許瑞宋譯（2011）。《決勝人才力：這些公司的人才為什麼很搶手？》，頁288。台北：天下文化。

三國時代魏國學者劉劭說：「才能大小，其準不同，量力而授，所任乃濟。」透過人才評估，管理者適時找出部屬的優缺點，不僅有利其職能的發展，也可以讓組織更健全地走上正途（**表9-3**）。

表9-3　人才能力

策略需求	產品範圍： 只提供差異化（differentiated）的產品	產品重點： 我們強調售後服務	成長重心： 主要的成長點來自於在新的市場銷售現有產品	競爭優勢： 我們會透過快速開發並推出客製化的產品取得勝利
經營管理程序需求	存貨管理程序： 淘汰一般商品的存貨	業務開發程序： 服務業務的成長	市場進入程序： 排列想要進入各個潛在市場順序	產品開發程序： 加快設計產品模型
部門需求	財務部： 管理資產負債表的影響	銷售部： 服務性合約的銷售量	市場行銷部： 調查研究市場的大小、競爭情況以及可能的價位	工程部： 設計製作實體模型
職位需求	財務分析師： 估算報廢物品的費用	全國客戶關係經理： 賣給全國性客戶的長期服務合約數	市場分析專家： 分析目標客戶的情況	工程師： 撰寫實體模型的規格說明
人才能力需求	・報廢銷帳政策 ・基本數學 ・折舊公式 ・會計法則 ・會計報表的輸入與資料操控	・全國性客戶需要和購買標準 ・產品優點和特徵 ・價格政策 ・傾聽 ・關係的建立	・人口統計資料蒐集和分析 ・心理描繪圖式資料的蒐集與分析 ・個體經濟分析 ・客戶輪廓的格式	・功能性評估 ・CAD/CAM（電腦輔助設計／電腦輔助製造）的設計方案 ・技術文件撰寫 ・非技術文件撰寫 ・跨職能合作 ・預算指標

資料來源：Alan P. Brache著，中國生產力中心譯（2005）。《改變組織DNA：組織追得上變遷嗎？》（*How Organizations Work: Taking a Holistic Approach to Enterprise Health*），頁195。台北：中國生產力中心。

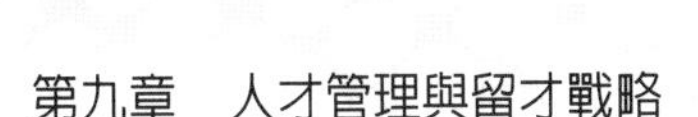

三、人才管理制度的建立

對於重要人才的發展，奇異公司（GE）以水庫圖型來表現「人才水位」的高低，以掌握人才的僱用、升遷、移動及流失的狀況。此外，每年奇異公司會針對各事業單位的主管打分數，藉以區分出A、B、C三個不同表現的員工。

表現最傑出的A級員工必須是事業單位中的前20%；B級員工是中間的70%；C級員工約10%。奇異公司以常態分配的鐘型活力曲線（vitality curve）來呈現這種概念，A級員工將得到B級員工二到三倍的薪資獎酬，而C級員工則有遭到淘汰的危機。活力曲線是年復一年、不斷進行的動態機制，以確保奇異公司向前邁進的動能（廖志德，2004/03：19-20）。

人才管理制度建立的範疇包括：人才吸引與招聘（社會新鮮人、有經驗的工作者、現有員工等）、人才激勵與留置（整體獎酬與特別獎金）、人才發展（專業能力發展、評鑑中心、核心能力）、領導才能發展（短期／特別任務指派、高階指導、跨功能／部門輪調、跨國海外派遣機會、快速晉升管道）、績效管理（才能管理與發展、高挑戰績效目標設定與績效回饋、特別回饋機制）、人力規劃（人才市場供需分析、關鍵人才能力預測與培養、人才需求分析）和組織文化（企業價值觀、彈性的工作環境、多樣化活動、內部溝通管道與機制）等（張玲娟，2004/07：62）。

四、人才管理的範疇

整合性人才管理與人力資源管理相結合，故其範疇涵蓋整個人力資源管理流程，包括：人才需求分析規劃、人才的招募與遴選、人才的發展與培育、人才的留置與激勵、績效考核管理及企業文化的建立等。

大致而言，人才管理的範疇有下列三股動力：

(一)吸引

組織應吸引哪方面的人才，招募的方法及用什麼方式來遴選確實所需的人才。

(二)培養

如何配合升遷及輪調制度，有計畫地予以工作中訓練，以增進人才的經驗與歷練；如何給予有計畫地集中訓練，來增進人才專業核心能力及領導管理之知能。

(三)留置

薪資、福利及獎勵制度的設計、彈性工作時間與環境、組織內部參與制度、多元溝通管道、多樣化活動、企業價值觀及企業文化的建立等（**圖9-1**）（陳麗容，2005：81）。

人才管理輪

人才管理輪把人才管理的重要元素分成兩部分：人才管理實務（在外圈）和指導原則（在內圈）。六個指導原則均等地適用於各項人才管理實務。

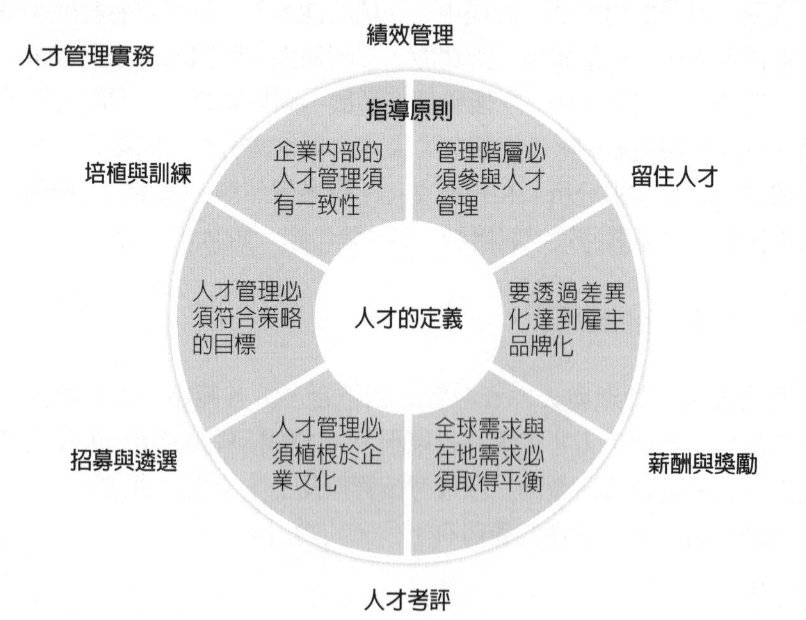

圖9-1　人才管理輪

資料來源：編輯部（2012）。〈全球人才管理的六大原則〉。《EMBA世界經理文摘》，第308期（2012/04），頁99。

五、人才管理的發展趨勢

由於人才管理從後勤作業轉變爲企業提升競爭力的重要策略之一，因此許多科技企業紛紛尋求具備總經理的資歷，能夠以商業思維規劃人資策略的高階經理人出任人才長（chief talent officer）。

「人才」的定義，指的是那些能對現在及未來企業經營績效做出重要貢獻的一群人或個別員工，而人才管理的發展趨勢從一開始的「關鍵職位出缺規劃」，演進到「接班人計畫」，再演化至「整合性人才管理」。

1.愈來愈多的企業準備把徵才工作委外。委外徵才使得招聘卓越人才變得更複雜，因爲在徵才過程中有了第三者加入。
2.企業正在規劃更完善的指標，來評量優秀員工爲企業貢獻了多少價值。高階主管現在更清楚體認到，必須協助人才發展職涯，也瞭解這麼做能夠帶來的財務效益。
3.接班人計畫爲軸心的人才管理對象擴展到更廣泛的高階人才庫，未來著重在策略性人力規劃與發展，確保有品質且足夠的人才庫，以作爲高階領導團隊的接班人計畫，除了定期評量外，並接受相關的培育與發展。
4.企業推展一個與離職員工保持聯繫的策略，適時的再找機會聘請這些離職員工返職，讓他們帶著充沛的精力與全新的視野，回到原本的組織內繼續服務與貢獻。

當員工感受到企業關切與重視員工志趣、技能與人員之間的連接與互動時，優秀的員工就不太會尋求公司外的其他發展機會（**表9-4**）（徐峰志譯，2006/05/18：15）。

表9-4　人才管理發展趨勢

演進方向	關鍵職位出缺規劃 →	接班人計畫 →	整合性人才管理
目的	風險管理	策略性人力規劃與發展	廣泛的人才搜尋與發展
對象	高階主管職位	高階人才庫	多層級的組織關鍵人才
評量依據	工作相關績效與潛能	歷年績效表現與領導才能	所有相關績效與核心能力
結果	關鍵職位的取代計畫	人才庫的發展與人力規劃	人才的發展、部署與人力資源流程整合
生涯發展	線性發展，主要在同一功能的職位上升遷	跨功能；跨地域；跨部門異動	多元發展管道；跨功能；跨地域；跨部門；跨事業群
執行方式	年度高階主管／董事會會議	年度檢視會議、發展計畫擬定及持續的人力規劃	連接人力資源制度的規劃與持續性發展活動（多重生涯管道）
負責單位	高階主管，董事會	高階領導團隊	關鍵人才、直屬主管及當地高階領導團隊
人才參與方式	配合	接受培育與發展	高度參與

資料來源：張玲娟（2004）。〈人才管理——企業基業常青的基石〉。《能力雜誌》，第581期（2004/07），頁61。

第二節　管理才能評鑑中心

一個組織之前景如何，有極大一部分取決於管理人才的素質。於是，如何辨別人才與拔擢人才，便成爲管理上的重要課題。管理才能評鑑中心是現代人員素質評鑑的一種主要形式，它是公司要求受評者執行的一連串模擬任務或練習，接著觀察人員會對受評者在模擬任務的表現進行評分，並藉此評估其管理技巧和能力。它主要用於管理人員的選拔和培訓，也常用於遴選營銷人員。例如：外派管理人員的評鑑，通常會考量其適應環境的能力、語言能力及領導能力。

一、評鑑中心的沿革

評鑑中心起源於德國。1929年德國心理學家建立了一套用於挑選軍

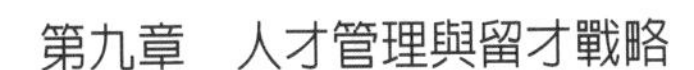

官的非常先進的多項評價程序，其中一項是對領導才能評鑑。評鑑的方法是讓被測試者參加指揮一組士兵，他必須完成一些任務或者向士兵們解釋一個問題，在此基礎上，評鑑員再對他的面部表情、講話形式和筆跡進行觀察和評價。

在1956年，評鑑中心制度爲美國電話電報公司（American Telephone & Telegraph, AT&T）所採用，主要用於評鑑高級管理人員。由於實施效果良好，因此廣受企業界的重視，紛紛採用此一方法來進行「管理才能」的評鑑，非常成功地把「預測」的選才工作做得很好。台灣地區亦於1983年由中國鋼鐵公司引入，作爲基層主管晉升的評選工具。

二、評鑑中心的作法

評鑑中心並不是指實際成立一處評鑑場所，而是使用不同的行爲評鑑方法，包括：行爲事例訪談、三百六十度評量、各種紙筆測試、案例分析、心理測驗以及情境模擬練習（如公文處理練習、無領導的小組討論、角色扮演練習等）。這些技術並不是在一次評鑑中都要使用，而是根據不同組織的目標要求和工作情境，有針對性地挑選幾項技術即可。

從評鑑的主要方式來看，有投射測驗、面談情境模擬、能力測驗等，但從評鑑中心活動的內容來看，主要有公文處理、無領導小組討論、管理遊戲、角色小組討論、演講、安全分析、事實判斷等形式。對於評鑑對象進行已界定好的才能項目進行評鑑，藉以預測受評者在這些才能項目的日後表現。

典型的管理評鑑中心模擬課程包括：

(一)情境模擬

情境模擬屬於評鑑中心的一種評價方法，有時也稱爲無領導者的小組討論，它是透過創設某種模擬情境，讓應徵者參與其中。由於應徵者專注於活動本身，往往能夠眞實地投入，透過參與活動的動態特徵觀察進行評鑑，可較好地避免應徵者的稱許性。同時，由於有多位應徵者同時參加測試，可爲評鑑者提供了對應徵者之間相互比較的條件，使評鑑的結果更加客觀、準確。

個案9-3

經營才能發展考評表

單位名稱（代號）：____________（　　）
考評期間：____年____月____日起至____年____月____日止
受考評人姓名（代號）：____________（　　）
一、考評項目：

註：1.考評項目被評為「特優」或「欠佳」者，須說明具體理由。
2.計評方式：採基點制；「欠佳」者1點，「尚可」者2點，「良好」者3點，「甚佳」者4點，「特優」者5點。總基點未達39點以上者，暫不派培訓，得點未達45點以上者，不得列為基、中階層主管遴派之人選。
3.考評由直接主管初評，間接主管、單位副主管複評，單位主管做總評，遇初、複、總評點數不同時，請以不同顏色筆更改，並蓋更正者之職章，最後以單位主管總評為準。

	1 欠佳	2 尚可	3 良好	4 甚佳	5 特優
1.工作績效　工作量：（達成規定工作、職務、責任與目標的勤勉程度） ※本項表現特優或欠佳之理由說明：	□	□	□	□	□
2.工作績效　工作質：（正確、完整、有效率完成分內工作） ※本項表現特優或欠佳之理由說明：	□	□	□	□	□
3.人群關係：（與主管、部屬、同僚及大衆相處共事的表現） ※本項表現特優或欠佳之理由說明：	□	□	□	□	□
4.工作知識：（對其工作及有關事務各方面的瞭解） ※本項表現特優或欠佳之理由說明：	□	□	□	□	□
5.計畫與組織能力：（計畫將來、安排程序及布置工作之能力。對於人事、物料及設備的經濟有效使用） ※本項表現特優或欠佳之理由說明：	□	□	□	□	□
6.分析能力：（考慮問題、蒐集及衡量事實，達成成熟結論及有效地予以陳述之能力） ※本項表現特優或欠佳之理由說明：	□	□	□	□	□
7.決斷能力：（做決定的意願，及其所做決定成熟的程度） ※本項表現特優或欠佳之理由說明：	□	□	□	□	□
8.適應能力：（對上級指示、新情況新方法，及新程序之瞭解、解釋及調整適應的快慢） ※本項表現特優或欠佳之理由說明：	□	□	□	□	□
9.創造能力：（創造或發展新觀念及主動發展新工作的能力） ※本項表現特優或欠佳之理由說明：	□	□	□	□	□

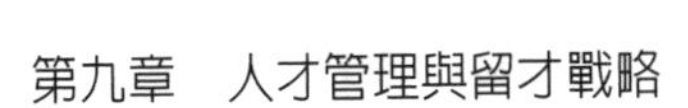

	1 欠佳	2 尚可	3 良好	4 甚佳	5 特優
10.表達能力：（用口述及文字表達思想與意見的能力） ※本項表現特優或欠佳之理由說明：	□	□	□	□	□
11.識才能力：（對於他人之天賦、才華、能力的辨識發展與運用的能力） ※本項表現特優或欠佳之理由說明：	□	□	□	□	□
12.領導能力：（建立目標、激發士氣、溝通意見使部屬產生完成目標意願的能力） ※本項表現特優或欠佳之理由說明：	□	□	□	□	□
13.品德能力：（包括服務、負責、操守、忠貞等綜合表現） ※本項表現特優或欠佳之理由說明：	□	□	□	□	□

點數合計：□＝□＋□＋□＋□＋□

二、性格特徵：（根據上述13項能力及表現，綜合判斷受考評人之性格特質，本項依受評人實際情況，得予複選）

□ 1.B型：適合擔任主管之類型。
□ 2.D型：適合擔任現場指揮性主管之類型。
□ 3.S型：適合擔任內部幕僚性主管之類型。
□ 4.PL型：適合擔任計畫性工作之類型。
□ 5.PR型：適合擔任專業性研究工作之類型。

三、培訓建議：（請以阿拉伯數字由小至大，列出優先派訓班別之順序）

□ 班別名稱 ＿＿＿＿＿＿　班別代號 ＿＿＿＿＿＿
□ 班別名稱 ＿＿＿＿＿＿　班別代號 ＿＿＿＿＿＿
□ 班別名稱 ＿＿＿＿＿＿　班別代號 ＿＿＿＿＿＿
□ 班別名稱 ＿＿＿＿＿＿　班別代號 ＿＿＿＿＿＿
□ 班別名稱 ＿＿＿＿＿＿　班別代號 ＿＿＿＿＿＿

四、派職建議：（本項得複選；如複選，請以阿拉伯數字由小至大，列出優先順序）

□ 仍留原職
□ 可調遷：輪調：□ 原部門輪調　□ 部門間輪調　□ 單位間輪調
　　　　　派升：□ 專業性（或計畫性）職位　□ 主管職位

考評人（簽名或蓋章）：

單位主管：　　　間接主管：　　　直接主管：

資料來源：台灣電力公司人事規章彙編。

組織在設計情境模擬時，應遵循下列的一些基本原則：

1.應該在明確管理行為要素定義的基礎上進行評鑑。
2.應該採用多種多樣的評鑑方法。
3.應該採用各種類型的工作的選樣方法。
4.評鑑者應該知道成功的要訣是什麼，他們應該是對該工作和該組織有比較深刻的瞭解，如果可能的話，最好能夠從事過該工作。
5.評鑑者應該在情境模擬前得到充分的培訓。
6.觀察到的行為數據應該在評鑑小組進行記錄與交流。
7.應該有評鑑小組討論的過程，彙總觀察的結果並做出預測。
8.評鑑過程應該分解成一個一個階段，以推斷總體形象得出總體預測。
9.評鑑對象應該在一個確切涵義的標準下接受評價，而不應該相互作為參照標準，也就是說最好有一個常模。（郃啓揚、張衛峰，2003：133）

(二)管理遊戲

管理遊戲也是評鑑中心常用的方法之一。在這種活動中被組成領導小組的每一位應徵者被分配一定的任務，必須合作才能較好地解決它，例如：廣告、採購、供應、計畫、生產與搬運等實際問題都必須做成決策，有時也會引入一些競爭因素，例如三、四個小組同時進行銷售或進行市場占領，以分出優劣，如此就可以看出各別應徵者表現出來的創意、規劃能力、組織能力、人際關係及領導能力等素質。

(三)角色扮演

角色扮演就是要求受評者扮演一個特定的管理角色來處理日常的管理事務，以此來觀察受評者的多種表現，以便瞭解其心理素質與潛在能力的測試方法。如邀請受評者扮演一名高階管理者，由他來向觀察員所扮演的部屬做指示，或者要求受評者扮演一位銷售員，實際地去向零售單位銷售產品，或者要求受評者扮演一位製造部生產主任，在生產線上指揮生產事宜等（郃啓揚、張衛峰，2003：132）。

(四)電腦化演練

電腦化演練，係將演練情境、教材程式化，受測者僅須透過簡單的操作，即可進行演練，同時其各項「動作」亦可完整的記錄，並以設定的公式加以計分。最常見的電腦化演練是籃中演練與經營競賽，其優點是可同時評鑑多人，且不需評審人員（黃一峰，1999：309）。

(五)籃中演練

應徵者面對著一大堆與其所扮演角色有關的報告、備忘錄、電話留言、信函及其他的資料，放置在他辦公桌上的公事籃中。應徵者必須適切地一一處理這些事情。例如：回信、撰寫備忘錄、擬定議程等。應徵者處理這些事情的過程，由評量員加以記錄並評分。籃中演練可評鑑受評者的決策能力、分析能力、領導能力、組織能力、書面溝通能力、果斷力與抗壓性等。

(六)紙筆測驗

紙筆測驗包括：人格測驗、性向測驗、興趣測驗、成就測驗等，都可以作爲評鑑中心的一部分。

使用上述各種評鑑工具，可以幫助淘汰不符職務要求的應徵者，而能花更多時間在適合的應徵者身上，它不僅節省時間與成本，更能創造最大的效益。拜耳集團（Bayer）是一家全球性企業，核心競爭力在於醫療保健、作物科學及高科技材料。該公司曾經利用評鑑中心的方式，針對亞洲一知名管理學院的碩士班做儲備幹部的選才，這些人一旦被選中之後，公司不但給予重點培訓，對於工作輪調上，他們都會是第一人選（莊芬玲，2000：79）。

被評鑑者以一至三天的時間經歷未來職位所可能面對的各種情境，接受不同評鑑方法的測試（多元的評鑑）。許多企業於中、高階主管的培育與甄選上運用評鑑中心法，若從培育的角度來看，可藉此提供被評鑑者（企業所選擇出來的關鍵人才）其未來所需能力的發展重點；從甄選的角度來看，則可依評鑑結果作爲關鍵職位應徵者決定的重要參考，以降低「選錯人、用錯人」的可能性（**圖9-2**）。

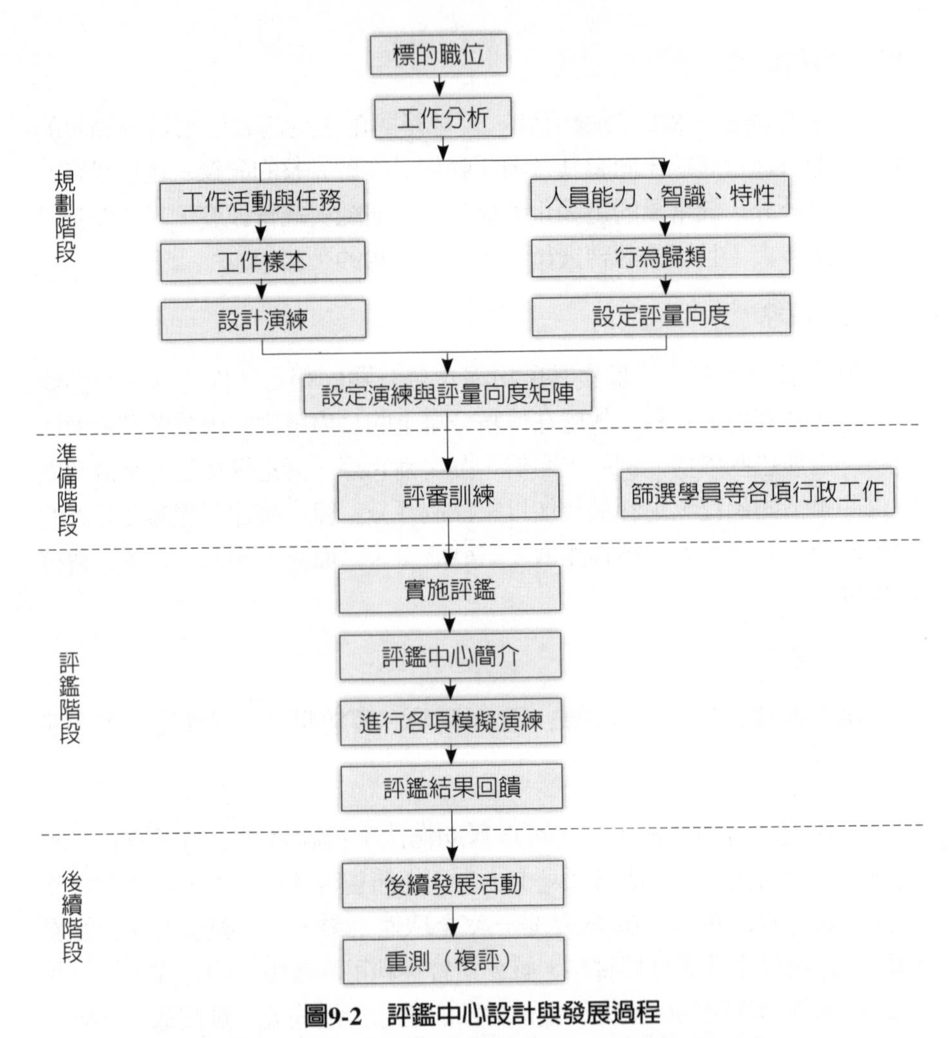

圖9-2　評鑑中心設計與發展過程

資料來源：黃一峰（1999）。〈管理才能評鑑中心——演進與應用現況〉。載於R. T. Golembiewski、孫本初、江岷欽主編，《公共管理論文精選Ⅰ》，頁311。台北：元照。

三、評鑑中心的實施原則

評鑑中心強調對與被評鑑人員今後工作有關的能力進行全面的觀察和測量，強調觀察和記錄模擬情境中的行爲變化，其所應遵循的原則有

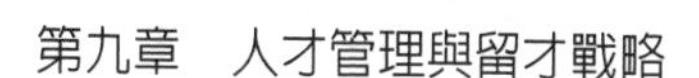

（王繼承，2001：290-291）：

1.評鑑應根據明確定義的成功管理行爲的特徵進行。
2.須用多種評鑑技術，利用團體互動的狀況，觀察被評鑑者各種能力的展現。
3.應使用不同類型的工作模擬技術。
4.評鑑人員應該非常熟悉評鑑工作和具體工作行爲，如果可能，最好具有該工作的經驗。
5.評鑑人員應在評鑑中心受過系統訓練，以維持評鑑的客觀性。
6.評鑑人員應觀察記錄行爲資料，並在評鑑人員之間進行交流，評鑑的結果必須是所有評鑑者的共識。
7.評鑑人員進行團體觀察、討論後做出預測。
8.評鑑人員是按某個非常清楚的、已訂的客觀標準進行評鑑，而不是在被評鑑人員之間進行比較。
9.必須使每個人員都有機會觀察和記錄每一位被評鑑人員。
10.必須做出管理成功與否的預測。

第三節　留才策略

在當前快速發展及「人才缺貨」的就業市場環境中，企業應視「人才資本」爲未來最重要的投資，這是企業保持競爭優勢和獲得持續發展的關鍵因素之一。無論經營環境如何多變，資訊如何突飛猛進，企業競爭的最後決勝關鍵仍在於人才，尋才、吸引人才，提高員工忠誠度與向心力成爲當務之急。但隨著吸引和保留優秀人才日益成爲大多數公司所面臨的重要組織議題時，除了薪酬調幅加大外，年度人員流失率亦成爲備受關注的指標，建立一套能夠吸引、留置及發展人才的機制，才能保障企業能生生不息，基業長青。

企業留才戰略，可分爲「財務」與「非財務」兩大類。財務性的留才措施包括：薪資與福利，而非財務性的留才措施則包括：管理制度、組織文化、訓練發展、升遷機會等項目（**表9-5**）。

表9-5　非財務性獎酬類型

獎酬型態	類型	內容	
內在獎酬	工作特性	・參與決策 ・較有興趣的工作 ・清晰工作目標，讓人自由發揮的工作環境	・工作輪調 ・彈性工時
	發展機會	・個人成長的機會 ・工作回饋的機會	・技能學習機會 ・職涯發展機會
	組織文化	・和諧工作氣氛 ・良好溝通氣氛	・領導氣候
	工作生活均衡	・家庭日 ・財務諮詢 ・生活機能便利性	・健康諮詢 ・購物方便性
外在獎酬	政策與制度	・公平薪資給付 ・退休保障 ・員工申訴制度	・公平升遷機會 ・公平考核
	環境	・企業品牌與名聲 ・良好的軟硬體設備	・較寬裕的午餐時間 ・安全衛生
	象徵性的獎勵	・匾額 ・徽章 ・特定的停車位置	・口頭讚揚 ・職位美化 ・戒指

資料來源：林文政（2006）。〈全方位獎酬　留住人才心〉。《人才資本雜誌》，第3號（2006/07），頁19。台北：經濟部工業局。

一、誠實面對應徵者

清楚地知道企業需要的是什麼樣的人才，透過篩選機制找出合適者。在這個技能與知識變化迅速的時代，各種面試機制必須更爲正式、更爲健全，以有效瞭解並評估每個職位角色所具備的能力、訓練與發展，即使僱用技能符合的員工，企業的培訓計畫還是不能中止，才能趕上不斷變化的市場需求與技術的更新。

企業提高留才率的方法之一，就是據實將企業與工作的實際情況告知應徵者，包含好的、壞的，減少應徵者懷有不切實際的期望。雖然誠實可能因此流失一些好人才，但是願意留下來的人，才是眞正能與企業共創未來的人。

個案9-4　福特六和汽車的留才之道

條件	方法
公開的招聘任用	公開招聘不搞內線，透過面談或實際演練，將不同性格特質的新人放在最適當的位置上。
具有競爭力的薪資福利	提供員工在同業之中具有競爭力的薪資福利。
良好的教育訓練機會	「接班人計畫」、「新晉升主管發展計畫」以及「師徒制」三軌並行，讓基層員工、低階主管及中高階主管都有各適其所的教育訓練。
公平的績效考核	不論輪調、晉升、考績加薪等，都由直接主管及部門其他同級主管共同評定，讓考核更具客觀性。
明確的企業願景	由最好的員工製造人人買得起的好車，讓生活更精彩，這是福特汽車對消費者的承諾，也是公司的明確願景。

資料來源：徐舜達（2006）。〈向亞洲最佳雇主取經：福特六和　全方位珍惜人才〉。《人才資本雜誌》，第3期（2006/07），頁25。台北：經濟部工業局。

二、塑造獨特的企業文化

奇異公司前總裁傑克・威爾許（Jack Welch）說：「一個績效表現優異的員工，如果無法認同企業價值觀，則還是應該請他離開。」留才率高的企業在篩選人才時，優先取決的條件是，應徵者的態度與價值觀能符合企業文化的需求。西南航空、思科及明尼蘇達礦業及機器製造公司（3M），就是以「文化相稱」作爲人才僱用的標準。價值觀係引領每個人行爲標準的最高原則，每家企業各有不同的價值觀，例如：台積（TSMC）最講求「誠信」，台塑集團最重視「勤勞樸實」，統一企業以「三好一公道」爲立業基準，因此各企業所表現出來的企業文化便有所差異。

網路巨人谷歌（Google）前中國區總裁李開復說：「谷歌的企業文化是授權式管理、彼此尊重、互相平等，沒有階級之別，是一種自下至上的鼓勵創新，人是公司最大資產。即使中美文化不同，但他仍然在北京的

公司採取相同的管理模式。所以，他跑遍了北京的美食店，就爲了替公司的餐廳找一位適任的大廚，因爲他認爲『抓住了員工的胃，就抓住了人』。」而谷歌的「輕鬆休閒」的企業文化提倡下，不僅寵物可以陪主人上班，公司內部還規定一百英尺內一定要有食物，再加上隨處可見的遊樂器材，都顯示出谷歌想提供給員工一處輕鬆自在的工作環境與氣氛，讓員工身處其境而願意留下來（華英惠，2006/04/19：A13版）。

廣達電腦建造了全台灣最大的「廣達研究院」（研發中心），包含了創新科技博物館，它可容納七百人的音樂廳以及圖書館、游泳池，該公司希望廣達人能兼具「文化品味」與「工作專業」，而不只是爲分紅配股而工作的「科技人」（謝佳宇，2006/06：100-103）。

組織文化的不對味，是留不住人才的，只有認同企業價值觀的人才投入該企業中，才能如魚得水，悠然自得，樂於貢獻，盡其所能爲企業創造更多的績效。

三、組織發展的未來性

企業留人，需要強化自己的體質，以實際具體成績來吸引人才，公司有競爭力，人才會願意留下來，公司人才也不會流失。例如：國內某家代工貼紙公司，雖然其出廠價只有國外零售價的十分之一不到，利潤微薄，但是這家公司擁有生產全世界最高檔次貼紙的能力，這就是它的核心競爭力（獨此一家，別無分號），是吸引好人才的最基本條件（朱侃如，2006/05：136-137）。

四、管理制度健全化

如何把人的資產做最大的發揮？就是要建立一套制度，不論是晉用、升遷、考核、獎懲都有所依據。人事制度如果太僵化與太官僚化，將成爲流失人才的致命傷。全錄公司（Xerox）研究發現，大部分負責維修影印機的服務工程師，是從早上一起喝咖啡的同事身上學到最多知識，而不是從那些經過多年編製的維修手冊得來的（李學澄、苗德荃，2005/08：60）。

五、挑戰性的工作

報酬雖是吸引及留住人才最基本也是最重要的因素，但在「一個錢多事少」的企業環境裡，根本留不住優秀的人才，眞正能讓人才願意留住的最高境界，還是工作的本身具有挑戰性，以滿足其工作成就感。讓員工快樂上班，是留住人才的好方法，以免員工輕率跳槽，投效競爭對手。唯有如此，員工具有更大的責任和權力，才能夠在既定的組織目標和自我考核體系下自主完成工作，爲企業創造高價值。

六、良好的教育訓練機會

在知識經濟時代裡，現代人普遍重視成長，員工的成長也一定會反應在公司管理效率和競爭力上。加強教育訓練，對人才培育的適當「投資」，員工在工作上就有信心，就會產生勝任感與進步感。

過去人事管理講求按年資、年齡順序升遷的所謂「敬老尊賢」的傳統方式，已無法符合快速求新、求變的時代要求。目前在職場上，管理層主管年齡逐漸年輕化，講求的是「能力主義」，企業如何設計一套具有前瞻性、發展性的輪調及升遷管道，乃是去蕪存菁，留住好人才的方法。因此，企業必須同步思考人才培育與組織策略的配套措施，因爲積極培育員工的企業，若沒有適當的升遷管道，員工的自願離職率反而更高（楊永妙，2005/08：54）。

七、全方位職涯發展定位

根據美國職涯發展協會（National Career Development Association）研究顯示，美國已經有許多企業正式或非正式地聘用了專業的職涯諮商師，主要目的除了爲員工解決職涯發展上的各種疑問外，更重要的是想藉此留住企業內的人才（石銳，2004/10：111）。

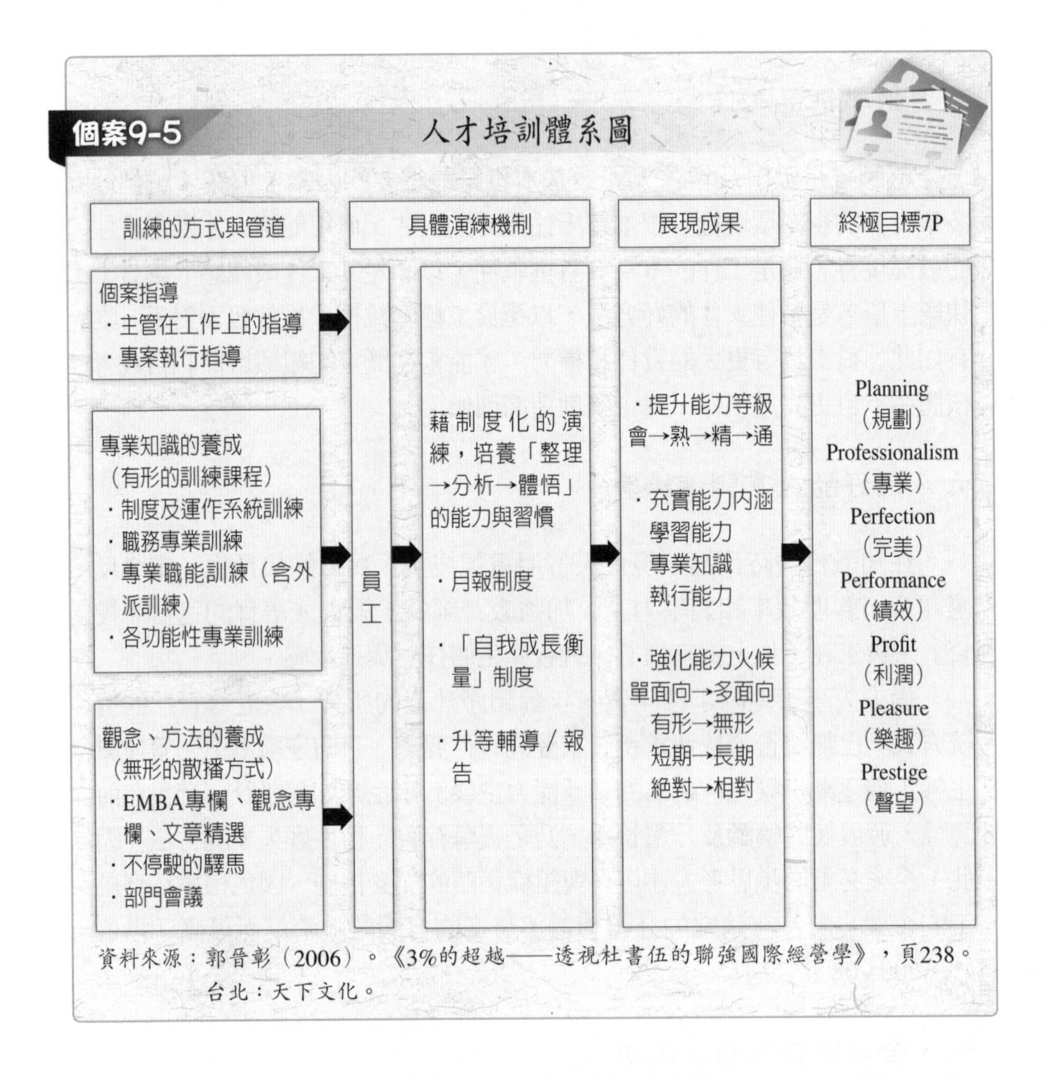

資料來源：郭晉彰（2006）。《3%的超越——透視杜書伍的聯強國際經營學》，頁238。台北：天下文化。

一般企業提供「高潛力人才」的職涯發展管道包括：跨國工作機會、跨功能工作輪調，甚至於升遷等等。許多公司並建立儲備幹部培訓制度，以吸引及培養更多的高潛力人才，確保公司的人才能源源不斷。

八、順暢的溝通管道

美國賓州大學（University of Pennsylvania）華頓學院（The Wharton School）彼得・卡派禮教授提出傳統與新興的兩種人力資源管理概念：

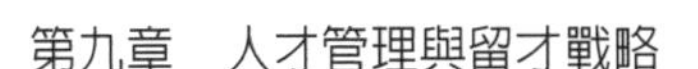

「維護一座水壩」或「管理一條河流」。前者猶如鯀治水，後者猶如禹治水的想法。圍堵員工「抱怨」不如普設多元溝通管道，讓員工的「怨氣」有正規的宣泄出處。懂得傾聽員工的「哀怨」聲，就能及早發現潛藏組織優秀員工離職的人事風險。所以，企業留住好人才，不能只靠優渥的紅利，因爲這是其他競爭對手最容易模仿的模式。營造團結、友愛、互助的工作氣氛，使員工融入到企業和睦的大環境之中，進而增進企業團隊和諧度和協作性。

一般公司採用的員工多元溝通方式有：申訴制度、定期會議、主管會議、部門會議、業務會報、總經理座談、勞資會議，以及不定期溝通等。

九、好主管（讓主管負起留才的責任）

《首先，打破成規》（*First, Break All the Rules*）一書作者馬庫司・巴金漢（Marcus Buckingham）指出，員工離職的主要原因與主管有關。一家公司將主管的績效獎金與人才流動率相連之後，便解決了高流動率問題。

員工價值主張的內容包含四點：好企業、好工作、好報酬及好主管。好企業可以建立員工的歸屬感，讓他們覺得留下來是一件值得驕傲的事；好工作可以發揮員工的特質與能力，並可以感受到其價值所在；好報酬可以反應企業珍惜員工的付出；好主管瞭解員工的需求，並適時提供指引，幫助他們達成任務。

十、完善員工報酬補償機制

早在管理科學之父泰勒（F. W. Taylor）時代，就被認定報酬應與員工的貢獻度相等，迄今報酬仍是吸引及留住人才最重要的因素，誠如思科系統創辦人約翰・錢伯斯表示：「一位世界級工程師加上五位同儕所創造的效益超過二百位一般工程師。」爲吸引與留住人才，企業當然要給予優渥的報酬（陳麗容，2005：82）。

所以，員工報酬補償制度必須要反應員工在企業內部和社會上的身分地位，並在肯定個人績效和維持團隊的永續穩定發展之間取得平衡。設

計富有競爭力的多層次報酬體系，建立良好的福利制度，將可能成爲薪酬以外留住核心人才的有效手段之一。由於企業吸引人才時，人才著重的是外部機會比較，因此，充分瞭解人才競爭市場的薪酬給付方式與水準，是設計具競爭性薪酬的必要條件。

個案9-6 績效導向的薪酬設計

薪酬設計原則	作法
市場人才水位	·企業必須先建立取才政策。如果要找的是市場上頂尖的人才，就要依據頂尖人才的「市場薪位」決定給薪的基準。 ·事先調查企業競爭對手的薪位，瞭解市場薪資行情。例如：公司要找的人才是市場上排行前10%的，所給的薪資行情也必須是企業排名的前10%。 ·對新進人員的固定薪部分，以個人的「職能」為依據。
依據職務決定給薪方式	·以職務給薪，薪酬不會因年資、性別、種族而不同，公平是最高原則。 ·不同的職務有不同的薪資級距。職務愈高，責任愈重，薪資愈高。激勵員工爭取升遷。 ·外勤與行政人員固定薪資與浮動薪資比例不同。決定兩者比例的依據是「個人對於工作表現可以直接掌握的程度」。
績效導向的計薪方式	·績效考評與獎金高度連動。部門、個人的年度工作成果直接關係員工可以拿到的薪酬與獎勵。 ·部門主管與員工共同訂定年度工作目標、執行工作指導、打考績。 ·拉大薪資差異化。即使是內勤，依據個人工作表現，年終獎金也可以有零到十二個月的差別。表現好的人拿得最多，用高度差異化的變動薪資來留住企業想留住的人。
透明的績效考評制度	·訂定明確而具體的績效考評辦法。人力資源部門依據企業策略、平衡計分卡、關鍵評量指標、達成指標等工具，明確訂定每個關鍵職務的考評依據。 ·所有的規則都公布在企業網站，員工可以自行評量是否達成工作目標，並算出可能得到的獎金。 ·部門主管與員工都必須受訓，確實瞭解企業對績效考評的要求。

資料來源：匯豐銀行。引自：李郁怡（2006）。〈透明績效：匯豐銀行的金蘋果〉。《管理雜誌》，第379期（2006/01），頁85。

十一、激勵體制

美國蓋洛普調查公司（Gallup Market Research Corp.）曾經進行一項長達二十年的研究，研究結果顯示，提升工作效率的十二項關鍵因素的四項分別是：知道公司期望、公司能提供必要的資源、有機會從事擅長的工作、在出色地完成一項任務後獲得及時的褒揚與獎勵（呂玉娟，2005/05：12）。

褒揚與獎勵措施的運用得當與否，關乎員工對於企業的信任感與忠誠度，包括：及時獎勵、定期與不定期的回饋、職務輪調、個人發展規劃、內部晉升制度、接班人計畫、績效給薪以及其他的獎酬制度（**表9-6**）。

依據亞伯拉罕・馬斯洛（Abraham Maslow）的需求層級理論中，人類存在著生理、安全、愛、自尊及自我實現的需求。針對員工實現自我價值的心理，對員工進行正式且標準一致的獎賞，可以塑造出組織中相互信任與相互尊重的文化氣氛，優秀人才就會留下來（**圖9-3**）。

每個員工都有獨特的喜好與個性，爲了留住人才，企業就要投其所好。近來愈來愈多的獎勵誘因，除了強調差異化外，也強調非財務類的彈性誘因，像是彈性工作安排、幫助員工處理個人事務等。美國有一家保險公司就要求員工列出一張「喜好表」，舉凡最喜歡的冰淇淋、顏色、花、電影明星、餐廳、戶外活動等都包含在內，在獎勵員工的特殊表現時，就依據其喜好，提供個人化的獎勵。

表9-6　知識型員工激勵因素有關研究結論

代表性研究	第一位	第二位	第三位	第四位
瑪漢・坦姆樸	個體成長	工作自主	業務成就	金錢財富
安盛諮詢公司	報酬	工作的性質	提升	與同事的關係
張望軍、彭劍鋒	工作報酬與獎勵	個人的成長與發展	公司的前途	有挑戰性的工作
陳景安、景光儀	業務成就	工作環境	薪酬福利	個人成長
陳雲娟、張小林	目標實現期望	工作外部環境	企業前景	個人發展機會
鄭超、黃筱立	收入	個人成長	業務成就	工作自主

資料來源：惠調豔（2006）。〈知識型員工激勵因素研究〉。《企業研究》，第260期（2006/02），頁37。

兩百位受訪經理人中，認為公司留住人才最重要的項目有哪些，分別占多少：

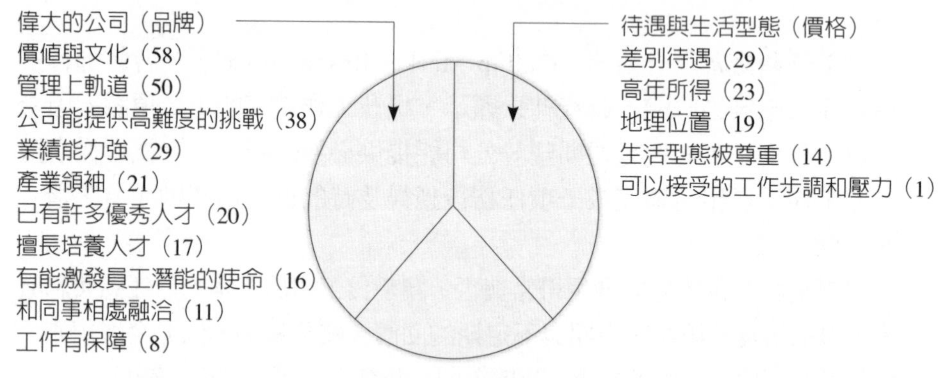

圖9-3　優秀人才受哪些價值的激勵

資料來源：*The McKinsey Quarterly* (1998/03)。引自：E. G. Chambers、M. Foulon、H. Handfield-Jones、S. M. Hankin與E. G. Michaels Ⅲ，李田樹譯（1999）。〈新競爭：企業求才大戰〉。《EMBA世界經理文摘》，第150期（1999/02），頁65。

十二、輪調與晉升

輪調制度可說是企業培育人才的關鍵，良好的輪調制度，不但可爲員工的職涯發展奠基，且可幫助企業培養未來全方位管理人才，有利企業長遠發展。

內部晉升，指的是職位升遷以公司內部員工遞補爲優先，爲了避免空降部隊的產生，造成內部員工不平的心理，採取內部晉升方式可激勵員工，且可幫助員工規劃個人職涯發展。

十三、公平績效評估

公司用才政策就是希望人盡其才，這就要靠績效管理來執行。利用客觀的評估方式或工具，定期進行一套過程公平、透明、指標明確、行動取向，同時能整合才能與策略的績效考核程序，來協助員工瞭解個人的工作績效狀況，對公司的貢獻度，以及如何精益求精改善績效，以激發個人潛能。一般績效評估的流程可分爲：目標設定、定期及不定期評核、績效討論、績效改善、持續觀察。

十四、福利措施

福利的配套措施使員工可以瞭解自己的需求，並且規劃自身的福利。福利計畫賦予員工從企業內得到的最大化利益價值，因此，通常具有相當的吸引力。如果公司無法以優渥的薪資爭取人才，則組織必須比它們的競爭者更進一步贏得員工與其家庭的「心」。例如：美國國家保險專員協會（National Association of Insurance Commissioners）在瞭解自己無法在薪資上著力時，改以提供員工更具彈性和品質的生活，以吸引留住他們，結果員工離職率節節下滑。全球最大廣告業者宏盟集團（Omnicom Group Inc.）旗下的企業有機（Organic）公司，請來持有執照的專業按摩師，直接在公司的按摩室內爲員工按摩、舒壓，這種福利備受員工喜愛，這也攸關招募人力且留住現有員工的好方法。

個案9-7 企業創意性福利措施

類別	福利措施	產業	公司
給薪假	全薪病假（3天、7天、12天、15天）	科技	力旺電子、艾睿電子、訊連科技、聯亞生技開發
		製造	德州儀器
		批發零售	聯合利華
		其他服務	Kantar Worldpanel（模範市場研究顧問公司）
	訂婚假	科技	創惟科技
		製造	友達光電、達興材料
		資訊傳播	宏達國際（HTC）、神準科技
	生日假	資訊傳播	渥奇數位、遊戲橘子數位、叡揚資訊
		教育服務	ETS TOEIC台灣區代表、高點文化
		其他服務	Kantar Worldpanel（模範市場研究顧問公司）
		製造	致茂電子
		金融	萬泰商銀
	直系親屬生日假	金融	萬泰商銀
	產假三個月	製造	台灣雀巢
	產檢假	資訊傳播	遊戲橘子數位
	5天陪產假	其他服務	Kantar Worldpanel（模範市場研究顧問公司）
	壯遊假	資訊傳播	遊戲橘子數位
	樂活充電假（1～3天）	製造	聚陽實業
	浮動假	批發零售	英伯樂煙草
	彈性假（5～7天彈性運用）	資訊傳播	趨勢科技
	慰勞假	教育服務	財團法人語言訓練測驗中心
	額外假日19天	製造	福特六和
	預支特休	科技	天鈺科技
食	免費早餐	科技	創意電子
		IT	台灣微軟
		製造	Applied Materials、台灣康寧顯示玻璃
	免費午餐	科技	美商國家儀器、康舒科技、創意電子
		製造	台灣阿克蘇諾貝爾塗料、英華達、葆旺公司
	加班晚餐	科技	康舒科技、創意電子
		製造	台灣阿克蘇諾貝爾塗料、牧德科技、英華達

類別	福利措施	產業	公司
食	免費下午茶	科技	天鈺科技、威盛電子
		製造	牧德科技
		資訊傳播	麥奇數位、叡揚資訊
	無限量免費飲品供應	科技	中天生物、美商國家儀器
		製造	志聖工業
		資訊傳播	研華、麥奇數位、趨勢科技
	無限量免費鮮果、冰淇淋供應	資訊傳播	麥奇數位
		IT	台灣微軟
禮金／禮品	父（母）親節禮品	科技	台灣艾司摩爾
	重陽節敬老禮品	製造	大同
	本人、配偶生日禮券	科技	立錡
	圖書禮券	資訊傳播	宏達國際
	結婚禮金：一個月薪資	製造	長春人造樹脂
	端午、中秋各發放0.5個月薪資	製造	華亞科技
育兒津貼、子女教育費	6歲以下育兒津貼	IT	台灣微軟
		運輸及倉儲	DHL新加坡商敦豪全球貨運物流
	子女教育補助	科技	中天生物
		製造	大同、味全食品
		金融	上海商銀、第一商銀、兆豐商銀
	每位新生兒補助66,000元	科技	康舒科技
	第一胎補助3,000元，第二胎以上每胎補助12萬	不動產	信義房屋
保險	上下班交通工具高保額第三責任險	製造	牧德科技
免息貸款	汽車	製造	Applied Materials
	助學	製造	GARMIN台灣國際航電
	預借薪資80天	製造	長春人造樹脂
交通	春節返鄉專車	不動產	永慶房屋

類別	福利措施	產業	公司
公共設施	閱覽室、圖書館	科技	台灣艾司摩爾、財團法人紡織產業研究所、創意電子、聯詠科技
		製造	大同、統一企業、裕隆集團
		資訊傳播	環鴻科技
		電機及自動控制	台灣施耐德
		批發零售	三商行
	多媒體視聽室	製造	裕隆集團
		資訊傳播	台灣施耐德
	KTV室	科技	財團法人紡織產業研究所
		製造	台灣美光、固緯電子、德州儀器
	體育館（撞球、桌球、羽球……）	科技	工研院、財團法人紡織產業研究所
		製造	大同、台灣美光、奇美集團、茂迪、裕隆集團、漢翔航空、緯創資通
		資訊傳播	華碩電腦、緯穎科技、環鴻科技
	健身房	科技	工研院、財團法人紡織產業研究所、創意電子、聯詠科技
		製造	致茂電子、英華達、神基科技、新日光能源、群創光電、裕隆集團、漢翔航空、緯創資通
		資訊傳播	宇峻奧汀科技、神通資訊、華碩電腦、遊戲橘子、緯穎科技
		保險	三商美邦人壽
	游泳池（部分含溫水設施）	科技	工研院
		製造	奇美集團、致茂電子、裕隆集團、漢翔航空
		資訊傳播	華碩電腦
	SPA	資訊傳播	華碩電腦
	三溫暖	製造	裕隆集團
		資訊傳播	華碩電腦
	韻律教室	科技	工研院
		製造	台灣美光、固緯電子、致茂電子、緯創資通
		資訊傳播	緯穎科技
	咖啡廳	科技	立錡科技、康舒科技、創意電子、聯發科技
		製造	大同、群創光電
	醫護室（醫生、護士駐廠或定期問診）	製造	大同、致茂電子、華亞科技、群創光電、裕隆集團
		資訊傳播	華碩電腦
	淋浴間	資訊傳播	麥奇數位
	洗衣部	製造	大同

類別	福利措施	產業	公司
公共設施	鐘錶部	製造	大同
	員工休息室（kinect體感電玩、跑步機、按摩椅）	科技	創意電子、聯詠科技
		製造	達興材料
		資訊傳播	麥奇數位、趨勢科技
		保險	三商美邦人壽
	幼稚園、安親班	科技	工研院
休閒活動	免費電影觀賞	製造	大同、友達光電、神基科技
		資訊傳播	天下雜誌、緯穎科技
		IT	台灣微軟
		營造業	根基營造
		電機及自動控制	台灣施耐德
	休閒抵用券	其他服務	中鼎工程
		製造	友達光電、廣明光電
		資訊傳播	廣達電腦
	定期按摩服務（一般、盲人）	科技	立錡科技、創惟科技、創意電子
		製造	威盛電子、英華達、神基科技、德州儀器
		資訊傳播	宇峻奧汀科技、鼎新電腦
		藝術、娛樂及休閒	雄獅旅遊
	知性講座	資訊傳播	研華、渥奇數位、華碩電腦、鼎新電腦
	音樂會欣賞	資訊傳播	研華
貼心福利	孕婦保留停車位	製造	群創光電
特別獎金	季模範生獎金	科技	艾睿
	在學員工獎學金	製造	永豐餘投資控股、茂迪
		運輸及倉儲	DHL新加坡商敦豪全球貨運物流
	子女獎學金	科技	奇景光電
		製造	可成科技、和碩聯合科技、台灣水泥、昱晶能源科技、統一企業
		資訊傳播	神通資訊
		金融	第一商銀
		運輸及倉儲	DHL新加坡商敦豪全球貨運物流
		住宿及餐飲	安心食品服務（摩斯漢堡）

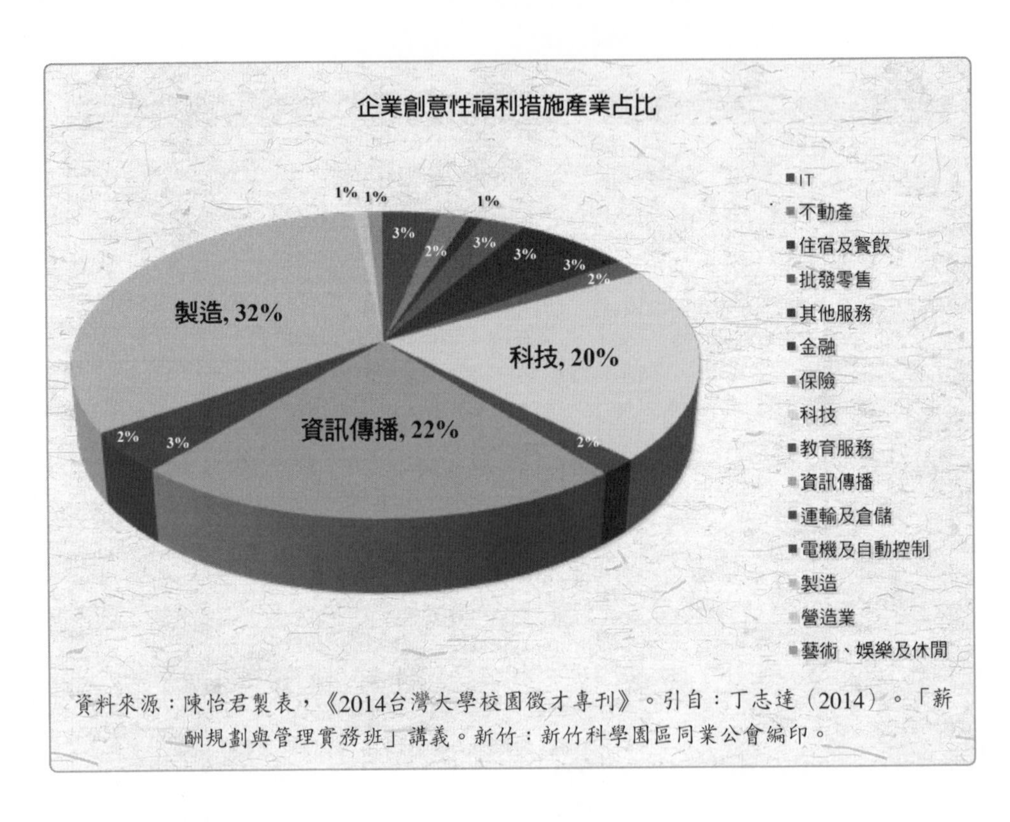

資料來源：陳怡君製表，《2014台灣大學校園徵才專刊》。引自：丁志達（2014）。「薪酬規劃與管理實務班」講義。新竹：新竹科學園區同業公會編印。

第四節　離職管理

僅專注於人才管理的始末兩個端點（徵聘與留才），而不注重培育與適才適所（配置）的過程，企業就是忽略了關鍵人才最爲關切的環節。一旦發生，人才流失不可避免，而在市場人才短缺的關鍵時刻，企業將陷入招不到「人才」的困境。

一、員工離職概念

自1950年代以來，人事行政人員、行爲科學家及管理學者，對員工離職行爲的研究一直深感興趣。在總體層次上，離職率與總體層面的經濟活動有關，在個體層次上，它與工作的不滿足感有正關聯性。

離職，是指員工主動地請求終止僱用關係，即員工在某一企業組織中工作一段時間後，個人經過一番考慮，否定了原有職務，結果不僅辭去工作及其職務所賦予的利益，而且與原企業組織完全脫離關係。通常按照離職原因的不同，可將離職員工分爲兩類：一是被動離職者（因不具有潛在價值而被企業淘汰的員工）；二是主動離職者（企業企圖挽留，但因其自身需求無法得到滿足而離職的員工）。

主動離職者的離職因素，屬於組織因素的有：薪資、升遷、更佳的工作機會、主管的領導風格、工作的挑戰性等因素所造成的離職；屬於個人因素的有健康關係、退休、遷居、深造、結婚等（謝鴻鈞，1996：209-210）。

二、離職員工的價值分析

對企業來說，人才流失不僅有立即的影響，對公司的發展影響更爲深遠。一般企業探究人才流失對企業的影響，可從四方面來著手：

(一)成本面

就離職員工成本與貢獻而言，一個具有多年資歷的員工離職，要再培養同樣能力的人員所耗費的成本與年資成正比，而員工對公司的貢獻亦與年資成正比率，故愈資深的員工離職，其可量化的成本損失愈可觀。同時，企業員工流動率大，離職率高，企業爲了人員的遞補，須經常舉辦員工招募活動，任何招募活動對企業而言都是一筆支出，而遞補之後人員的訓練也相當可觀。

(二)士氣面

員工離職會造成該員所屬部門工作環境的低氣壓，有時甚至會形成一種牽連性的離職風潮，如果員工跳槽到同業，會有彼長我消之感，對留任的員工也會造成影響。

(三)業務面

員工離職會使部門主管因調派不到適當人員接手該員業務而有管理

上的壓力。就算陸續遞補新進員工，一方面亦可能形成新舊員工之間工作不協調及不順暢所產生的成本，另一方面也會由於業務由不熟悉的人員負責，造成產品不穩定，後續處理成本大增，或者無形中增加生財器具之耗損。如此一來，客戶因得不到資深人員的服務，將對產品的信心降低。

(四)智慧資本面

員工一旦離職，也會帶走在公司中所累積的隱性知識資本，這些知識多數難以文字化，有些是員工工作上的經驗，有些則為員工將其所知所學運用在工作上的技術，若離職員工為公司的關鍵核心員工，知識資本的損失相形更大（陳培光、陳碧芬，2001：210-211）。

三、重視人才保留率

每年看似穩定的5～10%人員的流動率，實際上隱藏了眞正關鍵人才早已大量流失的事實，原因在於，這個數字同時包含了關鍵核心離職員工與一般表現的離職員工，因此，人力資源管理部門提出的「總體人員流失率」，是無法分辨究竟哪一類的員工離職居多，再者，人員流動率統計數字，完全無法說明員工為何離職。在離職面談裡，離職員工經常因顧慮雙方顏面，或希望好聚好散，而不願說明離職的眞正原因，一旦就業市場「求過於供」，企業組織就很容易留下一群對組織沒有承諾的人。因此，眞正影響績效的關鍵是人才保留率而不是人員流動率。

為了留住好人才，企業要著重四個數字：自願性及非自願性的優秀員工留任率，整體、部門及工作別的留才率，全職及兼職員工的留才率，以及優秀人才的回任率，如此，企業才能掌握好人才的實際狀況。例如：台灣人才市場競爭激烈，許多從台灣飛利浦（PHILIP）公司離職轉戰其他企業跑道的人才，成立了一個名為「飛友會」的組織，定期聚會做專業上的交流。「飛友會」的成員也會向原服務公司推薦人才，而這些人才對飛利浦公司亦有相當的助益（李晨疌，2004/03：62）。

結　語

人才是企業成長的活水，人才提供了企業前進源源不斷的動能，優秀人才絕對是企業贏得競爭、創造差異的關鍵利器，厚植人才的競爭力，是企業競爭力最重要的策略之一。

當全球化競爭倏忽來到眼前，優質的人才打造、培育、留用，是企業取勝競爭對手的最有利後盾，也正是克敵制勝武器。不論商場環境怎麼改變，優秀人才永遠「缺貨」，企業永遠求才「若渴」。優秀人才是就業市場炙手可熱的人物，而且這些人也心知肚明自己的優勢，企業該怎麼留住人才？這是個刻不容緩的問題，一定要未雨綢繆，及早因應。

第十章

招聘的法律風險

- 勞動契約的訂定
- 聘僱歧視的防範
- 勞工隱私權保護
- 競業禁止之保護
- 外籍勞工聘僱

風險來自你不知道自己正在做什麼！

——股神華倫·愛德華·巴菲特（Warren Edward Buffett）

人力資源管理的各項作業會涉及到雇主與員工之間的關係，這種關係應該站在一個公平、合理、平等、互惠的基礎上進行，但相對於資方的經濟優勢，員工一般缺乏與之抗衡的力量，特別是正在求職階段的應徵者。因此，各國政府爲了保障弱勢的勞工，乃有勞動立法，禁止影響員工權益的違法行爲，企業應該特別注意整個招聘管理過程中，沒有任何一項會牽扯到種族、階級、語言、思想、宗教、黨派、籍貫、出生地、性別、性傾向、年齡、婚姻、容貌、五官、身心障礙或以往工會會員身分爲由，予以歧視的不公平。因而，企業在從事招聘員工的有關作業的承辦人與用人單位主管，必須深入熟悉相關的法律議題，避免觸法。

第一節　勞動契約的訂定

許多企業在正式僱用員工時，爲了表示對員工的尊重，都會與之簽署一份勞動契約（聘僱合約書），以保障雙方的權益。

一、勞動契約的涵義

勞動契約，意指勞資雙方針對有關的勞動條件訂定於契約內容內，作爲雙方權利義務的依準。依據《勞動基準法》第2條第六項的規定，勞動契約謂約定勞雇關係的契約，而勞動契約其形成，主要是勞資雙方彼此不經由第三人而直接由勞工與雇主雙方各別約定勞動條件的內容。

適用《勞動基準法》的行業，雇主與勞方所成立的契約屬於「勞動契約」，而如果是不適用《勞動基準法》的行業，雇主與勞方所成立的契約則爲「僱傭契約」，這是因爲不適用《勞動基準法》的企業，本身仍發生僱傭關係，因此就要透過《民法》僱傭契約的規定，來解決勞資雙方的權利與義務關係。

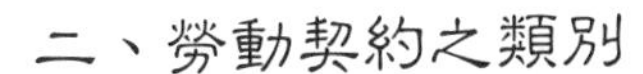

二、勞動契約之類別

勞動契約在法律上可分爲「定期契約」及「不定期契約」兩種。《勞動基準法》第9條規定：「勞動契約，分爲定期契約及不定期契約。臨時性、短期性、季節性及特定性工作得爲定期契約；有繼續性工作應爲不定期契約。」（**表10-1**）

所謂的「定期契約」，是指此一勞動契約有一定期間，一旦期間屆滿、契約屆滿或是契約約定的目的完成，則勞動契約就宣告終止，雇主不必給付勞工預告期間的工資，也不必給予資遣費，在這種契約下，雇主的人事成本負擔比較輕。如果是不定期契約而解僱員工，就會有預告期間的工資、資遣費的問題產生。

三、勞動契約書的內容

勞動契約書上應列舉的項目包括：聘僱的職務（清楚列出新進員工的職位名稱及合約生效日期）、試用期（試用期的長短、試用期內的薪

表10-1　定期契約的規範

類別	規範
臨時性工作	指無法預期之非繼續性工作，期間不超過六個月。
短期性工作	指可預期於短期間內完成之非繼續性工作，期間不超過六個月。
季節性工作	指受季節性原料、材料來源或市場銷售影響之非繼續性工作，期間不得超過九個月。
特定性工作	指可在特定期間完成之非繼續性工作，期間超過一年者，應報主管機關核備。
例外限制	下列情況下，定期契約會改成不定期契約： 1.定期契約到期，如果勞工繼續工作而雇主不即表示反對意思者。 2.雖經另訂新約，惟其前後勞動契約之工作期間超過九十日，前後契約間斷期間未超過三十日者，但「特定性」或「季節性」之定期工作不適用之（勞動基準法第九條）。 3.定期契約屆滿後或不定期契約因故停止履行後，未滿三個月而訂定新約或繼續履行原約時，勞工前後工作年資，應合併計算（勞動基準法第十條）。

資料來源：丁志達（2013）。「勞動法令解析與因應對策」講義。彰化縣勞資關係協進會編印。

資、試用期後的薪資、考核標準等）、智慧財產權（對研發人員尤其重要，釐清其在公司任職期間及工作範圍內所完成的發明、專利申請的歸屬權）、薪資與福利（每月薪資、津貼、給薪日、年終獎金、各類保險、休假日、每週工時、每日上下班時間、加班給付等）、保密條款（限制不能揭露公司營業秘密）、責任與職務（雖不須列出詳細內容，但可註明若有需要時，該職務必須接受職務調動的條件）、合約終止條款（公司終止合約的條件與情況，以及員工離職時所應遵守的事項，例如：年終獎金如何計算、離職時使用公司財產的歸還等）。

雖然制式的聘僱合約書內容比較生硬刻板，但是對勞資雙方而言，將面談的結果以白紙黑字寫清楚，將是勞資雙方互惠的保護條款，彼此多一份瞭解，也讓所有的約定事項變得更容易執行（方正儀，2004/07：118-119）。

第二節　聘僱歧視的防範

聘僱歧視的法律規範，是用於防止雇主向應徵者提出與工作能力無直接關係的問題。在台灣地區，與聘僱相關的法律有：《勞動基準法》、《就業服務法》、《就業保險法》、《性別工作平等法》、《身心障礙者權益保障法》、《保全業法》、《勞工健康保護規則》等等。這些法律規範唯一作用是提醒雇主在聘僱過程中應加以迴避，以避免吃上官司。例如：美國法律禁止詢問有關應徵者的婚姻及家庭狀況、年齡、種族、宗教、性別及族群背景、信用評等以及前科等問題，除非面試者能證明這些事情與工作的表現良莠有關，否則應避免提出這些問題。如果面試者要問：「結婚與否？」或「有沒有小孩？」則可以用另外的語句來發問，例如：「如果必須在一個月內加班數次，對你有沒有困難？」（**表10-2**）（Stephen P. Robbins著，李炳林、林思伶譯，2004：12）

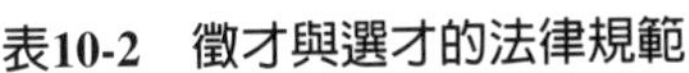
表10-2　徵才與選才的法律規範

法規	條文	內容
就業服務法	第4條	國民具有工作能力者，接受就業服務一律平等。
	第5條	為保障國民就業機會平等，雇主對求職人或所僱用員工，不得以種族、階級、語言、思想、宗教、黨派、籍貫、出生地、性別、性傾向、年齡、婚姻、容貌、五官、身心障礙或以往工會會員身分為由，予以歧視。 雇主招募或僱用員工，不得有下列情事： 一、為不實之廣告或揭示。 二、違反求職人或員工之意思，留置其國民身分證、工作憑證或其他證明文件，或要求提供非屬就業所需之隱私資料。 三、扣留求職人或員工財物或收取保證金。 四、指派求職人或員工從事違背公共秩序或善良風俗之工作。 五、辦理聘僱外國人之申請許可、招募、引進或管理事項，提供不實資料或健康檢查檢體。
勞動基準法	第21條	工資由勞雇雙方議定之。但不得低於基本工資。
	第25條	雇主對勞工不得因性別而有差別之待遇。工作相同、效率相同者，給付同等之工資。
	第44條	十五歲以上未滿十六歲之受僱從事工作者，為童工。 童工不得從事繁重及危險性之工作。
	第45條	雇主不得僱用未滿十五歲之人從事工作。但國民中學畢業或經主管機關認定其工作性質及環境無礙其身心健康而許可者，不在此限。 前項受僱之人，準用童工保護之規定。 第一項工作性質及環境無礙其身心健康之認定基準、審查程序及其他應遵行事項之辦法，由中央主管機關依勞工年齡、工作性質及受國民義務教育之時間等因素定之。 未滿十五歲之人透過他人取得工作為第三人提供勞務，或直接為他人提供勞務取得報酬未具勞僱關係者，準用前項及童工保護之規定。
	第46條	未滿十六歲之人受僱從事工作者，雇主應置備其法定代理人同意書及其年齡證明文件。
	第47條	童工每日之工作時間不得超過八小時，每週之工作時間不得超過四十小時，例假日不得工作。
	第48條	童工不得於午後八時至翌晨六時之時間內工作。
	第64條	雇主不得招收未滿十五歲之人為技術生。但國民中學畢業者，不在此限。 稱技術生者，指依中央主管機關規定之技術生訓練職類中以學習技能為目的，依本章之規定而接受雇主訓練之人。 本章規定，於事業單位之養成工、見習生、建教合作班之學生及其他與技術生性質相類之人，準用之。

（續）表10-2　徵才與選才的法律規範

法規	條文	內容
勞動基準法	第65條	雇主招收技術生時，須與技術生簽訂書面訓練契約一式三份，訂明訓練項目、訓練期限、膳宿負擔、生活津貼、相關教學、勞工保險、結業證明、契約生效與解除之條件及其他有關雙方權利、義務事項，由當事人分執，並送主管機關備案。 前項技術生如為未成年人，其訓練契約，應得法定代理人之允許。
	第66條	雇主不得向技術生收取有關訓練費用。
	第67條	技術生訓練期滿，雇主得留用之，並應與同等工作之勞工享受同等之待遇。雇主如於技術生訓練契約內訂明留用期間，應不得超過其訓練期間。
	第68條	技術生人數，不得超過勞工人數四分之一。勞工人數不滿四人者，以四人計。
勞工退休金條例	第6條	雇主應為適用本條例之勞工，按月提繳退休金，儲存於勞保局設立之勞工退休金個人專戶。 除本條例另有規定者外，雇主不得以其他自訂之勞工退休金辦法，取代前項規定之勞工退休金制度。
	第7條	本條例之適用對象為適用勞動基準法之下列人員，但依私立學校法之規定提撥退休準備金者，不適用之： 一、本國籍勞工。 二、與在中華民國境內設有戶籍之國民結婚，且獲准居留而在台灣地區工作之外國人、大陸地區人民、香港或澳門居民。 三、前款之外國人、大陸地區人民、香港或澳門居民，與其配偶離婚或其配偶死亡，而依法規規定得在台灣地區繼續居留工作者。 本國籍人員、前項第二款及第三款規定之人員具下列身分之一，得自願依本條例規定提繳及請領退休金： 一、實際從事勞動之雇主。 二、自營作業者。 三、受委任工作者。 四、不適用勞動基準法之勞工。
勞工保險條例	第6條	年滿十五歲以上，六十五歲以下之左列勞工，應以其雇主或所屬團體或所屬機構為投保單位，全部參加勞工保險為被保險人： 一、受僱於僱用勞工五人以上之公、民營工廠、礦場、鹽場、農場、牧場、林場、茶場之產業勞工及交通、公用事業之員工。 二、受僱於僱用五人以上公司、行號之員工。 三、受僱於僱用五人以上之新聞、文化、公益及合作事業之員工。

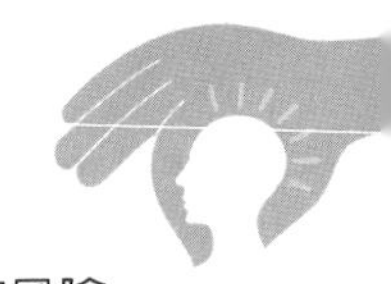

（續）表10-2　徵才與選才的法律規範

法規	條文	內容
勞工保險條例	第6條	四、依法不得參加公務人員保險或私立學校教職員保險之政府機關及公、私立學校之員工。 五、受僱從事漁業生產之勞動者。 六、在政府登記有案之職業訓練機構接受訓練者。 七、無一定雇主或自營作業而參加職業工會者。 八、無一定雇主或自營作業而參加漁會之甲類會員。 前項規定，於經主管機關認定其工作性質及環境無礙身心健康之未滿十五歲勞工亦適用之。 前二項所稱勞工，包括在職外國籍員工。
保全業法	第10條	保全業應置保全人員，執行保全業務，並於僱用前檢附名冊，送請當地主管機關審查合格後僱用之。必要時，得先行僱用之；但應立即報請當地主管機關查核。
	第10-1條	有下列情形之一者，不得擔任保全人員。但其情形發生於本法中華民國九十二年一月二十二日修正施行前且已擔任保全人員者，不在此限： 一、未滿二十歲或逾六十五歲。 二、曾犯組織犯罪防制條例、肅清煙毒條例、麻醉藥品管理條例、毒品危害防制條例、槍砲彈藥刀械管制條例、貪污治罪條例、兒童及少年性交易防制條例、人口販運防制法、洗錢防制法之罪，或刑法之妨害性自主罪章、妨害風化罪章、第二百七十一條至第二百七十五條、第二百七十七條第二項及第二百七十八條之罪、妨害自由罪章、竊盜罪章、搶奪強盜及海盜罪章、侵占罪章、詐欺背信及重利罪章、恐嚇及擄人勒贖罪章、贓物罪章之罪，經判決有罪，受刑之宣告。但受緩刑宣告，或其刑經易科罰金、易服社會勞動、易服勞役、受罰金宣告執行完畢，或判決無罪確定者，不在此限。 三、因故意犯前款以外之罪，受有期徒刑逾六個月以上刑之宣告確定，尚未執行或執行未畢或執行完畢未滿五年。 四、曾受保安處分之裁判確定，尚未執行或執行未畢。 五、曾依檢肅流氓條例認定為流氓或裁定交付感訓。但經撤銷流氓認定、裁定不付感訓處分確定者，不在此限。 保全業知悉所屬保全人員，有前項各款情形之一者，應即予解職。
政府採購法	第98條	得標廠商其於國內員工總人數逾一百人者，應於履約期間僱用身心障礙者及原住民，人數不得低於總人數百分之二，僱用不足者，除應繳納代金，並不得僱用外籍勞工取代僱用不足額部分。

（續）表10-2　徵才與選才的法律規範

法規	條文	內容
身心障礙者權益保障法	第38條	各級政府機關、公立學校及公營事業機構員工總人數在三十四人以上者，進用具有就業能力之身心障礙者人數，不得低於員工總人數百分之三。 私立學校、團體及民營事業機構員工總人數在六十七人以上者，進用具有就業能力之身心障礙者人數，不得低於員工總人數百分之一，且不得少於一人。 前二項各級政府機關、公、私立學校、團體及公、民營事業機構為進用身心障礙者義務機關（構）；其員工總人數及進用身心障礙者人數之計算方式，以各義務機關（構）每月一日參加勞保、公保人數為準；第一項義務機關（構）員工員額經核定為員額凍結或列為出缺不補者，不計入員工總人數。 前項身心障礙員工之月領薪資未達勞動基準法按月計酬之基本工資數額者，不計入進用身心障礙者人數及員工總人數。但從事部分工時工作，其月領薪資達勞動基準法按月計酬之基本工資數額二分之一以上者，進用二人得以一人計入身心障礙者人數及員工總人數。 辦理庇護性就業服務之單位進用庇護性就業之身心障礙者，不計入進用身心障礙者人數及員工總人數。 依第一項、第二項規定進用重度以上身心障礙者，每進用一人以二人核計。 警政、消防、關務、國防、海巡、法務及航空站等單位定額進用總人數之計算範圍，得於本法施行細則另定之。 依前項規定不列入定額進用總人數計算範圍之單位，其職務應經職務分析，並於三年內完成。 前項職務分析之標準及程序，由中央勞工主管機關另定之。
	第38-1條	事業機構依公司法成立關係企業之進用身心障礙者人數達員工總人數百分之二十以上者，得與該事業機構合併計算前條之定額進用人數。 事業機構依前項規定投資關係企業達一定金額或僱用一定人數之身心障礙者應予獎勵與輔導。 前項投資額、僱用身心障礙者人數、獎勵與輔導及第一項合併計算適用條件等辦法，由中央各目的事業主管機關會同中央勞工主管機關定之。
性別工作平等法	第7條	雇主對求職者或受僱者之招募、甄試、進用、分發、配置、考績或陞遷等，不得因性別或性傾向而有差別待遇。但工作性質僅適合特定性別者，不在此限。
	第8條	雇主為受僱者舉辦或提供教育、訓練或其他類似活動，不得因性別或性傾向而有差別待遇。

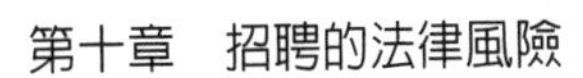

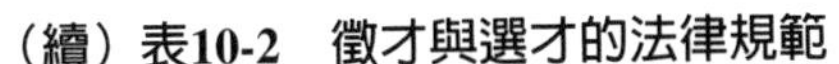
（續）表10-2　徵才與選才的法律規範

法規	條文	內容
性別工作平等法	第9條	雇主為受僱者舉辦或提供各項福利措施，不得因性別或性傾向而有差別待遇。
	第10條	雇主對受僱者薪資之給付，不得因性別或性傾向而有差別待遇；其工作或價值相同者，應給付同等薪資。但基於年資、獎懲、績效或其他非因性別或性傾向因素之正當理由者，不在此限。 雇主不得以降低其他受僱者薪資之方式，規避前項之規定。
	第11條	雇主對受僱者之退休、資遣、離職及解僱，不得因性別或性傾向而有差別待遇。 工作規則、勞動契約或團體協約，不得規定或事先約定受僱者有結婚、懷孕、分娩或育兒之情事時，應行離職或留職停薪；亦不得以其為解僱之理由。 違反前二項規定者，其規定或約定無效；勞動契約之終止不生效力。
原住民族工作權保障法	第4條	各級政府機關、公立學校及公營事業機構，除位於澎湖、金門、連江縣外，其僱用下列人員之總額，每滿一百人應有原住民一人： 一、約僱人員。 二、駐衛警察。 三、技工、駕駛、工友、清潔工。 四、收費管理員。 五、其他不須具公務人員任用資格之非技術性工級職務。 前項各款人員之總額，每滿五十人未滿一百人之各級政府機關、公立學校及公營事業機構，應有原住民一人。 第一項各款人員，經各級政府機關、公立學校及公營事業機構列為出缺不補者，各該人員不予列入前項總額計算之。
	第5條	原住民地區之各級政府機關、公立學校及公營事業機構，其僱用下列人員之總額，應有三分之一以上為原住民： 一、約僱人員。 二、駐衛警察。 三、技工、駕駛、工友、清潔工。 四、收費管理員。 五、其他不須具公務人員任用資格之非技術性工級職務。 前項各款人員，經各級政府機關、公立學校及公營事業機構列為出缺不補者，各該人員不予列入前項總額計算之。 原住民地區之各級政府機關、公立學校及公營事業機構，進用須具公務人員任用資格者，其進用原住民人數應不得低於現有員額之百分之二，並應於本法施行後三年內完成。但現有員額未達比例者，俟非原住民公務人員出缺後，再行進用。

（續）表10-2　徵才與選才的法律規範

法規	條文	內容
原住民族工作權保障法	第5條	本法所稱原住民地區，指原住民族傳統居住，具有原住民族歷史淵源及文化特色，經中央主管機關報請行政院核定之地區。
	第12條	依政府採購法得標之廠商，於國內員工總人數逾一百人者，應於履約期間僱用原住民，其人數不得低於總人數百分之一。 依前項規定僱用之原住民於待工期間，應辦理職前訓練；其訓練費用應由政府補助；其補助條件、期間及數額，由中央勞工主管機關另以辦法定之。 得標廠商進用原住民人數未達第一項標準者，應向原住民族綜合發展基金之就業基金繳納代金。
雇主聘僱外國人許可及管理辦法	第6條	外國人受聘僱在中華民國境內從事工作，除本法或本辦法另有規定外，雇主應向中央主管機關申請許可。 中央主管機關為前項許可前，得會商中央目的事業主管機關研提審查意見。 雇主聘僱本法第四十八條第一項第二款規定之外國人從事工作前，應核對外國人之外僑居留證及依親戶籍資料正本。
台灣地區與大陸地區人民關係條例	第17條	大陸地區人民為台灣地區人民配偶，得依法令申請進入台灣地區團聚，經許可入境後，得申請在台灣地區依親居留。 前項以外之大陸地區人民，得依法令申請在台灣地區停留；有下列情形之一者，得申請在台灣地區商務或工作居留，居留期間最長為三年，期滿得申請延期： 一、符合第十一條受僱在台灣地區工作之大陸地區人民。 二、符合第十條或第十六條第一項來台從事商務相關活動之大陸地區人民。 經依第一項規定許可在台灣地區依親居留滿四年，且每年在台灣地區合法居留期間逾一百八十三日者，得申請長期居留。 內政部得基於政治、經濟、社會、教育、科技或文化之考量，專案許可大陸地區人民在台灣地區長期居留，申請居留之類別及數額，得予限制；其類別及數額，由內政部擬訂，報請行政院核定後公告之。 經依前二項規定許可在台灣地區長期居留者，居留期間無限制；長期居留符合下列規定者，得申請在台灣地區定居： 一、在台灣地區合法居留連續二年且每年居住逾一百八十三日。 二、品行端正，無犯罪紀錄。 三、提出喪失原籍證明。 四、符合國家利益。 內政部得訂定依親居留、長期居留及定居之數額及類別，報請行政院核定後公告之。

（續）表10-2　徵才與選才的法律規範

法規	條文	內容
台灣地區與大陸地區人民關係條例	第17條	第一項人員經許可依親居留、長期居留或定居，有事實足認係通謀而為虛偽結婚者，撤銷其依親居留、長期居留、定居許可及戶籍登記，並強制出境。 大陸地區人民在台灣地區逾期停留、居留或未經許可入境者，在台灣地區停留、居留期間，不適用前條及第一項至第四項規定。 前條及第一項至第五項有關居留、長期居留、或定居條件、程序、方式、限制、撤銷或廢止許可及其他應遵行事項之辦法，由內政部會同有關機關擬訂，報請行政院核定之。 本條例中華民國九十八年六月九日修正之條文施行前，經許可在台團聚者，其每年在台合法團聚期間逾一百八十三日者，得轉換為依親居留期間；其已在台依親居留或長期居留者，每年在台合法團聚期間逾一百八十三日者，其團聚期間得分別轉換併計為依親居留或長期居留期間；經轉換併計後，在台依親居留滿四年，符合第三項規定，得申請轉換為長期居留期間；經轉換併計後，在台連續長期居留滿二年，並符合第五項規定，得申請定居。
	第17-1條	經依前條第一項、第三項或第四項規定許可在台灣地區依親居留或長期居留者，居留期間得在台灣地區工作。
勞工健康保護規則	第10條	雇主僱用勞工時，應依附表八之規定，實施一般體格檢查。 前項檢查距勞工前次檢查未逾第十一條規定之定期檢查期限，經勞工提出證明者，得免實施一般體格檢查。 第一項體格檢查應參照附表九記錄，並至少保存七年。 附表八（體格檢查項目） (1)作業經歷、既往病史、生活習慣及自覺症狀之調查。 (2)身高、體重、腰圍、視力、辨色力、聽力、血壓及身體各系統或部位之理學檢查。 (3)胸部X光（大片）攝影檢查。 (4)尿蛋白及尿潛血之檢查。 (5)血色素及白血球數檢查。 (6)血糖、血清丙胺酸轉胺酶（ALT）、肌酸酐（creatinine）、膽固醇、三酸甘油酯、高密度脂蛋白膽固醇之檢查。 (7)其他經中央主管機關指定之檢查。

資料來源：丁志達整理（索引於2015年1月20日）。

一、迴避聘僱歧視的問話

下列這幾類問題，面試者必須要迴避提問，即便要問，也要十分謹慎用詞：

1.如果錄用你，你能證明自己至少已經十六足歲嗎？
2.擔任這個職務的人需要週末上班（出差），你是否有任何私事抵觸這些要求？
3.婚姻問題（別問應徵者目前是單身還是已婚？此外，避免提出任何問題間接刺探對方的婚姻狀況，例如：你的配偶從事什麼工作？）。
4.生兒育女的問題（別問應徵者有小孩嗎？你想生小孩子嗎？你接受了這份工作後，如何照顧小孩？）。
5.種族（別問應徵者屬於原住民、客家、閩南及外省籍的哪個族群）。
6.不要要求應徵者的工作申請書或履歷表附上照片。
7.逮捕及判刑、前科。
8.你有沒有加入哪些宗教團體？
9.你是一位女人，爲何會想要從事這樣的工作？
10.如果我們錄用你，你配偶會同意搬家嗎？

總歸一句話，如果要提問的問題與當前的工作沒有直接關係，就不要提問（**表10-3**）。

表10-3　面談問話的禁忌

·切忌和應徵者起爭執，因為爭執無法達到你的目的。
·切忌讓應徵者反客為主，例如問太多問題。
·切忌讓應徵者浪費時間在任何問題上，而讓你無法完成整個面談。
·切忌一直繞著對方已回答的問題打轉，做完摘要就轉到下一個問題。
·切忌逼問一位緊張的應徵者，給對方一些時間放鬆心情，然後和緩穩定地進行面談。
·切忌被自誇的應徵者唬住；提出探討性的問題瞭解事實真相。
·切忌毫無準備地就來面試他人。
·切忌讓應徵者久等，這樣一開始整個面談就不順利了。

資料來源：丁志達（2008）。「員工招聘與培訓實務研習班」講義。台北：中華企業管理發展中心。

二、徵人廣告限制性別歧視

徵求秘書要「女性」，徵求修護汽車的黑手要「男性」，都是傳統迷思。《就業服務法》第4條規定：「國民具有工作能力者，接受就業服務一律平等。」又，2007年政府修正的《性別工作平等法》，其立法的目的是禁止性別歧視、性騷擾防治及事業單位應如何預防及處理並認識各種工作平等措施，同時提供受害者各種申訴救濟途徑，例如：雇主招募廣告不能因性別而有差別待遇，除非工作性質僅適合特定性別者，例如：有人徵求看護工限女性，經高雄縣政府（改制後爲高雄市政府）勞工局派人查看，發現看護對象爲女病患；又如，宜蘭縣政府社會處轄區下，有一家廠商徵求男性三溫暖工作者，在廣告文宣上書寫「限男性」字樣，因工作場所及服務對象特殊，便屬合情合理的招人廣告而可免受罰，否則可能會構成違反《性別工作平等法》第7條規定，依同法第38-1條規定，應處新台幣三十萬元以上一百五十萬元以下罰鍰（民國97年11月26日修正第38-1條條文）（胡宗鳳，2006/09/02：A12版）。

第三節　勞工隱私權保護

有關勞工隱私權之保護，經立法院三讀通過的《個人資料保護法》（以下簡稱《個資法》）於2012年10月1日上路。同年11月28日實施的《就業服務法》第5條第二項第二款修訂內容項目，更明確規範雇主招募或僱用員工時，不得有：「要求提供非屬就業所需之隱私資料。」2013年6月7日修正的《就業服務法施行細則》第1-1條之規定，明訂所謂勞工隱私資料之範圍（**表10-4**）。

一、個人資料之定義

依《個資法》第2條第一款規定，個人資料可分爲一般（普通）資料及特殊（敏感）資料。除個人姓名、出生年月日、國民身分證統一編號、護照號碼、特徵、指紋、婚姻、家庭、教育、職業、病歷、聯絡方式、財

表10-4　勞工隱私資料之範圍

本法第五條第二項第二款所定隱私資料，包括下列類別： 一、生理資訊：基因檢測、藥物測試、醫療測試、HIV檢測、智力測驗或指紋等。 二、心理資訊：心理測驗、誠實測試或測謊等。 三、個人生活資訊：信用紀錄、犯罪紀錄、懷孕計畫或背景調查等。 雇主要求求職人或員工提供隱私資料，應尊重當事人之權益，不得逾越基於經濟上需求或維護公共利益等特定目的之必要範圍，並應與目的間具有正當合理之關聯。

資料來源：《就業服務法施行細則》第1-1條。

務情況、社會活動及其他得以直接或間接方式識別該個人之資料（如個人獨照、指紋等）共十五種常見訊息外，另也擴及五種敏感私密資訊，即醫療、基因、性生活、健康檢查、犯罪前科之個人資料（**圖10-1**）。

二、隱私權的保護

《個資法》實施重點是在保護自然人的個人資料不受到不當蒐集、處理、利用，舉例而言，一般企業在招聘員工時，若蒐集應徵人員的身高、體

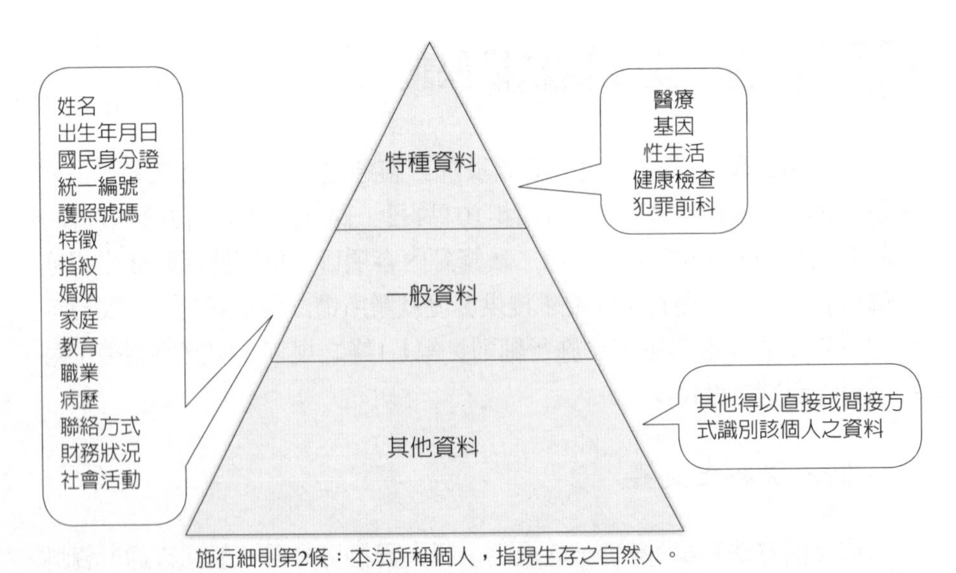

圖10-1　個人資料分類

資料來源：林鴻文（2013）。《個人資料保護法》，頁xiii。書泉。

重、血型，其必要性就有待商榷，除非該行業具有特殊性，能合理、合法說明應徵人員需要這些欄位，否則個人資料取得的欄位勢必得面臨取捨。

隱私權之概念源於英美法，如今普遍成爲民主法治國家共通的價值觀。資訊隱私權（或稱資訊自決權），即彰顯個人可「控制自身資訊的權利」。爲保障個人生活私密領域免於他人侵擾及個人資料之自主控制，隱私權乃爲不可或缺之基本權利，而受《憲法》第22條所保障，業經大法官會議第603號解釋文所認定。

資訊自主權賦予人民享有個人資料保護請求權，人民有請求維護資料的正確性、停止利用或刪除該資料的權利；除有妨害國家安全、外交及軍事機密、整體經濟利益或其他重大利益外，公務機關或非公務機關應依當事人之請求，就其蒐集之個人資料，答覆查詢、提供閱覽或製給複製本（《個資法》第10條）。當個人資料蒐集之特定目的消失或期限屆滿時，應主動或依當事人之請求，刪除、停止處理或利用該個人資料（《個資法》第11條）（**圖10-2**）。

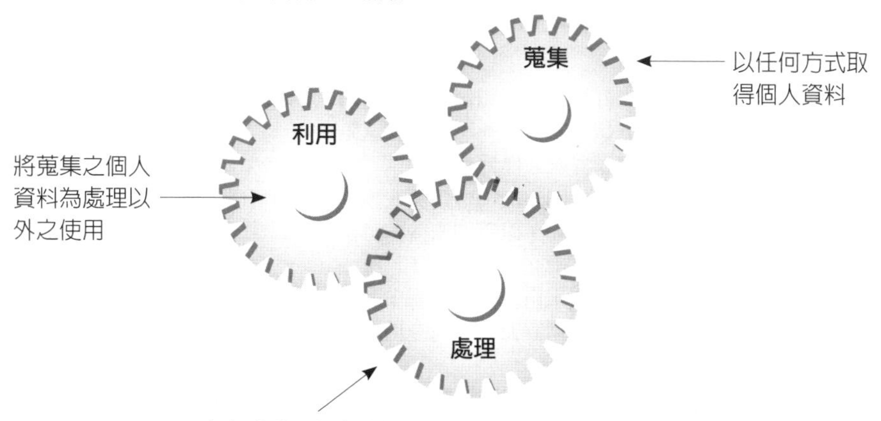

圖10-2　個人資料的規範行為

資料來源：林鴻文（2013）。《個人資料保護法》，頁xiv。書泉。

三、蒐集、處理或利用

《個資法》第5條規定：「個人資料之蒐集、處理或利用，應尊重當事人之權益，依誠實及信用方法爲之，不得逾越特定目的之必要範圍，並應與蒐集之目的具有正當合理之關聯。」

隨著《個資法》的施行，這對於企業個人資訊的蒐集、處理或利用，都必須遵循法規規範，如果企業一旦違反《個資法》之規範，不法蒐集、處理、利用，所負損害賠償責任，同一原因事實造成多數人損害，最高甚至可能被求償二億元之鉅額罰款，對企業現行使用的人事資料管理系統運用的影響與衝擊非常的大（**表10-5**）。

四、應徵者個人資料之保護

雇主蒐集應徵者之個人資料，原則上須在求職工作之目的必要範圍內處理或利用，除非符合其他法律規定或本人書面同意情況下，始得爲求職目的外之利用。

表10-5　違反《個資法》之民事、刑事及行政責任

類別	規定	法源
民事賠償	每人每一件事件之賠償金額為新台幣五百元以上二萬元以下，但同一原因事實之賠償最高總額以新台幣二億元為限。	《個資法》第28-31條
團體訴訟	財團法人或公益社團法人符合個資法規定者，得提起團體訴訟，以協助遭侵害之當事人進行損害賠償訴訟。	《個資法》第32-40條
刑事責任	罰金可達一百萬元，且最重可處五年以下有期徒刑，並將「意圖營利」列為加重處罰條款。	《個資法》第41-46條
行政責任	罰鍰金額為新台幣二萬至五十萬元，且採取非公務機關與負責人併罰制。	《個資法》第25、47-50條

資料來源：法務部編印（2012）。「如何適用個資法：非公務機關篇」文宣資料。

另外，依《個資法》第3條規定：「當事人就其個人資料依本法規定行使之下列權利，不得預先拋棄或以特約限制之：(1)查詢或請求閱覽；(2)請求製給複製本；(3)請求補充或更正；(4)請求停止蒐集、處理或利用；(5)請求刪除。」

依《個資法》第11條規定：「個人資料蒐集之特定目的消失或期限屆滿時，應主動或依當事人之請求，刪除、停止處理或利用該個人資料。但因執行職務或業務所必須或經當事人書面同意者，不在此限。」因而，應徵者未經錄用時，除非應徵者本人同意雇主在相當期間內繼續保存其個人資料，以便雇主有其他職位需求時得以利用，否則雇主應主動或依當事人之請求刪除其個人資料。

原則上，只要在僱傭關係所需管理之必要範圍內，雇主均得以員工有勞動契約之存在而合法蒐集，員工之資訊隱私權須有所退讓。所以雇主是否違法，原則以雇主是否有濫用契約權利或違反比例原則加以判斷（潘秀菊，2013：24-31）。

五、簽署同意書

企業爲了避免觸犯《個資法》的規範，最好的作法是讓應徵者簽一份同意書，說明應徵者同意提供的資料有哪些，然後同意書上面說明這些資料蒐集及使用的目的及範圍，以便確認雙方的權利義務。如果沒有簽署同意書，根據《個資法》的規定，還是可以主張雙方是有勞雇契約關係的，所以在勞雇契約的權利行使及義務的履行目的下，只要沒有超出合理的範圍，蒐集及使用個人資料並沒有違法，但爭訟時，雇主要負舉證責任。

個案10-1 應徵者個人資料蒐集告知與聲明

依據《個人資料保護法》（以下稱《個資法》）規定，向台端告知下列事項，請台端詳閱：

一、特定目的

基於人力資源規劃之徵才及富邦金控人才資料庫暫存作業需要，為人事管理【特定目的項目代號002】，並為就委任或僱傭關係決定等後續處理，為通知或契約關係之要約或承諾等作業之需，即契約、類似契約或其他法律關係事務之目的【特定目的項目代號069】蒐集台端之個人資料。

二、蒐集項目（類別）

依履歷表上所載應徵者之個人相關資料欄位〔含應徵者之中英文姓名、出生日期、身分證字號、國籍、護照號碼、手機號碼、通訊電話、電子信箱、通訊地址、學歷、證照／認證資格、工作經歷、期望待遇、語言／專長技能、電腦技能、駕照、自傳、曾獲殊榮、是否曾受主管機關、外部機構違紀處分、是否曾涉及民刑事案件、是否有遭法院或法務部行政執行署各行政執行處強制執行薪資之命令、是否曾有銀行拒絕往來、存款不足或債信不良之紀錄、是否兼任其他職務、是否罹患法定傳染病、是否與富邦金控現職人員及其配偶有二親等（含）以內之血親及姻親關係、是否曾至富邦金控相關子公司任職過等〕。

三、利用期間、地區、對象及方式

應徵者資料僅供富邦金控於本國、海外子公司、海外分支機構及辦事處處理利用，除依據《個資法》及相關法令另有規定，或屬應徵者可公開蒐集資料，或應徵者前曾提供特定第三人（如政府機構就業網站或人力銀行網站等）蒐集外，應徵者個人資料僅供富邦金控於台端應徵之職位所屬之公司及本履歷表台端勾選或填寫同意推介之富邦金控內部其他公司，內部傳輸、處理與利用。應徵者個人資料自富邦金控蒐集日起以台端本次應徵之職務為限，自收到台端之履歷表起保存二年，逾上述保存期限期後，富邦金控即停止處理、利用並刪除之；台端若經錄取成為富邦金控之員工，本履歷表將存於台端人事資料袋中，保存至離職後十五年。

四、應完整及確實揭露

本履歷表上所有填載項目應徵者若未完整及確實填寫，可能會造成無法辨識應徵者身分及通知招募相關資訊，或無法評估是否符合富邦金控招募條件等。

五、查閱、請求複製本、更正資料、要求停止處理利用或刪除

除依據《個資法》及相關法令另有規定外，若台端需要行使本項權利，僅以台端本次應徵之資料提供為限，請台端洽於富邦金控原投遞履歷之聯絡窗口辦理。

六、台端得自由選擇是否提供相關個人資料，惟台端若拒絕提供相關個人資料，富邦金控將無法進行必要之徵才審核及處理作業或提供台端相關服務。

七、台端於家屬成員等非由當事人提供之個資時，請務必確認已對該當事人告知並獲其同意，會將該當事人之個資提供予台端應徵之公司，且各該公司將依法蒐集、處理及利用其個人資料。

資料來源：富邦金融控股公司，網址：https://www.fubon.com/hr/login_0.html。

第四節　競業禁止之保護

由於技術、資訊、營業秘密等無形的智慧資產，在知識經濟時代中對企業之競爭力有舉足輕重之影響，從高科技產業、金融服務業，甚至到房屋仲介業，企業與僱用員工簽訂競業禁止條款普遍受到重視。因此，企業在聘僱人才時，要以有效之法律或者契約來保護企業的競爭優勢與研發成果。

個案10-2　保密及智慧財產權合約書

立合約書人　　　　　　　　　　　　　　　（以下簡稱甲方）
　　　　　　　　　　　　　　　股份有限公司（以下簡稱乙方）

緣甲方受僱於乙方，為乙方服務。雙方就有關保護智慧財產權及營業秘密之事項，已於員工之「承諾書」及「員工工作規則」作原則性的約定。為使甲方有所遵循，爰就細則部分訂定下列條款，俾共同遵行：

第一章　保密及智慧財產權

第一條　定義

本合約所稱「營業秘密」係指甲方於受僱期間為乙方服務而接觸（包括創作、開發、蒐集、持有、知悉等），不論有無經乙方標示「機密」、「限閱」或其他同義字之一切管理上、營業上、技術上或生產上尚未對外公開或未解除機密之秘密，而不論其是否

(A)乙方所自行開發。
(B)以書面為之。
(C)已完成或需再修改。
(D)可申請專利、商標、著作等權利。

包括：

一、生產方法、行銷技巧、採購資料、定價、政策、估價程序、財務資料、顧客資料、供應商、經銷商之資料、管理上之辦法規定及資料及其他與乙方營業活動及方式有關之資料。
二、各發展階段之電腦軟體及所有相關文件。
三、發現、概念、構想、構圖、產品規格、流程圖、流程以及專門技術（Know-How）指表現於書面或各種形態媒體者。
四、乙方依約或法令對第三人負有保密責任之第三人之營業秘密。

第二條　權利歸屬

雙方同意甲方於受僱期間，於職務上在乙方之企劃下，所產生或創作之構想、概念、發現、發明、改良、公式、程序、著作或營業秘密等，無論有無取得專利權、商標專用權、著作權、半導體光罩權，其相關權利與利益均歸乙方所有。甲乙雙方於並約定甲方在乙方之企劃下所完成職務上之著作以乙方為著作人。

第三條　告知義務

一、甲方於簽訂本合約時，應告知乙方其於簽訂本合約前所擁有之各項發明、專利、著作或專門技術（Know-How），以及對於他人所負法令上或契約

上不得使用、洩漏或交付有關營業秘密或工業、智慧財產權之義務。甲方如對他人負有於一定期間或一定工作領域不得為特定行為之義務者，亦應一併告知乙方。

二、甲方於受僱期間，於職務上在乙方之企劃下，如有任何第二條所述各項權利或利益產生或創作時，甲方應立即告知乙方。

第四條　協助義務

如乙方就第二條各項權利或利益有於國內外註冊、登選之必要時，甲方應於受僱期間及離職後六個月內全力協助乙方完成。

第五條　文件所有權

甲方於職務上持有之一切記載或含有營業秘密之文件、磁帶、軟碟、硬碟、圖表或其他媒體等各種資料之所有權，皆歸乙方所有，甲方於離職或於乙方請求時，應立即交還乙方其指定之人並辦妥相關手續。

第六條　保密義務

一、甲方應採取必要措施維護其於受僱期間所接觸之營業秘密以保持其機密性，除因其職務上業務範圍內需要，並按照公司規定之正當合理使用外，非經乙方事前書面同意，不得洩漏、知告、交付或移轉予第三人，或對業外發表、出版、並且不得自行利用。

甲方之保密義務及除為乙方之利益與目標外不得使用營業秘密之義務，於下列情形不適用之：

1.乙方之營業秘密，為甲方於接觸前已知悉者。

2.乙方之營業秘密，於甲方接觸時，已屬衆所周知者。

3.乙方之營業秘密，於甲方接觸後，非因甲方之原因，而經出版或以其他方式成為衆所周知者。

4.乙方之營業秘密，為甲方得自對該資料有合法持有權之第三人而該第三人對資料原始所有人未負任何保密之義務。

二、甲方離職後仍應依前項規定遵守保密義務。

第二章　電腦軟體之使用

第七條　合法使用電腦軟體

一、甲方於使用操作乙方之電腦時，應絕對遵守著作權法之規定，不使用非合法著作權之軟體，不從事重製、仿冒等侵害他人電腦著作權之行為。

二、甲方未經電腦軟體著作權人之授權，絕對不使用乙方之磁碟片去重製電腦軟體。

第八條　查禁仿冒電腦軟體

一、甲方之工作場所範圍內，不放置、收藏無著作權之電腦磁碟片。

二、甲方發現所操作使用之電腦上有疑似未經乙方許可之電腦軟體，或有他人在使用無著作權之電腦軟體，應立即向乙方之相關主管報告，以利乙方研判及採取消除行動。

三、甲方應按照乙方之規定定期或不定期檢查並做檢查記錄，以確保單位內使用之電腦沒有不合法之軟體。如有他人借用電腦硬體時必須登記，用完後並需檢查。但電腦軟體不得借用。

四、如因電腦沒有檢查記錄，而發現違反情事，甲方應自負其責。

第九條　電腦軟體資料之保密

甲方不得將乙方之電腦及套裝軟體有關資料洩露於無關之人。

第三章　罰則及其他

第十條　損害賠償責任

一、甲方如有違反本約之任一條款，應賠償乙方因此所受之任何損失（包括乙方因甲方行為應賠償第三人者）。

二、甲方於業務上使用乙方所提供之軟體，若違反著作權法而受到損害，應由乙方賠償甲方之一切損失。

第十一條　合意管轄

關於本合約或因本合約而引起之糾紛，雙方應先儘可能依誠信原則解決，如有訴訟之必要，雙方同意以台灣台北地方法院為第一審管轄法院。

第十二條　簽署

一、本合約雙方於簽署前業已仔細審閱此合約之內容，並完全瞭解此合約之規定。

二、本合約書正本一式兩份，由甲乙雙方各執一份為憑。

立合約書人：
甲方：　　　　　　　　　　（簽章）
身分證號碼：
地址：
乙方：　　　　　　　　股份有限公司
董事長：
地址：

中華民國　　　年　　　月　　　日

資料來源：某大快遞公司。

一、營業秘密法之立法目的

《營業秘密法》第1條規定：「爲保障營業秘密，維護產業倫理與競爭秩序，調和社會公共利益，特制定本法。」換言之，《營業秘密法》立法目的有三：

(一)保障營業秘密

藉由營業秘密之保障，以達提升投資與研發意願之效果，並能提供環境，鼓勵在特定交易關係中的資訊得以有效流通。

(二)維護產業倫理與競爭秩序

它將使得員工與雇主間，以及事業體彼此間之倫理與競爭秩序有所規範依循。

(三)調和社會公共利益

宣示《營業秘密法》除保障權利人之權利外，亦應注意社會公益之維護，俾使將來爭訟時，法院得考量社會公益而爲較妥適之判斷。

《營業秘密法》第3條規定：「受雇人於職務上研究或開發之營業秘密，歸僱用人所有。但契約另有約定者，從其約定（第一項）。受雇人於非職務上研究或開發之營業秘密，歸受雇人所有。但其營業秘密係利用僱用人之資源或經驗者，僱用人得於支付合理報酬後，於該事業使用其營業秘密（第二項）。」

按照受僱人職務上所研究或開發之營業秘密，既係僱用人所企劃、監督執行，而受僱人並已取得薪資等對價，故應由僱用人取得該營業秘密。惟仍爲尊重雙方之意願，得以契約另行約定。至於在非職務上所研究或開發之營業秘密，即應歸受僱人所有，惟如係受僱人利用僱用人之資源或經驗而研發取得之營業秘密，則應准許僱用人於支付合理報酬後有使用之權。至於有無利用僱用人之資源或經驗，以及合理報酬之訂定，自應依個案認定或決定之（張靜，〈我國營業秘密法之介紹〉）。

二、競業禁止條款的定義

競業禁止，簡單地說，就是員工不能一方面在某單位上班，另一方面又對服務公司的競爭對手提供無論資金、資訊、諮詢等資源。因而，企業要求新進員工簽立保密契約，甚至爲防止保密契約隨僱傭關係之終止而失去實質拘束力，更與員工以契約約定，於僱傭契約終止或解除後一定期限內，不得利用僱用人機密資訊爲自己或他人從事或經營與僱用人直接或間接競爭之相關工作，一般將此等約款稱之爲「競業禁止條款」。

競業禁止條款的最大功能，就是在於可以事先預防員工在離職後，隨即將原企業的機密洩漏，或者利用原僱用企業的營業資料自立門戶，而做不公平之競爭，可說是「保密條款」的更進一步規範。

三、法定與約定的競業禁止

企業與員工訂定競業禁止條款，應以企業主爲保護其合法利益或營業秘密之必要，始可訂定此約。競業禁止有所謂法定之競業禁止與約定之競業禁止兩種，茲說明如下：

(一)法定之競業禁止

法定之競業禁止，即如《公司法》第32條規定：「經理人不得兼任其他營利事業之經理人，並不得自營或爲他人經營同類之業務。但經依第二十九條第一項規定之方式同意者，不在此限。」又，《公司法》第209條第一項規定：「董事爲自己或他人爲屬於公司營業範圍內之行爲，應對股東會說明其行爲之重要內容並取得其許可。」以及《民法》第562條規定：「經理人或代辦商，非得其商號之允許，不得爲自己或第三人經營與其所辦理之同類事業，亦不得爲同類事業公司無限責任之股東。」然此等法定之競業禁止義務，係針對特定人於任職關係存續中所制定之競業禁止規範，至於不具前揭特定身分之一般受僱人，則可以用契約之附隨義務，解釋其於任職關係中之競業禁止義務。

(二)約定競業禁止

至於員工任職關係終止（離職）後，彼此之僱傭關係消滅，法律難再課以其義務，因此，目前我國並無明文規範員工離職後的競業禁止的約款。但是法律未規定並不表示當事人不可以合理約定。當事人基於司法自治之法理所訂之約款，原則上仍應有效力。只是約款的內容如有被認定爲「違反強制或禁止規定」（《民法》第71條），或是「有背於公共秩序或善良風俗」（《民法》第72條），會有無效的結果。至於何謂「公共秩序或善良風俗？」一般須就其個案逐加認定，並無具體的範圍。

(三)違約金的標準

通常競業禁止約定條款會搭配訂定員工於離職後有效期間內，違反其曾簽署之競業禁止約定的違約金補償條文，實務上也會受法院的承認，但必須注意是否會有違約金約定過高而被法院核減的問題。

在台灣發生過的幾件有關離職後競業禁止的案例，法院的態度似乎都偏向認爲此爲契約自由的範圍，只要禁止範圍不過當（如禁止競業期間爲二年，禁止範圍限於相同或類似的行業），難認爲有違公序良俗或《憲法》所保障人民之工作權、生存權，其約定應屬有效（張凱娜，1997/01：71-74）。

綜合言之，企業在訂定競業禁止條款時，能適度審酌自身固有知識與營業秘密保護之必要範圍，員工在公司的職位及地位，限制員工就業的對象、年限、地域、職業活動之範圍，以及在必要時提供塡補員工因競業禁止之損害的代償措施，應該都是判斷是否違反公序良俗以致於成爲無效約定的重要因素（顏雅倫，2002/09：28-31）。

個案10-3　保護老闆　競業條款效力打折

傑智環境科技公司工程及業務處執行副總張○能離職後，自創公司與老東家打對台；台灣高等法院認為他違反競業禁止條款，判決賠償一年薪水一百九十七萬元。傑智環境科技指出，張○能是公司創辦人之一，2009年4月簽署「願任重要職務人員保密同意書」；約定離職後二年內非經公司同意，不能開設或投資同類型的公司，或到競爭對手公司任職，否則賠償三倍年薪。

傑智公司主張，張○能於同年9月15日離職，一年後開設群○公司，寄電子郵件告知傑智的客戶，群○的主要產品有揮發性有機廢氣處理系統、特殊節能系統等，皆與該公司相同；張違反競業禁止條款，因此求償五百九十三萬元。

張○能反駁，他的專長是工業防汙染系統設備，到傑智公司上班以前，任職的兩家公司也是做防汙工程；離開傑智之後，當然也靠防汙工程技術謀生。傑智的契約限制他的工作和生存權，違反憲法保障人民的生存權及工作權，契約無效。他指出，傑智的主要營業項目與群○公司不同，未違反競業條款。

一審判決傑智公司敗訴。但高院調閱張在人力銀行網站刊登的徵才廣告，張加入台灣能源技術產業發展協會登記的公司名稱，及張為群○公司申請的專利技術，認定兩家公司營業內容相同，違反競業條款。

高院指出，雖然傑智公司向張求償有理，但契約僅一昧要求張離職後要保障該公司的利益，沒有顧及張離職後會因受競業禁止條款而失業所受的損害，明顯對張不公平，因此減少求償金額為一年年薪。

資料來源：劉峻谷（2013）。〈只保護老闆　競業條款效力打折〉。《聯合報》（2013/02/17），A10社會版。

第五節　外籍勞工聘僱

近年來，台灣因產業結構轉型及國內勞動市場變遷等因素，重大工程建設或生產事業面臨缺工窘境，家庭照護人力亦同樣短缺，政府乃以「補充性」原則引進外籍勞工（以下簡稱外勞）來台，一方面塡補部分產業勞動人力的缺口，一方面也協助家庭減輕看護老弱的重擔，但部分雇主因一時疏忽而衍生管理上的問題，甚至在不知情的情況下，違反了《就業服務法》（以下簡稱《就服法》）之相關規定，例如：非法使用外勞、指派所聘僱之外勞從事申請許可外工作、擅自扣留外勞財務及護照（居留證）、未善加對待外勞等，諸如此類的行爲，對雇主輕則施以罰鍰，重則廢止聘僱許可，甚至有刑事責任。

個案10-4　僱用外勞須知

國家	風俗與禁忌
泰國	1.潑水節是泰國的新年，也是最盛大的傳統節日，從4月13日至4月16日，連放四日。這期間，大家會用純淨的清水相互潑灑，祈求洗去過去一年的不順，新的一年重新出發。 2.泰國比較屬於母系社會，婚後多數是住在女方家，且女子婚後大部分會改夫姓而不是冠夫姓。 3.由於泰國屬熱帶氣候，習慣早晚洗澡。 4.頭部象徵身體的最高部位，摸泰國勞工頭部是被視為不禮貌的。 5.泰國人認為右手高貴，因此吃飯、握手、遞東西皆用右手；左手只能用來拿一些不潔之物。因此待人接物通常使用右手以示尊重。 6.在泰國的公衆場合，不能做出擁抱、親吻或握手的動作，尤其是男女見面時，因被認為不符當地風俗。 7.泰國人睡覺時不能面朝西，因為日落西方象徵死亡，雇主若有提供泰籍勞工住宿，應注意此點。

國家	風俗與禁忌
菲律賓	1.菲律賓有許多的慶典活動，像Ati-Atihan狂歡節慶、卡拉保亞慶典，慶豐收的節日、黑色拿薩耶穌節的盛大遊行等。其中，復活節為天主教盛大節慶之一，菲律賓人以重視耶穌受難記的方式來紀念耶穌死後復活。復活節當天清晨會舉行盛大的聖母和聖子升天遊行。 2.年輕人與長輩相見時，要吻長輩的手背，以視對老人家的敬重；年輕女性見長輩時，則要吻長輩的兩頰為禮，與台灣打招呼的方式不同。 3.好客的菲律賓人，在迎接賓客時，往往把茉莉花串成美麗的花環，敬獻給客人掛戴在脖子，以表示他們對來訪客人的一片純真友誼之情。 4.與菲律賓人交談應迴避政治、宗教、腐敗現象和外援等話題。相反地，菲律賓人家庭觀念特別強烈，所以關於其家庭成員的談話往往很受歡迎。 5.菲律賓人很忌諱13，認為是厄運和災難的象徵，雇主須留意不要選在13日舉辦任何的活動，它會讓菲律賓籍外勞不能共襄盛舉。 6.忌諱左手傳遞東西，認為左手是骯髒之手，用左手是極大不敬。
越南	1.由於佛教徒占大多數，因此農曆每月的初一、十五，多數越南人均停擺或減少工作去燒香拜佛；此外，農曆新年是越南最重要的假期，將會連休四日，雇主須留意。 2.傳統上，越南人有席地而坐的習俗。人們認為貼近土地有很多好處，可以除去人身上的一些疾病。 3.在越南文化中，吃檳榔是女性地位和年紀的象徵，牙齒吃得越黑越美，這與台灣文化恰好相反。 4.越南人忌諱別人隨意摸他的頭部、拍肩膀、用手指著他大聲叫嚷，因為這對他們而言是不禮貌的。 5.進餐時，忌諱把筷子直立飯中，認為這會令人不吉利。他們也忌諱在衆人面前擤鼻涕、掏耳朵，認為這是不雅的舉止。
印尼	1.一般來說，伊斯蘭教徒最重要的日子就是齋戒月，係指印尼的新年前一個月為之。當月每日日出到日落，伊斯蘭教徒必須厲行齋戒，於日落才能進食。雇主可以提供消化較慢的食品食用。新年為齋戒月的結束，有為期兩天喧鬧慶典，全國半數以上地區為之沸騰。 2.印尼人在社交場合與客人見面時，一般慣以握手為禮。與熟人、朋友相遇時，傳統禮節是用右手按住胸口互相問好，此點與台灣不同。 3.印尼人除在官方場合有時使用餐具之外，一般都習慣用手抓飯，雇主可以視情況加以教導改變此習慣。 4.印尼伊斯蘭信徒很講究禮節，熟人相見，除互致問候外，還唸誦祝辭，並非在碎念。另外，印尼人相當守時，會準時赴會。 5.因伊斯蘭教規禁止，大部分印尼人不喝酒亦不吃豬肉，雇主須注意。 6.對伊斯蘭教徒而言，晚上吹口哨會把到處遊蕩的幽靈招引來、且不禮貌的行為。 7.左手被認為不潔，因此傳遞和接收物品忌用左手；用腳開門和指東西是不禮貌的行為。 8.忌諱有人摸頭部，認為這是缺乏教養和汙辱人的舉止，雇主應避免。

資料來源：新北市政府勞工局編印（2013）。〈相知　相惜　勞雇情：多一份了解　多一份感動〉。

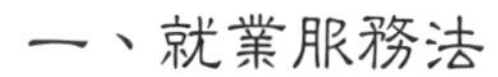

一、就業服務法

《就業服務法》共七章83條，其中第五章自第42條至62條規定「外國人之聘僱與管理」辦法，茲說明如下：

1.雇主不得非法扣留或侵占所聘僱外國人之護照、居留證件或財物（第57條第八款）。

2.任何人不得非法容留外國人（外勞）從事工作（第44條）。違者將依規定，處新台幣十五萬元以上七十五萬元以下罰鍰。五年內再違反者，處三年以下有期徒刑、拘役或科或併科新台幣一百二十萬元以下罰金（第63條）。

3.雇主不得指派所聘僱之外國人從事許可以外之工作（第57條第三款）。

4.雇主不得以本人名義聘僱外國人為他人工作（第57條第二款）。

5.雇主不得未經許可，指派所聘僱從事第46條第一項第八款至第十款（八、海洋漁撈工作；九、家庭幫傭及看護工作；十、為因應國家重要建設工程或經濟社會發展需要，經中央主管機關指定之工作）規定工作之外國人變更工作場所（第57條第四款）。

6.雇主辦理聘僱外國人之申請許可、招募、引進或管理事項，不得提供不實資料或健康檢查檢體（第5條第二項第五款）。

7.雇主不得聘僱未經許可、許可失效或他人所申請聘僱之外國人（第57條第一款）。

8.雇主聘僱外國人從事第46條第一項第八款至第十款規定之工作，應向中央主管機關設置之就業安定基金專戶繳納就業安定費，作為加強辦理有關促進國民就業、提升勞工福祉及處理有關外國人聘僱管理事務之用（第55條第一項）。

9.受聘僱之外國人有連續曠職三日失去聯繫或聘僱關係終止之情事，雇主應於三日內以書面通知當地主管機關、入出國管理機關及警察機關（第56條）。

10.雇主不得有未依規定安排所聘僱之外國人接受健康檢查或未依規

定將健康檢查結果函報衛生主管機關（第57條第五款）。

11.外國人與在中華民國境內設有戶籍之國民結婚（即外籍配偶），且獲准居留者，不需申請工作許可，即可工作（第48條第一項第二款）。（**表10-6**）

二、雇主聘僱外國人許可及管理辦法

雇主依勞動契約給付第二類外國人工資，應檢附印有中文及該外國人本國文字之薪資明細表，記載實領工資、工資計算項目、工資總額、工資給付方式、外國人應負擔之全民健康保險費、勞工保險費、所得稅、膳宿費、職工福利金、依法院或行政執行機關之扣押命令所扣押之金額，或依其他法律規定得自工資逕予扣除之項目及金額，交予該外國人收存，並自行保存五年（第43條第一項）。

三、受聘僱外國人健康檢查管理辦法

1.雇主於丙類人員（指受聘僱從事《就業服務法》第46條第一項第八款至第十一款規定工作之外國人）入國後三工作日內，應安排其至指定醫院接受健康檢查（第6條第一項）。

2.雇主應於丙類人員入國工作滿六個月、十八個月及三十個月之日前後三十日內，安排其至指定醫院接受定期健康檢查（第7條第一項）。

表10-6　雇主招募或僱用員工的約束

雇主招募或僱用員工，不得有下列情事： 一、為不實之廣告或揭示。 二、違反求職人或員工之意思，留置其國民身分證、工作憑證或其他證明文件，或要求提供非屬就業所需之隱私資料。 三、扣留求職人或員工財物或收取保證金。 四、指派求職人或員工從事違背公共秩序或善良風俗之工作。 五、辦理聘僱外國人之申請許可、招募、引進或管理事項，提供不實資料或健康檢查檢體。

資料來源：《就業服務法》第5條第二項（修正日期102年12月25日）。

四、勞工保險法

外籍勞工受僱於僱用五人以上之事業單位，雇主應於所聘僱外籍勞工到職之日，檢附中央主管機管或相關目的事業主管機關核准從事工作證明文件，向勞工保險局申報加入勞工保險（《勞工保險條例》第6條第三項）。

五、全民健康保險法

在台灣地區領有居留證明文件，並符合下列各款資格之一者，亦應參加本保險爲保險對象：(1)在台居留滿六個月；(2)有一定雇主之受僱者（《全民健康保險法》第9條）。

六、繳納就業安定費

《就業服務法》第55條規定，雇主聘僱外勞，應繳納就業安定費。其作業程序如下：

就業安定費以每季爲一期，並於次季第二個月25日前繳納（如4、5、6月份帳單，於8月中旬寄發，雇主應於8月25日前繳納，並得寬限至9月24日止，若該季帳款寬限期滿日遇例假或國定假日則順延滯納金起徵日）。

七、薪資所得申報

凡有「中華民國來源所得」之外僑〔係指持外國護照之外籍人士及無中華民國國民身分者（不含大陸地區人士）〕應就其中華民國來源所得，依法繳納所得稅。外僑因其在華居留期間之久暫不同，分爲非中華民國境內居住之個人〔非居住者，係指於一課稅年度內（自1/1起至同年12/31止）在華居留期間合計不滿183天者〕及中華民國境內居住之個人〔居住者，係指於一課稅年度內在華居留期間合計滿183天者（含183天）〕。

1.雇主聘僱之外籍勞工於同一課稅年度內，在台工作居留未滿183天者，係以「非居住者」身分課稅，其綜合所得稅之課徵應採就源扣繳或申報納稅。

2.如外勞於一課稅年度內在台居留天數合計滿183天，係「居住者」身分，該外勞應依法辦理結算申報納稅。

八、辦理聘僱許可及展延聘僱許可

雇主所招募之外籍勞工入境三日後，應安排至衛生福利部指定之醫院接受健康檢查，外勞經取得健康檢查合格後，雇主應檢具相關文件於外勞入國後十五日內向勞動部申請聘僱許可。於聘僱許可期限屆滿，如有延長工作期限之需要，雇主應於聘僱許可有效期限屆滿日前六十日期間內，向勞動部申請展延外勞聘僱許可。

九、辦理遞補申請

外勞於聘僱許可有效期間因不可歸責於雇主之原因離境或死亡者，雇主得向勞動部申請遞補。遞補之聘僱許可期間，以補足原聘僱許可期間為限，原聘僱許可期間不足六個月者，不得遞補。

十、辦理外僑居留證

雇主於外勞入國後十五日內，應檢具相關文件，向外勞居留地警察局辦理外僑居留證及製作指紋卡事宜。

十一、大陸地區配偶工作權

依《臺灣地區與大陸地區人民關係條例》第17-1條規定，大陸地區配偶獲准在台依親居留或長期居留者，居留期間得在台灣地區工作，不需申請工作許可。

個案10-5　拒陸配求職　企業遭罰鍰

85度C咖啡蛋糕烘焙連鎖店的景美門市，因拒絕大陸配偶求職，違反《就業服務法》，遭台北市勞工局開罰新台幣十萬元。

勞工局表示，求職者當時持有依親居留證，但求職時卻遭85度C景美門市主管先以「我們不用外籍新娘」，後再以「未具有中華民國身分證」為由拒絕其求職。

北市府就業歧視評議委員會認為，全案成立出生地就業歧視，因此依《就業服務法》第5條及第18條規定，處以十萬元罰鍰。

勞工局表示，民國97年《就業服務法》第48條就放寬依親居留者不須另外申請許可，得在台工作。98年行政院大陸委員會修正《臺灣地區與大陸地區人民關係條例》第17條及第17條之1，大陸地區新移民取得居留許可者，就可在台合法工作。

資料來源：黃麗芸（2012）。〈拒陸配求職　北市罰85度C〉。中央社（2012/04/18）。

近年來政府積極協助外籍配偶就業，但一些逃逸或非法打工的外勞卻趁機假裝是外籍配偶身分上門求職，若被當地勞工局查獲企業僱用未經許可的外勞，最重將被處新台幣七十五萬元，所以雇主千萬別怕麻煩，小心查驗求職者身分證件，以免一時失察，僱用到非法外勞而得不償失（**表10-7**）。

表10-7　聘僱外勞應注意之事項

聘僱外勞應注意之事項
1.主動查驗身份證或居留證「正本」。 2.核對證件確為應徵者本人，注意比對照片及所載資料（100年9月16日起核發之居留證上加註「持證人工作不需申請工作許可」紅色中文字樣者，可以工作），若其表明是外籍配偶身分，則請其出示在台依親之戶籍資料，並核對居留證上配偶姓名是否一致。 3.為清楚應徵者之資料，若為外籍配偶則問其配偶姓名及資料（核對外籍配偶之居留事由應為「依親—夫／妻—○○○（本籍配偶姓名）」）、住哪裡、國籍等；若係外籍學生則問其就讀之學校、科系、住宿地址、國籍、是否確實仍在念書或已經休學。 4.外籍人士之「居留證」由內政部入出國及移民署核發、「工作證」由勞動部核發、「學生證」由各校核發。 5.雇主若欲申請聘僱外勞必須符合申請外勞資格，並檢具相關文件，經勞動部審核，確認符合聘僱的條件才能聘用，並非雇主自己找到外籍人士就可馬上僱用。

資料來源：新北市政府勞工局編印（2014）。〈合法聘僱　安心工作〉。

結　語

1948年的《世界人權宣言》（*Universal Declaration of Human Rights*）揭示：「凡人均享有工作、自由選擇就業、公正有利工作條件與失業保障之權。」我國《憲法》第152條亦規定：「人民具有工作能力者，國家應予以適當之工作機會。」可見「工作權」是基本人權，更是普世價值。雇主在聘僱員工爲其「生財」時，也要注意不得有違法的「勞動條件」及「就業歧視」的待遇，企業才不會被「汙衊」爲「血汗工廠」而遭到國際人權組織指明「撻伐」的對象。

第十一章

著名企業招聘實務作法

- 微軟公司（僱用聰明的人）
- 奇異電氣公司（招募優秀的科技人才）
- 蘋果公司（找A級人才）
- 谷歌公司（招募最棒的員工）
- 英特爾公司（注重招募品質）
- 沃爾瑪公司（人才策略與戰術）
- 西南航空公司（依態度僱用）
- 豐田汽車公司（全面招聘體制）
- 台灣積體電路公司（文化適性測驗）
- 趨勢科技公司（集天下英才而用之）
- 玉山銀行（招募遴選儲備幹部）
- 迪思科高科技公司（更舒適工作環境）

> 如果說我看得比別人更遠，那是因為我站在巨人的肩膀而已。
> ——艾薩克・牛頓（Sir Isaac Newton）

美國「世界大型企業研究會」（The Conference Board），在2013年，針對「執行長的挑戰」年度調查中顯示，他們認為，當前企業最大的挑戰前五名依序為：人力資本、營運效率、創新、顧客關係、全球政治與經濟風險。執行長開始往公司裡看，而不是往外看（劉淑婷，2013/05：56-57）。

現代企業的競爭是人才的競爭，人才是企業最寶貴的人力資本。企業造就了人才，同樣人才成就了企業。國內外一些著名的成功企業，在他們各自的招聘實踐中，都積累了豐富的、實務的，且各具特色的招聘案例（classical case），通過瞭解、學習他們在徵才與選才獨特作法，以為借鑑。

微軟公司（僱用聰明的人）

微軟公司（Microsoft Inc.）成立於1975年，多年來在全球個人電腦與商用軟體、服務與網際網路技術上居領導地位。微軟致力於提供各種產品與服務，讓人們在任何時間、任何地點、使用任何裝置，都能輕鬆取得資訊。

微軟創辦人比爾・蓋茲（Bill Gates）說：「在我的公司裡，我願意僱用有潛質的人，而不是那些有經驗的人。因為從長遠來看，潛質更有價值。如果雇員以加薪或晉升作為條件威脅要離職，那麼即時造成短期的麻煩局面，我也讓他們離開，因為不受眼前因素左右的僱用關係，將有利於公司長遠的發展。」（黃海珍，2006/01：49）

茱莉・畢克（Julie Bick）在她著作《微軟成功啟示錄》（*All I Really Need to Know in Business I Learned at Microsoft*）書中，分享她在微軟學會如何評鑑出員工潛力的面談技巧的寶貴經驗。

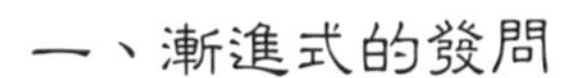

一、漸進式的發問

大部分的應徵者都很緊張，所以首先不如問一些簡單的問題，例如：他們的背景和興趣，好讓他們能夠放鬆自己發揮水準，在暖身之後再提出一些挑戰性的難題，並於最後放慢速度，好讓他們恢復思考能力，即有信心去面對下一個面試者。

二、考驗他的思考邏輯和解題能力而非專業知識

應徵者就算是不知道視窗（Windows）的全球客戶有多少，或者如何使用試算表軟件（Excel）的圖表也沒什麼關係，只要思慮清晰，善於推理，自然可以推敲出問題的重點。有些主管在陳述問題時，會故意遺漏主要關鍵，以觀察應徵者是否會追問這些資料，還是不假思索地直接開始回答問題。

三、設計一套同樣的專業問題

同樣的問題能夠找出應徵人選彼此之間的創造力、反應力和智商等差異，同時也能建立審查的基準。

在面試結束之後，每一個面試者都會把他們對應徵者的印象以電子郵件的形式寄給負責的人事專員和每一個參與面試的主管，這些郵件以「錄用」或是「不錄用」爲開頭，底下再詳述理由。若是決定錄用的人不多，等於是否定他的錄用機會，這也表示你心目中的合格人選絕對不能只得六十分，其表現必須在水準以上。如果你的意見是「我的部門不錄用，但也許適合別的部門」，分明是在虐待別人，如果你認爲這個人不夠好，沒有推給別人的必要（Julie Bick著，葉康雄譯，1997：150-151）。

微軟在招聘管理的長期的工作實踐中，總結出如下的一些經驗：

1. 公司高層領導參與招聘。如果高層人士對招聘漠不關心，那麼其他人員更不會重視招聘工作。
2. 負責招聘的人員應經常參加各部門的業務會議，這樣可以使他們對人才需求瞭若指掌。

個案11-1　微軟對應徵者的創造力測評

對於剛畢業的大學生，微軟會問：「為什麼下水道的井蓋是圓的？」或者「在沒有天平的情況下，你如何秤出一架飛機的重量？」等諸如此類的問題。對於這些問題，最糟糕的回答莫過於：「我不知道。」、「我也不知道如何計算。」但是如果有人回答說：「這真是一個愚蠢的問題！」微軟並不認為這是錯誤的回答，當然應聘者必須說明他這樣回答的理由，如果解釋得當，甚至還可以為自己創造極為有利的機會。其實微軟並不是想得到正確的答案，他只是想看看應聘者能否創造性思考問題。

資料來源：后東升（2006）。《36家跨國公司的人才戰略》，頁11。北京：中國水利水電出版社。

3.面試時，上午教給應徵者一些新知識，下午則提出與之相關的問題。

4.應徵者是否能正確回答問題並不重要，重要的是他是否能創造性思考問題。

5.如果一名新進員工工作不到一年就辭職，人資部門要搞清楚離開的原因。（后東升，2006：11）

奇異電氣公司（招募優秀的科技人才）

奇異電氣公司（General Electric, GE）前總裁傑克・威爾許（Jack Walch）在《致勝：威爾許給經理人的二十個建言》（*Winning*）一書中提到：「擁有最佳球員的球隊，才會成爲贏家。因此，務必物色一流的球員，設法留住他們。」在奇異公司，人力資源部門會發覺機構內最有才能的人，然後投入大量資金，進行培訓和指導。

個案11-2　誰是接班人？

奇異公司董事長兼總執行長傑克·威爾許（Jack Welch）（他當年接班奇異時，自己也僅四十八歲）退休前選定接班人的場景如下：

當威爾許終於從三個候選人中擇定傑佛瑞·伊梅特（Jeffery R. Immelt）接班，他的第一件事不是通知伊梅特，而是搭乘專機，親自飛向另兩位高階主管向他們說：「你被淘汰了！」

沒有什麼理由，也沒有太多安慰。威爾許告訴他們，落選「不表示你們不好」；但是，「你們也不適合再留在奇異公司了」。

落選的這兩名大將中，麥克納尼（James McNemey）跳槽至3M，羅伯特·納德利（Robert Nardelli）至世界最大的家飾商——家得寶（Home Depot）零售集團。當時兩人都不過五十歲出頭。

資料來源：彭慧明（2006）。〈接班的任務　包括找好接班人〉。《聯合報》（2006/03/06），A10版。

一、甄選人才的基本要求

奇異公司甄選人才時，有兩個最基本的要求，一是具備某個職位必須的專業技能，二是個人價值觀與公司價值觀的吻合。「殺掉官僚、開明、講究速度、自信、高瞻遠矚、精力充沛、勇敢地設定目標、視變化爲機遇、適應全球化。」是奇異公司的主要價值觀。如果員工個人的價值觀與此價值觀不相符，就無法配合奇異的企業文化及政策方針。

除此以外，最重要的是員工是否具有追求進步的特質，因爲奇異公司是一個強調變革的企業，在變革的同時也會要求員工不斷的發展潛力，提升自我（Katlina Green著，葛翎譯，2006：25）。

二、需要的人才類型

奇異公司的實驗室在招募人才時，需要的人才類型爲：

(一)個人品質優秀

他們最看重品德上的誠實，學術上正直的人才。他們認爲一個自欺欺人的人，或一個欺騙他人的人，是不可能成爲一位成功的科研工作者。

(二)善於與人合作

那些缺乏合作精神的人，即使進入實驗室工作，也會被辭退。他們強調必須使合作成爲實驗室科研人員的行爲規範，也就是一般所說的團隊精神。

(三)思維活躍，情緒樂觀

他們必須有幹勁、有衝勁，敢於將今天看來不切實際的東西變成明天的現實。

(四)有極強的分析能力、好奇心、樂於接受新思想

他們要求應聘者具有博士學位，受過博士學術訓練的人，才能勝任實際科研工作。

三、成功的求才經驗

奇異公司在多年的實驗中，摸索到了一些成功的求才經驗。他們到著名大學的研究生院（研究所）去吸收新鮮人。他們認爲，僱用那些已經獲得聲望的科技人員風險比較大，一方面他們對薪水要價很高，另一方面他們的研究方式、行爲方式已經定型，很難保證他們能夠很好地融入新的團隊中。

在僱用新手時，奇異公司除一方面看別人寫來的推薦函外，另一方面也要看被推薦者的業績。在決定僱用新手時，首先必須對他有個瞭解，必須有一段期間試用的過程，其做法是在學校暑假期間，邀請候選人來實習，經過這一段時間觀察，如果發現那個候選人不能勝任實驗室的工作，下次就

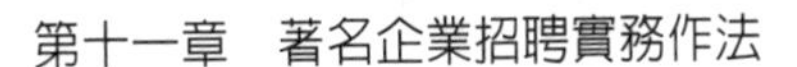

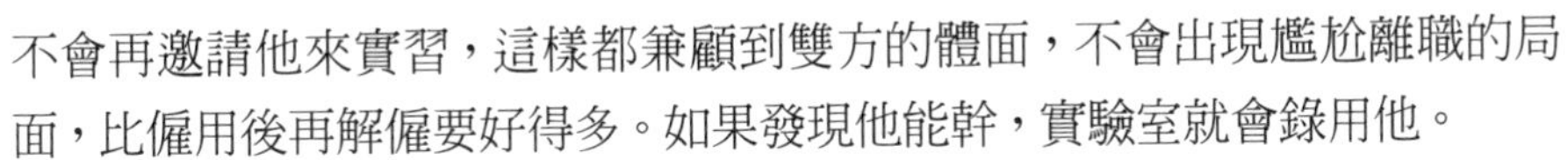

不會再邀請他來實習，這樣都兼顧到雙方的體面，不會出現尷尬離職的局面，比僱用後再解僱要好得多。如果發現他能幹，實驗室就會錄用他。

科研人員的薪酬給付方式，根據奇異公司的規定，接受研究生教育的年限一年，可以折算成兩年的工作年資（劉立，2003：105-107）。

奇異公司在選人時，就選擇那些誠信的人，同時透過公司的體制培養他們成爲一個傑出的管理者、領導者。在其企業文化中，鼓勵員工做出承諾，並實現自己的承諾，誠信的人在公司永遠是受到歡迎的（后東升，2006：27）。

蘋果公司（找A級人才）

蘋果公司（Apple Inc.）爲美國著名老牌電腦公司，成立於1977年，是個人電腦最早的倡導者和著名生產商，總部位於美國加州丘珀蒂諾市（Cupertino）。它所生產的蘋果系列電腦、手機，一直是個人電腦市場的主要產品之一。

蘋果公司一向只僱用最優秀的人才，創辦人之一史蒂夫・賈伯斯（Steve Jobs）曾說：「你一旦僱用了一個B級員工，他就會開始把其他B級和C級的人給帶進來。」

一、人才吸引人才

找到優秀人才的一大好處，就是他們本身也會成爲最佳的招聘人員，因爲這些最可能認識與他們具有同樣理念與品味的人士。如果有員工推薦了人選並獲得錄用，就可領到五百美元的獎金。此外，蘋果公司也採行了一套「夥伴制度」，將每個新進人員交給既有的員工帶領，同時，還會把過去兩年來聘僱到的最佳員工派回他畢業的學校從事招募人員的工作。

二、對的人勝過一切

蘋果公司在找尋高效能工作站工程師的過程中，找到了一個背景非常引人矚目的年輕人喬恩・魯賓斯坦（Jon Rubinstein），他從康乃爾大學

電機系畢業之後，就到惠普（HP）擔任開發工作站的職務。當賈伯斯聽說這個人並且找到他的時候，魯賓斯坦正在負責開發一部圖形超級電腦的處理器。魯賓斯坦能帶領團隊執行一項複雜的專案，表示這個人有能力擔起責任並且完成工作。賈伯斯一旦發現了可能成爲關鍵成員的人才就不會把招募工作交給人資部門或外部招聘公司的人員，他親自打了電話給魯賓斯坦，結果魯賓斯坦也接受了他的延攬（Elliot & Simon著，陳信宏譯，2011：55-97）。

谷歌公司（招募最棒的員工）

谷歌（Google）公司，是一家美國的跨國科技企業，致力於網際網路搜尋、雲端運算、廣告技術等領域，開發並提供大量基於網際網路的產品與服務。

沒有一家公司像谷歌一樣強烈並再三表達他們需要招募最棒的員工的意願。

一、僱用A級員工

谷歌的首位投資者拉姆・史萊姆說：「如果一個公司一開始就只僱用A級員工，那麼之前被僱用的A級員工還會繼續僱用其他的A級員工。如果一個公司僱用B級員工，那麼被僱用的B級員工將會僱用C級或更低一級的D級員工。」忘記這個規則將會導致一個快速發展的公司走向衰敗。

二、招募團隊分工

谷歌招聘策略的特點之一就是招聘人員的專業化。招聘過程組織得井井有條，並且分工明確。招聘人員中專門有一部分負責接待初次就業者，還有的人負責招聘技術員工或管理人員，另外還有一部分人專門負責海外僱用的招聘。即使在最大規模的公司，這樣的專業化的人力資源隊伍也並不多見。

個案11-3　經典谷歌（Google）謎題

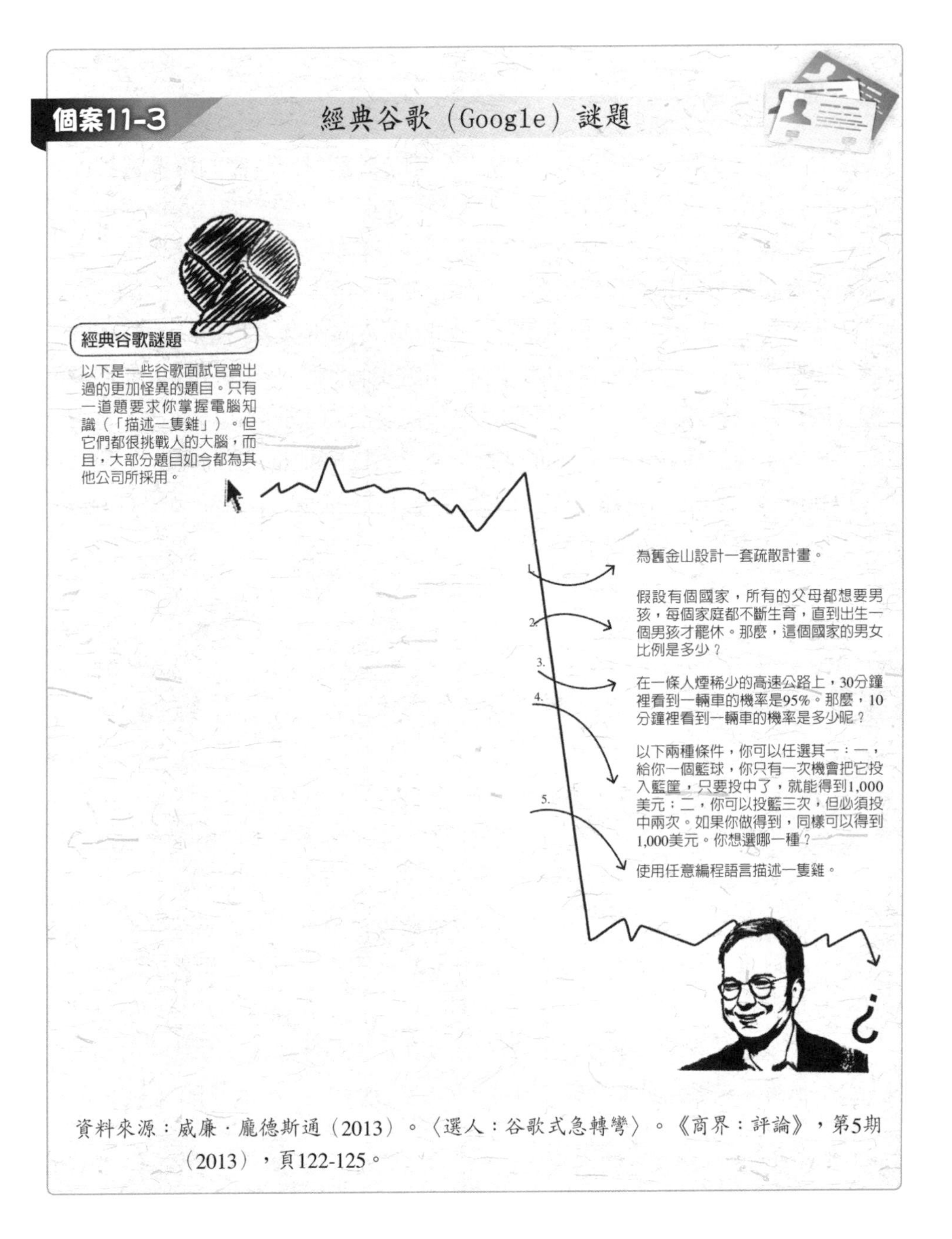

資料來源：威廉·龐德斯通（2013）。〈選人：谷歌式急轉彎〉。《商界：評論》，第5期（2013），頁122-125。

三、面試過程

在谷歌，大部分獨創的招聘方法，實際上是一個眞實的選擇過程。在這個過程中，應徵者將會接受多輪長時間的面試——平均每一個潛在的新員工要經過八次面試（該資訊來源於那些沒有被谷歌錄用的應聘者，被錄用的應聘者會被其與谷歌所簽訂的保密協議約束）。

面試的過程中，同行專家們組成的團隊會向應徵者提出一些技術問題。專家們不會詢問應徵者有關與團隊相處的個性和技巧等問題，他們只關心應徵者的實際能力。這些問題都是技術層面的，非常複雜，並且與即將到來的工作主題非常接近。面試對應徵者的技術能力、領悟能力、說話技巧和解決公司的技術難題等方面都會進行嚴格的評估（Bernard Girard著，吳浩、李娜譯，2013：53-63）。

個案11-4　谷歌招聘方法的特色

1.招募被當作是一項主要的功能，而少被當作是一項事務。
2.人力資源團隊不是固定的，因此他們可以迅速組建以適應當前的需要。
3.學位和理論資格被谷歌用來評估應聘者的個人品質，包括擇業、嚴格的推理和獨立性。通常情況下，學位僅僅用來評估應聘者的技術水準。
4.面試主要被用來檢查應聘者的技術資格：應聘者往往會被問到一些能夠應用到公司環境中的問題。

資料來源：Bernard Girard著，吳浩、李娜譯（2013）。《科技精英最想任職的公司：Google如何思考？怎樣運作？》，頁63。台北：上奇資訊公司。

四、重視人品

谷歌的每位工程師都擁有進入公司內部網路鑰匙，任何人想搗蛋，都可以搞亂數據中心與幾十萬部電腦！因此谷歌在選才機制中「誠信」遠比「學歷」重要。谷歌內部有一個自動化軟體，會針對每位應徵者的簡歷自動詢問可能認識他的公司員工，請他給予該應徵者的評價，如果任何人表示他「誠信有問題」，這個人便不可能錄用（許韶芹、陳宛茜，2006/12/22：B1版）。例如：曾經有一位知名大學碩士畢業者到台灣的分公司面試，各關表現都相當優異，但谷歌曾和應徵者簽有保密條款，不得對外洩漏考試內容，該名應徵者違反規定，谷歌馬上把這人從錄用名單中刪除（許韶芹，2006/12/22：B2版）。

五、人資團隊

谷歌在聘用人力資源人才時，刻意挑選能協助部門扮演營運與策略角色的人才。人資部門中有三分之一的人擁有傳統的人力資源背景；另外有三分之一的人來自策略顧問公司；最後的三分之一是「擁有高學歷的各種分析人才」。這種結合了通才與專才的作法創造出了一個能力互補、人才濟濟團隊（Vikram Bhalla等，廖建容譯，2012/05：64）。

英特爾公司（注重招募品質）

英特爾公司（Intel Corp.）是世界上最大的半導體公司，也是第一家推出x86架構處理器的公司，秉持「只有偏執狂才能生存」的鮮明理念，發展成為全球最大的半導體晶片、電腦、網路產品的製造商，總部位於美國加州聖塔克拉拉市（Santa Clara）。

一、招聘流程

英特爾通常在企業創設之初，為了好的開始，比較傾向招收有經驗

的人才；一旦有了基礎，一般更願意吸收新人並加以培養。

現在英特爾經常直接從大學畢業生中招聘人才，公司認爲科技人才容易在年輕的時候做出成績，他們剛走出校園，對新事物都很敏感。

二、初步面試

一般情況下，初步面試由人力資源部主管主持。透過雙向溝通，以獲得應徵者學業成績、相關培訓、工作經歷、興趣偏好、對職業的期望等資訊。面試結束後，人力資源部門要對每位應徵者進行評定，以確定進入下一輪面試的名單。

三、標準化的心理測驗

英特爾會聘請心理學者來主持心理測驗，以進一步瞭解應徵者的基本能力和個性特徵，包括應徵者的基本智力、思維方式、內在驅動力、管理意識和管理技巧等。心理測驗的結果，用來爲最後決定的錄取人選提供一個參考依據。

四、小組討論與模擬測驗

應徵者以小組爲單位，根據工作中常碰到的問題，由小組成員交替擔任不同角色扮演，以測驗他們處理各種實際問題的能力。整個過程由專家和公司內部的高階主管組成的小組來監督進行。最後對每一位應徵者做出綜合評價，提出錄用意見。

模擬測驗，可以使應徵者的IQ（智商）和EQ（情商）都能表現出來，客觀反映應徵者的綜合能力，避免在選才時「感情用事」。

在招聘過程中，英特爾十分重視應徵者是否認同英特爾的企業精神和企業文化。其中應徵者必須符合的首要條件就是，認同公司的價值觀（以客戶爲導向、嚴明的紀律、品質的保證、鼓勵冒險、以結果爲導向、創造良好的工作環境）。英特爾並不注重應徵者的年齡、性別、種族等條件，但最注重的是應徵者的眞正實力。

個案11-5　英特爾提出的面談問題

1.描述您曾經負責而您的上司覺得很滿意的案子，特別是您的直屬主管的上司也覺得滿意的那些案子。
2.您的弱點或短處為何？您如何改進？
3.告訴我為什麼我們公司應該錄用您？
4.您在目前的職務上有沒有碰到哪些問題？您如何解決？如何預防這些問題再度產生？
5.為什麼您覺得對這項新工作能夠勝任？
6.您認為您重要的成就是什麼？為什麼？
7.您遭受過最嚴重的失敗或是挫折是什麼？您從中學到了什麼？
8.為什麼我們應該用一個有工程師背景的人來擔任行銷的職位？（這個問題可隨情況改變）
9.您在大學時修過最重要的課程（或是完成的最重要的案子）是什麼？為什麼？

資料來源：Andrew S. Grove著，巫宗融譯（1997）。《英代爾管理之道》，頁232。台北：遠流出版公司。

五、注重招聘品質

對英特爾的招聘部門來說，招聘速度和數量都不是最重要的考核因素，招聘的品質才是衡量招聘工作的主要標準。因此，針對不同層級的員工，招聘部門對其考察的時間最短是一個星期、最長可以達到兩個月，目的就是爲了保證招聘人才的品質。

綜合言之，英特爾招聘具四大特點，獨特的選拔標準、重視面試、對應徵者的承諾和注重招聘品質（黎曉珍、左慧，2006：190-196）。

沃爾瑪公司（人才策略與戰術）

沃爾瑪公司（Wal-Mart Stores, Inc.）是一家美國的跨國零售企業，總部設在阿肯色州本頓維爾市（Bentonville），爲全球第二大上市公司，也是世界上最大的私人僱主，員工超過兩百萬，用人哲學是僱用資質平庸的人，然後激勵他們做出超水準的表現。

一、選才策略

沃爾瑪創辦人山姆・沃爾頓（Sam Walton）說：「挑選適當的人，放在適當的位置上，然後鼓勵他們運用自己的智慧和創造性做好他們的工作。」沃爾瑪所僱用的人，從履歷上看起來都是平凡，甚至低於平均水準的人。許多總部員工沒有大學學歷，本來在農場裡工作，卻被請來擔任責任重大的總部工作。沃爾瑪的選才標準首重態度，然後再教導他們必要的工作技能。經驗豐富的管理團隊負責告訴他們該怎麼做、訓練他們，並把他們發展成一個合作無間的團隊。

二、用才策略

沃爾瑪的人才策略有三：僱用最好的人、提供最好的訓練、成爲最佳的工作場所。爲了留住人才，每年沃爾瑪都會舉辦「草根調查（員工意見調查）」徵詢現任員工的意見。調查的結果都讓公司領導人認眞看待，個人的管理生涯也根據這個調查加以調整。

三、招募流程

沃爾瑪在僱用人員之前，除了會進行藥物篩檢之外，還會進行職前測驗，幫助面試者做適當的選擇。測驗後進行面談，可以幫助面試者從測驗得分中進一步與應徵者深入互動，做出最後有效的聘僱決策。對打算僱用的人才進行測驗是一筆可觀的開銷，但保證値回票價，否者像沃爾瑪這

麼計較成本的公司早就不做了。藥物測驗和職前測驗是沃爾瑪求才策略的兩大重點。

四、離職面談

一年三百六十五天、一天二十四小時的工作型態，只付最低工資或比最低工資高一點點的酬勞，要找人是何等艱鉅的任務，這是沃爾瑪用人的最大挑戰之一，而進行離職面談是找出員工離職原因的好方法。沃爾瑪堅持對所有離職的人進行離職前面談，以釐清員工流動的趨勢，長期下來沃爾瑪就可以據以發展因應的策略。離職前面談的目的是從過去的用人經驗中學習教訓，以免未來再犯同樣的錯誤（Michael Bergdahl著，郝麗珍譯，2005：199-235）。

個案11-6　沃爾瑪的職前測驗題

1.求職者對長官指導的接受程度。
2.求職者上班請假或偷懶的可能性。
3.求職者執行團隊工作的能力。
4.求職者對工作時服用禁藥的態度。
5.求職者對職場偷竊和欺騙行為的容忍程度。
6.求職者換工作的速度有多快。
7.求職者對顧客提供的協助與應有的禮節。
8.求職者危害自身和他人安全的可能性。
9.求職者接受挑戰、達成目標和工作成功的渴望程度。

資料來源：Michael Bergdahl著，郝麗珍譯（2005）。《沃爾瑪：沃爾瑪經營的七大定律》，頁214。台北：梅霖文化。

沃爾瑪是由美國中西部的小鎮成長起來的，沃爾頓夫婦推崇小鎮中美國人努力工作和友好待人的態度，公司喜歡僱用那些有幹勁並且敏於行動的人，使得沃爾瑪現今是世界上最大的零售商，其經營風範深爲企業所推崇。

西南航空公司（依態度僱用）

西南航空公司（Southwest Airlines Inc.），是一家總部設在美國德州（Texas）達拉斯（Dallas）的航空公司。在載客量上，它曾是美國第一大航空公司，與美國其他競爭對手相比，它是以「廉價航空公司」而聞名，只要有媒體評選「全美最佳雇主」，該公司往往能夠獲得極高的評價。

一、員工第一，顧客第二

西南航空公司的核心價值是「員工第一，顧客第二」。爲貫徹熱情、有趣的企業文化「戰士精神」，總以奇裝異服面對媒體的西南航空創辦人賀伯·凱勒赫（Herb Kelleher）說：「只要員工開心、滿意、投入，又有幹勁，自然就會打從心裡關心顧客；只要顧客開心，自然就會再次光臨，最後股東也就會開心。」所以，有快樂的員工，才有滿意的顧客，在僱用人員的過程中，比較集中在淘汰較不快樂或較不外向的人員。因此，他們將員工擺在第一位，塑造良好的環境，滿足員工的需求，從1973年開始它每年都盈利。

二、要幽默感的員工

對西南航空而言，員工不只是人力資源，他們是眞正的人，有其需要和情緒，公司對於他們這些需要和情緒非常重視。凱勒赫指示人事部門僱用有幽默感的人，他常說：「我要讓坐飛機變成一種樂趣，人生苦短，如果沒有幽默感，生活就太辛苦了。」他又說過：「我們看態度，找有幽默感而不會太嚴肅的人。我們會教你所需要的技能，但是我們不會做的一件事就是教人幽默。」

個案11-7　西南航空的員工管理

經營哲學與價值觀	・工作應該要好玩，也確實可以很好玩。所以，放輕鬆享受工作。 ・工作很重要，所以不要太嚴肅，壞了工作興致。 ・員工很重要，每位員工都會有不同的貢獻，要尊重每一位員工。
人力管理措施	・員工只要能夠運用良好的判斷能力和常識，盡力滿足旅客的需求，就算違反了公司規定，也絕對不會受罰。 ・讓員工參與招募工作，招募自己未來的同事，並且搭配一套全面的甄試流程，包括填寫申請表、電話面試、集體面試以及三次個別面試。 ・公司設立了「訓練大學」，教導員工怎麼提升工作表現、提供優越服務，並且瞭解其他同事的工作狀況。 ・公司會提供每位員工詳細的營運資訊，這能夠讓員工從企業主的角度思考，不會只從員工角度思考。 ・採行多樣的薪酬制度，包含分紅、配股等獎勵措施。

資料來源：曾清菁譯（2006）。〈找人才不必踏破鐵鞋〉。《大師輕鬆讀》，第187期（2006/07/20），頁13。

西南航空以這種特別的企業精神來作爲用人的標準。在面談時，會問應徵者：「請舉出最近一次在工作中運用幽默感的例子，並說明你如何利用幽默感來化解一個困難的狀況。」

曾經有一位得到過很多獎章的空軍飛行員來西南航空應徵，以資歷而言，他是西南航空有史以來最夠格的應徵者，但他在前往達拉斯應徵時，在櫃檯對運務員態度粗魯，在報到接受面談時，對接待員態度冷酷傲慢，這使得面試者認爲，雖然他在資歷方面無懈可擊，但態度卻不適合西南航空，因此把他刷掉（Freiberg & Freiberg著，董更生譯，1999：61-70）。

三、面談題庫

西南航空的人才資源部門對公司雇員的行爲進行了長達十年的分析，不僅把測試常識、判斷和決策能力這類共同屬性的問題標準化，而且

把各個工作的具體需要和要求進行測試的問題標準化。2005年新進五千名員工，是從十六萬名申請者中挑選出來的，其中通知七萬名應徵者前來面試。這個招聘過程，使得公司的人力流失率只有9%，其中上層管理人員爲6%，遠低於航空業的其他公司流失率（彭若青，2006/03：117）。

四、乘客做甄選委員

西南航空公司招聘空中小姐的政策很有特色。爲保證乘客眞的對空中小姐的服務態度，公司聘請了二十多位經常乘坐該公司飛機的乘客做評審委員。該公司認爲，如果這些乘客都對應徵者不滿意，這些空中小姐長得再漂亮也無濟於事，由乘客自己挑選空中小姐，至少在培訓方面的成本比較低，因爲她們本身就是乘客喜歡的類型了（Katlina Green著，葛翎譯，2006：145）。

豐田汽車公司（全面招聘體制）

豐田汽車公司（Toyota，以下簡稱豐田），是一家總部設在日本愛知縣豐田市和東京都文京區的汽車工業製造公司，屬於三井日本最大的汽車公司。創始人豐田喜一郎早期以製造紡織機械爲主，1933年在紡織機械製作所設立汽車部，從而開始了製造汽車的歷史。

豐田汽車實施「全面招聘體系」的目的，就是要招聘最優秀、最有責任感的員工，他們不惜爲複雜的招聘過程付出時間和精力，他們不僅僅考慮應聘員工的技能，還考慮員工的價值觀念，努力做到企業的需要和員工的價值觀以及技能相適應。

豐田汽車的「全面招聘體系」分爲六個階段來進行招聘作業手續：

一、第一階段

豐田汽車通常會委託專業的職業招聘機構進行初步的篩選。應徵者一般會觀看豐田汽車的工作環境和工作內容的錄影資料，同時瞭解豐田汽

車的全面招聘體系，隨後填寫工作申請表。一個小時的錄影片可以使應徵者對豐田汽車的具體工作情況有個概括瞭解，初步感受工作崗位的要求，同時也是應徵者自我評估和選擇的過程，許多應徵者因而知難而退。專業招聘機構也會根據應徵者的工作申請表和具體的能力和經驗做初步篩選。

二、第二階段

評估應徵者的技術知識和工作潛能。通常會要求應徵者進行基本能力和職業態度心理測試，評估應徵者解決問題的能力、學習能力和潛能，以及職業興趣和愛好。如果是技術崗位工作的應徵者，更加需要進行六個小時的現場實際機器和工具操作測試。通過第一、二階段的應徵者的有關資料轉交豐田汽車。

三、第三階段

豐田汽車接手有關的招聘工作。本階段主要是評價應徵者的人際關係能力和決策能力。應徵者在公司的評估中心參加一個四小時的小組討論，討論的過程由豐田汽車的招聘專家即時觀察評估，比較典型的小組討論可能是應徵者組成一個小組，討論未來幾年汽車的主要特徵是什麼。實地問題的解決可以考察應徵者的洞察力、靈活性和創造力。同樣在第三階段，應徵者需要參加五個小時的實際汽車生產線的模擬操作。在模擬操作過程中，應徵者需要組成專案小組，負擔起計畫和管理的職能，比如：如何生產一種零配件、人員分工、材料採購、資金運用、計畫管理、生產過程等一系列生產考慮因素的有效運用。

四、第四階段

應聘人員需要參加一個一小時的集體面試，分別向豐田汽車的招聘專家談論自己有過的成就，這樣可以使豐田汽車的招聘專家更加全面地瞭解應徵者的興趣和愛好，他們以什麼爲榮，什麼樣的事業才能使應徵者興奮，更好地做出工作崗位安排和職業生涯計畫。在此階段也可以進一步瞭

解應徵者的小組互動能力。

五、第五階段

通過以上四個階段，應徵者基本上被豐田汽車錄用，但是錄取人員還需要參加一個兩小時半的全面身體檢查。瞭解員工的身體一般狀況和特別的情況，例如：酗酒、藥物濫用的問題。

個案11-8 豐田汽車全面招聘體系六大階段

階段	目的	內容	執行單位
第一階段	工作崗位說明和蒐集應徵員工的基本信息	輔導和接受應聘： ・填寫工作申請書 ・觀看豐田汽車的工作環境和全面招聘體系錄影片一小時	地區招聘專業機構
第二階段	評估技術知識和潛能	技術技能評估： ・筆試 ・一般知識測驗（2小時） ・現場實際機器和工具操作測試（6小時）	地區招聘專業機構
第三階段	評估人際關係和決策能力	人際關係能力評估： ・小組和個人問題解決活動（4小時） ・生產線工作模擬（5小時）	豐田汽車公司
第四階段	討論成就和獲得的成果	豐田公司評估： ・小組面試和評估（1小時）	豐田汽車公司
第五階段	確定體能的適應能力	身體健康評估： ・身體檢查和特別檢查（2.5小時）	地區大型醫院
第六階段	評估工作表現和培養前途	在職觀察評估： ・聘用後的在職觀察和督導（6個月）	豐田汽車公司

資料來源：諶新民（2005）。《員工招聘成本收益分析》，頁113-114。廣州：廣東經濟。

六、第六階段

新進員工需要接受六個月的工作表現和發展潛能評估，新進員工會接受監控、觀察、督導等方面嚴密的關注和培訓。

從豐田汽車「全面招聘體系」中可以看出，豐田汽車招聘的是具有良好人際關係的員工，因爲公司非常注重團隊精神；其次，豐田汽車生產體系的中心點就是品質，因此需要員工對於高品質的工作進行承諾；再次，公司強調工作的持續改善，這也是爲什麼豐田汽車需要招收聰明和有過良好教育的員工，基本能力和職業態度、解決問題能力的模擬測試，都有助於良好的員工隊伍形成（中華英才網，〈讓你一次看個夠——知名企業招聘案例集錦〉）

台灣積體電路公司（文化適性測驗）

台灣積體電路公司（TSMC，以下簡稱台積）於1987年在新竹科學園區成立，是全球第一家專業積體電路製造服務公司，提供業界最先進的製程技術及擁有專業晶圓製造服務領域最完備的電子元件（electronic component）資料庫、智財、設計工具及設計流程。

一、找志同道合的員工

台積將留人思考模式提前至選人，就是台積人資創新的一部分。選對人，就可以降低離職率問題，所以，台積和香港中文大學合作，將台積的企業核心價值：誠信正直（integrity）、客戶信任（customer trust）、創新（innovation）、承諾（commitment）爲中心議題，設計出「文化適性測驗」題，總共有一百三十八道題目，透過這個測驗，找到能適應台積企業文化的人。

二、文化適性測驗的內容

台積不但率先將逆境商數（Adversity Quotient, AQ）納入員工人格特質測驗，而且自行設計出符合台積企業文化的適性問卷。這一份「文化適性測驗」題，是在測驗新人的成就動機、溝通傾向、自發性、主導性、管理傾向、創新求變、堅毅性，每一個項目得分愈高，顯示員工愈具備這方面的能力，也較能適應台積的企業文化。一般來說，公司會將適性測驗的結果，作爲面試的參考，而非錄取與否的絕對依據。例如應徵業務員的人，在活動力、溝通性的得分越高越好。這套制度實施後，台積追蹤發現，在七大測驗面向中只要任何四項得分愈高，員工的績效愈好，留任的時間也愈長。如今台積選人，除了專業分數，一定要參考文化適性測驗的結果（曾如瑩，2005/08/22：93）。

三、高階主管甄選條件

台積聘請高階主管甄選十項條件分別爲：

1	誠信 （Integrity）	2	冒險的意願 （Willingness to Take Risks）
3	賺錢的能力 （Ability to Make a Profit）	4	創新的能力 （Ability to Innovate）
5	實現的能力 （Ability to Get Thing Done）	6	良好的判斷力 （Good Judgment）
7	授權與負責的能力 （Ability to Delegate Authority & Share Responsibility）	8	求才與留才的能力 （Ability to Attract and Hold Outstanding People）
9	智慧／遠見／洞察力 （Intelligence, Foresight, & Vision）	10	活力 （Vitality）

個案11-9　台積人事資料表

yuchi.peng 2014/03/04 10:34:49

tsmc SOLID STATE LIGHTING

Taiwan Semiconductor Manufacturing Company, Ltd.
Solid State Lighting
Personnel Information Form
人事資料表

群組：1　/2　/3　/4

請填寫您的兵役狀況並寫上最快可就業時間　　　希望工作地點:(　)新竹/(　)台中/(　)其他

應屆畢 ☐	應屆畢免役 ☐	立即就業 ☐	服役 ☐	應屆畢役畢 ☐	應屆畢未役 ☐	尚未畢業 ☐	可就業時間	Yyyy/mm 西元月/年

* Please fill out the form in English or Chinese 請使用英文或中文填寫此資料表

Job Applied For 申請職務	1.	2.

A. General Information 個人基本資料

Name 姓名	Chinese 中文		Nationality 國籍	☐ R.O.C. 中華民國	Photo 照片
	English 英文			☐ ________	
Birth Date 出生日期		mm/dd/yy 西元月/日/年	Birth Place 出生地		
Blood Type 血型		☐A ☐B ☐O ☐AB ☐RH	Gender 性別	Male 男 ☐　Female 女 ☐	
I.D. No. 身分證字號			Marital Status 婚姻	Single 未婚 ☐ Married 已婚 ☐	
Mailing Address 通訊地址	☐☐☐				Tel (　)
Permanent Address 戶籍地址	☐☐☐				Tel (　)
E-mail Address 電子郵件				Cellphone 行動電話	

Military Service 兵役狀況	Service 軍種		Rank 軍階		Status 狀況		Period 期間	From 起 To 迄	Yr 年 Yr 年	M 月 M 月
	Certificate No. 退伍令字號				Reason of Exemption & Certificate No. 免役原因及證明字號					

B. Education & Personal Interest (insert row as needed) 教育與個人興趣 (請依需要自行增加列)

Grade 階段	Name of School 學校名稱	Location 地點	From 起		To 迄		Major 科系	Graduated 是否畢業		Degree 學位	Type 日/夜間部
			M 月	Yr 年	M 月	Yr 年		Yes	No		
High School 高中(職)											☐Day 日間部 ☐Night 夜間部
Jr. College 專科											☐Day 日間部 ☐Night 夜間部
University 大學											☐Day 日間部 ☐Night 夜間部
Post graduate 研究所											☐Day 日間部 ☐Night 夜間部
Post graduate 研究所											
Other 其他											

yuchi.peng 2014/03/04 10:34:49

Describe any special vocational or technical training and specialized knowledge/skill 請說明您的專業知識與技能

In summary, key words of your expertise are: 您專業技能的關鍵字詞為何(註：關鍵字有助於迅速搜尋相關人才)

Personal Interests & Hobbies 個人興趣、嗜好

License or Government Certificate 專業證照	Date of Issue 發照日	Certificate No. 證照字號	Remarks 備註

C. Working Experience (It is at your discretion to provide the information of supervisor and compensation.)
工作經驗（直屬主管及薪資資料請自行斟酌是否填寫）

From 起		To 迄		Title / On Grade Year 職稱/在職年資	Co. Name 公司名稱 (請填入公司全名)	Supervisor 直屬主管		Compensation 薪資			Reason for Leaving 離職原因
M 月	Yr 年	M 月	Yr 年			Name 姓名	Title 職稱	Monthly Base Salary 月薪	Allowance /Bonus 津貼/獎金	Others 其他	

I hereby authorize TSMC-SSL to verify the accuracy of all the statements made and the personal information provided in this Form ("Information"), and I fully understand that making false statement in this Form constitutes a sufficient and just cause for termination of employment. I hereby consent and authorize TSMC-SSL and its affiliated entities, employee welfare committees of TSMC-SSL and its affiliated entities, and any other third parties authorized by the above entity or entities to collect, process and use, domestically and internationally, the personal information that I provided or will provide for the purposes of TSMC-SSL's recruitment process, personnel management and business operation in accordance with relevant laws govern the protection of personal information, and to retain the information for at least 15 years after all the aforementioned purposes no longer exist. In addition, I acknowledge that TSMC-SSL had informed me precisely the purposes of collecting the Information, the classification of the Information, the time period, areas, targets and ways of using the Information, my rights under Article 3 of Personal Information Protection Act and the ways to exercise them, and the consequences if I choose not to provide the Information.

本人謹此授權台積固態照明公司得就本人於此人事資料表中所提供之陳述與個人資料內容之正確性進行確認。本人充分瞭解在此人事資料表中所為之一切陳述如有虛偽不實，將足以構成終止聘僱合約之事由。
本人並特此同意及授權台積固態照明公司及其關係企業、台積固態照明公司及其關係企業之職工福利委員會及以上公司及組織所委託之第三人為招募聘用、人事管理及業務執行之目的，在符合個人資料保護相關法令之範圍內，蒐集、於國內與國際間處理、利用本人已經提供及未來將提供的個人資料，並得於特定目的消失後保存至少十五年。
本人亦確認台積固態照明公司已依個人資料保護法及相關法令之規定，明確告知本人本人事資料表內個人資料之蒐集目的、個人資料類別、利用之期間、地區、對象及方式、依個人資料保護法第三條規定得行使之權利及權利行使方式、及不提供本人本履歷表、人事資料表內個人資料時將對本人權益之影響。

Signature 簽名 ____________________ Date 日期 ____________________

資料來源：台積固態照明公司（TSMC-SSL）。（註：2015年1月9日台積宣布將台積固態照明賣給晶元光電）。

個案11-10　高階主管的遴選

我（指台積電董事長張忠謀）在挑選副總經理以上的高階人員時，都是看他們的背景，曾經在什麼公司工作？他們有不少是在國外公司做過，我很瞭解國外公司的情況。如果是在一個品格好的公司工作很久，那就是一個相當好的背景，因為品格不好的人，不會在品格好的公司工作很久，因為格格不入，最後不是公司不要他，就是他會自行離開。

我也會旁敲側擊，因為我對美國企業，特別是科技業發生的大事相當瞭解，如果應徵者是從一個大公司來的人，我會問他對該行業所發生的重大事件的看法，從他的回答中，我可以聽出滿多的東西，我不但聽他講的話，同時也看他的反應，因為除非特別好的演員，那才能完全掩飾心裡真正的反應。但即使是好演員，也不可能對我問的問題有充分準備，通常我會在三個平淡的問題之後，突然問一個尖銳的問題。

資料來源：宋秉忠（2004）。〈台積電董事長張忠謀：把台積電變道德淨土〉。《遠見雜誌》（2004/06），頁198-200。

趨勢科技公司（集天下英才而用之）

趨勢科技公司（Trend Micro）爲電腦防毒及網路安全廠商，1988年於美國加州（State of California）成立，財務總部設在日本東京，營銷總部則在美國矽谷（Silicon Valley），行政中心位於愛爾蘭（Ireland），全球客戶服務中心位於菲律賓（Republic of the Philippines）。哈佛大學管理學院認爲趨勢科技是一家眞正的全球化的跨國資訊安全公司。

個案11-11　趨勢科技人資地圖

類別	第一季	第二季	第三季	第四季
組織發展	人力預估	職能評估	人資計畫執行	職能評估
訓練與發展	設立訓練目標與課程	實施核心管理課程	實施領導課程	實施核心管理課程
溝通	單位面談	問卷調查	變革管理	派拉蒙運動
薪資福利	職系、職等重新設計	市場調查	福利檢討	薪資調整
人資系統	建立美國與拉丁美洲缺席追蹤（absence tracking）	人資電腦管理系統升級		發展線上招募
績效管理	360度評估 績效檢討 建立績效發展計畫	討論股票選擇權各國分配比例	年中檢討	討論股票選擇權各國分配比例

資料來源：趨勢科技（2004）。引自：李誠、周慧如（2006）。《趨勢科技：企業國際化的典範》，頁164。台北：天下文化。

一、人才徵選

趨勢科技的人才徵選政策是「集天下英才而用之」。全球功能部門人才的徵選範圍來自全球，例如：在台北有一個軟體介面研發部，裡面成員有台灣、韓國、美國、加拿大、澳洲國籍。軟體介面研發部需要有心理學、動畫技能兩類專業人士，但是在台灣不易找到兼具心理學與軟體研發背景的專業人才，因此此一部門的徵才是以全球爲徵才範圍，在徵才管道上必須透過專業的組織，例如在Human-Computer Interaction Resources網站刊登求才廣告，載明工作地點可依應徵者的志願，選擇在台北、庫比提諾（Cupertino，位在加州灣區矽谷）或東京上班。

二、內部員工推薦人才

趨勢科技重視員工以理念相結合，因此在政策上不以高薪向同業挖角，因爲他們認爲，易受高薪吸引而來的人，未來也極容易在高薪吸引下被外界挖走。但是趨勢科技接受內部員工推薦人選，約有15%的員工經由內部推薦錄用，不過內部推薦者跟從公開徵才管道進來的應徵者一樣都要接受測驗。求職者應徵的職缺如爲研發人員，則須接受程式設計考試與智力、性向測驗。這些測驗結果只是提供參考，人資單位與部門主管面談時，會考慮應徵者的個性是否與趨勢科技文化相符，是否有學習意願，由過去的經驗瞭解應徵者的個性，一個人即使軟體程式技術再高強，但個性高傲或價值觀與公司文化不能吻合也只能割捨。

三、創意徵才廣告

趨勢科技在辦理招募時，徵才廣告經常有創意性的作法。例如2003年5月曾推出「同學會喝下午茶，趨勢買單」的活動來招募研發工程師。先由趨勢科技員工出面邀請同學參加，人資部門再安排參與者先至趨勢科技參觀，研發部門主管陪同參與，然後雙方再一起到台北香格里拉遠東國際大飯店喝下午茶，深入洽談，一方面可經由內部人員先行篩選適當人選後推薦，一方面也爲應徵者做到保密原則。

近年來，趨勢科技的徵才已向下發展延伸進入校園，主動發覺優秀儲備人才。例如在海峽兩岸舉辦百萬程式競賽，優勝隊伍除獲得百萬獎學金外，還有一紙預聘書，歡迎他們在畢業後加入趨勢科技工作。

四、用人原則

趨勢科技在進行高階主管的面試時，會試圖瞭解應徵者的家庭背景與婚姻狀況，因爲一個平衡的工作與家庭關係有助於員工拉高績效表現。

趨勢科技在徵求人才時，有三項特殊考慮：第一，讓組織產生不同創意，有必要加入跨領域的人才，因此有時會僱用非技術背景出身的人；

第二，偏好有創意經驗的員工；第三，喜歡僱用在美國第二代移民，因為第二代移民的家境多數並不富裕，父母胼手胝足供他們念到一流大學後，他們具有相當學歷，又橫跨東西方文化，與趨勢的文化相合，很適合擔任行銷人員（李誠、周慧如，2006：156-176）。

玉山銀行（招募遴選儲備幹部）

玉山銀行是國內著名的銀行之一，強調要以最「專業」的人才提供最好的「服務」。因此，玉山銀行對於人才的甄選十分嚴謹。

玉山銀行每年在徵選儲備幹部時，除了基本履歷資料外，應徵者還需要額外填答幾項問題，例如自己是否具有可以成為未來領導者的特質、挫折容忍力及自我生涯規劃等。透過填答這些問題，可看出應徵者對工作的態度和個人特質。

一、筆試測驗

筆試是觀察應徵者的分析邏輯能力，以及包含應徵者對問題的心得感想。玉山銀行的筆試科目包括：數字敏感度測驗（針對櫃檯及客服人員）、智力測驗，考的是邏輯、數學、圖形、空間。雖然經由面試可以瞭解應徵者的觀念與見解，但書寫與談話不同，經由文筆的撰寫，可進一步瞭解應徵者對問題更深入的見地。

二、一對一面試

面試是藉由面對面的交談，讓應徵者與面試官雙方互相交流。過程中還會加入個案研究，讓應徵者共同進行小組討論。面試官原則從旁觀察判斷應徵者的表現是否具備專業技能、主動積極性與團隊合作能力，更重要的是觀察應徵者從中所展現的人格特質。

三、經營團隊面談

應徵者通過筆試與面試後，接著由執行長（CEO）率領經營團隊進行面談。應徵者必須先依據指定題目製作投影片，並進行十分鐘的簡報；再接受面試委員們的交叉提問；最後則會安排應徵者與前幾屆儲備幹部（Management Associate, MA）學長、學姊進行座談交流。通過這些關卡，才能正式進入儲備幹部之列。

四、個人特質的內涵

儲備幹部除了學歷與英文能力之外，最重要的是必須具有4P、1I的個人特質，它包含專業（profession）、耐心毅力（patience）、正向積極（positive）與熱忱（passion），且銀行肩負企業社會責任，金融從業人員更需要有誠信正直的品德操守（integrity），這也是儲備幹部必須具備要件。

玉山銀行儲備幹部錄取後，新進人員要經過六個月的培育；再安排到各產品線的學習歷練，約需經過兩年的時間。過程中從通才到專業的養成，期望儲備幹部在面對未來任何的職務上，能夠快速地發揮潛力，創造價值（R. A. Noe et al.著，王精文編譯，2012：177）。

迪思科高科技公司（更舒適工作環境）

1937年以研磨切割刀具起家的迪思科（DISCO）高科技公司（屬日本企業），專精於精密加工設備製造，總公司設在日本東京，以「精湛的Kiru（切）、Kezuru（削）、Migaku（磨）技術」爲事業主題。迪思科價值（DISCO VALUES）明文記載了超過兩百多個項目，並將其統合於能反映實際活動的之體系內。

一、多樣化人才提供機會

迪思科不論性別、年齡、國籍、人種、學歷等積極僱用認同「迪思科價值」、希望發揮獨特性、一同實現企業使命的人士。在2013年4月修訂的《高齡者僱用安定法》，修改「返聘制度」，返聘有意繼續工作的員工直到六十五歲。針對不希望返聘的員工，迪思科提供了在就業專門機構的諮詢，並給予特別有薪休假等。針對身障人士，迪思科透過身障人士就業生活支援中心、特別支援學校錄用員工。

二、提供職涯探索專案

職涯探索專案（Career Discovery Program），是針對希望進入迪思科工作的學生，在第一次面試和第二次面試之間實施的迪思科特有的專案。學生可以在公司內自由巡視，對有興趣的部門員工進行個別訪問，自主蒐集資訊。藉此，學生們能夠體會到員工的心聲和公司內的氣氛，這是僅憑網站上的公開資訊或對面試者的印象所無法獲得的。這可幫助學生在進公司時，就對在迪思科的工作形成具體的認識。

三、體能測驗

迪思科對工作人員定期進行體能測驗。測驗項目包括握力（肌肉力量）、坐姿體前彎（柔軟度）、仰臥起坐（肌肉持久力）三項，並針對個人情況提供克服弱點的健康身心計畫，對增進員工的健康提供支援。

四、對能力開發提供支援

迪思科針對能力開發提出基本方針，根據業務內容準備了各種能力開發計畫，設置了可選擇的機會。根據不同層級，幫助員工掌握各層級必備的最低限度知識和能力的課程，以及可根據個人需求或授課主體參與聽講的選擇型教育課程。

個案11-12　迪思科（DISCO）的能力開發概要圖

		初級負責人	中上級負責人	主管	上級主管
各層級、選拔批次		新進員工教育訓練	OJT負責人教育訓練	主管教育訓練	新任管理者教育訓練
		應屆生入職第一年跟進教育訓練	海外調動前的教育訓練		
		轉職人員的導入教育訓練		考核者訓練	
各主題	迪思科傳統主題	有關迪思科規章和理念的教育訓練			
		有關Kiru、Kezuru、Migaku的教育訓練			
	商務人士共通主題	有關國際禮儀的教育訓練			
		商務基礎技能			
		邏輯類教育訓練			
			專案管理		
		學習引導的教育訓練			
		提高顧客滿意（CS）意識的研討會			
		學習溝通技巧的教育訓練			
		心智訓練			

資料來源：「2013迪斯科企業報告」（DISCO Corporate Report 2013）中文版，頁17。

五、工作與生活平衡

迪思科推動工作與生活的平衡，讓員工能在兼顧工作與生活的同時，充分發揮自身能力。以「創造讓人安心的工作環境，使具備多元價值觀的員工能夠兼顧工作與育兒」爲理想，引進了育兒支持制度（待產休假、子女三歲前的育兒休假、子女小學畢業前的縮短工時制度、看護休假制度、公司托兒所的設置等）。對希望有小孩卻未能如願的員工，引進不孕治療費用的制度，每年補助兩次，每次最多補貼十萬日圓。

六、企業倫理

迪思科制訂的「倫理規程」中，明文規定了倫理上「不可爲之事」，附上相關解說一同發給公司全體員工，並規定員工有義務在迪思科的業務活動和日常言行中遵守該規程，同時，還設立了諮詢、檢舉窗口，爲員工在日常業務中遇到倫理道德疑問時提供幫助（摘錄自2013迪思科企業報告中文版）。

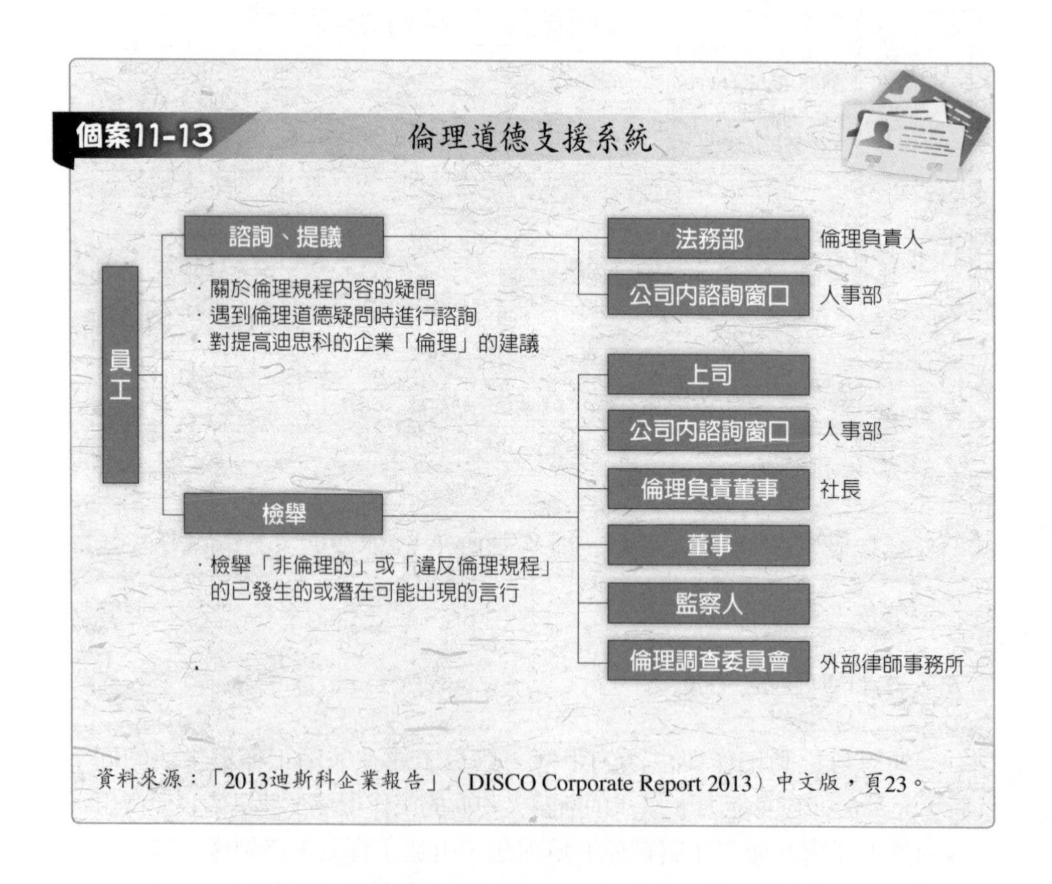

資料來源：「2013迪斯科企業報告」（DISCO Corporate Report 2013）中文版，頁23。

結　語

千軍易得，一將難求。招聘是公司的一扇門，必須打開大門，讓有才識之人才進來。傑克・威爾許說：「讓合適的人做合適的事，遠比開發一項新戰略更重要。這一宗旨適合於任何企業。」因而，上述這些知名企業公諸於世的徵才、選才、用才與留才的新見解、新方法、新思慮的典範事例，值得企業界按圖索驥，檢視目前在招聘管理過程中的盲點，引爲借鏡，藉此獲得撥雲見日的新氣象。

詞彙表

成就測驗（achievement test）

成就測驗係對應徵者在特殊領域所具備知識及能力水準的測驗，亦即衡量應徵者在學習上的知識及能力，例如：舉辦中文打字測驗、英文打字測驗等。

性向測驗（Aptitude Test, AT）

性向測驗乃針對人類的能力和潛能與工作能力和工作績效的相關聯因素的測驗，又稱爲適性測驗。

小組面試（board/ panel interviews）

一種以兩個以上的人來面試一個應徵者的面試方法，又稱爲團體面試。

人才長（chief talent officer）

由於人才管理從後勤作業轉變爲企業提升競爭力的重要策略之一，因此，許多科技企業紛紛尋求具備總經理資歷，能夠以商業思維規劃人資策略的高階經理人出任人才長。

職能模組（competency model）

職能模組是指構成每一項工作所須具備的職能，而知識、技能、行爲以及個人特質則潛在於每一項職能中。職能模式可以運用在人力資源管理中的招募遴選、人力配置、教育訓練、能力開發、績效考核等領域。

一致性效度（concurrent validity）

它乃透過指定一種標準預測因子，將此因子實施於組織現有員工，並將其結果與員工之績效做相關分析。例如：一家公司針對現有員工實施工作相關測驗，並把測驗成績與員工的當年績效做一相關分析。

內容效度（content validity）

它是指所欲塡補空缺的職位的實際工作和所須技能的適當取樣之謂。

核心職能（core competency）

它指成功扮演某一職位或工作角色所須具備的才能、知識、技術、判斷、態度、價值觀和人格。

企業社會責任（corporate social responsibility）

它是指企業在創造利潤，對股東利益負責的同時，還要承擔對員工、社會和環境的社會責任，包括：遵守商業道德、生產安全、職業健康、保護勞動者的合法權益、節約能源等。

德爾菲法（Delphi technique）

德爾菲法是一種預測判斷法，它利用專門委員會對未來的需求做出初步的獨立估計，然後由委員先自行評估，再將自己的預測與其他委員分享、溝通，最後再修正預測結果，直到所有委員達成共識爲止。

歧視（discrimination）

歧視係指使用不當的測驗來決定人事上的僱用、升遷、調職。

解僱（dismissal）

企業在非員工意願而解除其工作的行爲。

情緒智商（Emotional Intelligence, EQ）

情緒智商是態度、價值觀等性格特質的指標，可以反應出一個人的主動性、自制力、理性程度以及人際關係等特質。相對於智商（IQ）是天生的不容易改變，而情緒智商具有比較大的可塑性，但由於情緒智商的判定無法像智商測試一般，有工具可以輔助，情緒智商往往必須藉由觀察言談、舉止應對進退，及面對事件的反應態度，才能發覺應徵者的特質，而這種功力，就需要靠面試者的經驗與火候了。

員工租賃（employee leasing）

員工租賃是雇主終止僱用一些員工，然後這些員工由第三者（專業雇主組織，Professional Employer Organizations, PEOs）僱用之後，原雇主再租賃這些員工回到原先組織工作的一種程序。這些租賃公司負責執行雇主所有的人

力資源責任，包括：僱用、薪資、績效評估、福利管理，以及其他每日的人力資源活動。

外部招聘（external job posting）

外部招聘一般都是用在比較低基層的員工，因爲基層員工通常流動率比較高，採用外招的方式比較容易擴展招募的來源，也可以讓公司成員有新陳代謝的機會。

G

筆跡分析（graphology analysis）

以一個受過訓練的分析師去檢查一個人的筆跡，從而評估這個人的人格、情緒問題及誠實。由於人格特質與工作績效的關係也不易衡量，故許多筆跡學專家建議，此種分析只能作爲輔助性的工具使用。

團體面試（group interview）

一種同時詢問多個應徵者的面試方法。

H

獵人頭公司（head hunter）

獵人頭公司是指幫助企業搜尋高級主管職位的代理人或代理商。獵人頭的佣金通常是被獵主管第一年薪資（年薪）的某個比例，由委託企業主支付。

人力資本（human capital）

人力資本分三大構成要素：員工人數、員工品質、工作團隊的效能。

人力資源管理（Human Resource Management, HRM）

人力資源管理是指組織內所有人力資源的取得、運用及維護等一切管理的過程和活動。

人力資源規劃（human resource planning）

人力資源規劃是指爲實現企業的各種目標，而對人力資源的需求和滿足該需求的可能性進行分析和確定的過程。

人力資源策略（human resource strategy）

人力資源策略的功能在界定一家企業爲達成目標所需要的人力資源。它處理的問題包括：人力資源的數量、品質、任務編組、外包、能力和動機等等。

I

印象管理（impression management）

印象管理又稱自我呈現（self-presentation），是美國著名的社會心理學家Erving Goffman透過系統的觀察和分析，於1959年提出的理論。目前廣泛地運用於求職面試中。應徵者的印象管理包括語言的呈現和策略性行爲，有助於應徵者在短期內樹立良好的形象。

興趣測驗（interest test）

興趣測驗是指一種試圖在特定工作中對某一個人的興趣與成功者的興趣之比較情況的測驗。

內部招聘（internal job posting）

企業通常對比較高階的職務優先從公司內部找人，找不到適當的人選時才對外招聘。

面試（interview）

面試是指使組織和應徵者面對面接觸，對應徵者進一步瞭解，並察覺測驗在書面資料中所無法發覺的特性，諸如：熱忱、經歷、反應等等，而組織採用面試的方法有很多種，一般視職缺的職等與所選定的就業市場人力來源管道，才能決定出最適合的面試方式。

求才廣告（job advertising）

它是用在報紙、商業及專業刊物、收音機、電視及網路上刊登徵求人才的廣告方法。

工作分析（job analysis）

工作分析是指一種蒐集和分析有關各種職務的工作內容和對人的各種要求，以及履行工作的背景環境等信息資料的系統方法。

工作深度（job depth）

工作深度是指工作者計畫和組織其工作，以自己的步調工作和依自己的期望自由地移動與溝通而言。

職位說明書（job description）

工作分析後的產品之一，其內容包括：工作的職責、報告從屬關係、工作條件，以及監督範圍等。

工作設計（job design）

它是將任務、職責、責任組合成一完整工作的方法，包括：工作性質、工作間互動及組織內外關係。

職缺公布（job posting）

企業內部徵才最主要的管道是經由公司的布告欄張貼職位出缺的情形，同時指出應徵者所須具備的資格條件，允許組織內任何合於其資格的員工，在一定時間內前往人資單位來登記，並經過甄選程序後調升或調任。

工作廣度（job scope）

工作廣度是指工作者所執行不同任務的數目與種類。

工作分享制（job sharing）

工作分享的觀念是數個部分工時的員工做一個全職（full-time job）員工的工作，以避免企業裁員。

職位規範（job specification）

是工作說明書的延伸，描述完成此項工作者的資格與條件。通常分爲三類（KSA）：知識（knowledge）、技術（skills）與能力（ability）。

勞動力市場（labor market）

勞動力市場係指企業從中吸收員工的外部源泉。

管理評鑑中心（management assessment centers）

它指用於診斷應徵者潛力方面所需的儀器和實驗方法的匯集地。通常它是用來評估管理者或高階主管者的潛力。

動機（motivation）

它係指一個人由內在而引起其行動的願望。

常模（norm）

解釋考選工具分數的依據。

O

組織誘因（organizational inducements）

組織誘因是企業提供該項職缺工作所有正面特點與福利，以吸引求職者報名。最常見的三項組織誘因是：報酬制度、培訓機會與企業聲望。

外包（outsourcing）

外包是將公司的非核心業務外包給其他公司，由它們承攬公司所不擅長的工作。外包使得原本應由企業（要派企業）內員工承擔的工作與責任，轉由承包夥伴（派遣機構）來承擔。因此，企業如何與承包的另一當事人（派遣勞力）建構新的夥伴關係，將影響外包的成敗。

P

績效評估（performance appraisal）

它指的是一套正式的、結構化的制度，用來衡量、評核及影響與員工工作有關的特性、行爲及結果，發現員工的工作成效，瞭解未來是否能有更好的表現，以期員工與組織均能獲益。

績效管理（performance management）

它是指一套有系統的管理過程，用來建立組織與個人對目標以及如何達成該目標之共識，進而採行有效的員工管理，以提升目標達成的可能性。

人格測驗（personality test）

它是一種試圖衡量人格特點的測驗。

心理測驗（psychological test）

它用於在控制環境下（紙筆作業或運用肢體操作物件）人員應完成之項目或作業之標準化組合。它可用來評估能力、興趣、知識、人格與技能。

測謊試驗（polygraph test）

它是一種在受測人回答問題時記錄其身體變化的儀器。此測驗都使用於服務業，其用意是希望降低員工的偷竊率。

職位分析問卷（Position Analysis Questionnaire, PAQ）

它是一種結構嚴密的定量工作分析法。在1972年由美國普渡大學教授所開發的。設計的初衷在於開發一種通用的、以統計分析爲基礎的方法來建立某職位的能力模型，同時運用統計推理，進行職位之間的比較，以確定相對報酬。它包括一百九十四個項目，其中一百八十七項用來分析完成工作過程中

員工活動的特徵，另外七項涉及薪酬問題。它所需的時間成本很大且非常繁瑣。

預測性效度（predictive validity）

它乃透過指定一種標準預測因子，將此因子施行在應徵者身上，但僱用時並不考慮此因子，而是日後再將此因子提出與其工作成功標準進行相關分析，以決定此因子能否預測員工的成功（績效）。

升遷（promotion）

它係指將員工職位變更而派任至職等較高、薪資較高、職稱較高的職位而言。

離職（quit）

員工主動地請求終止僱傭關係，亦即員工在某一企業組織中工作一段時間後，個人經過一番考慮，否定了原有職務，結果不僅辭去工作及其職務所賦予的利益，而且與原企業組織完全脫離關係。

實際工作預覽（Realistic Job Previews, RJP）

它乃是一種爲工作申請人提供正反兩面完整資訊的過程。

招聘（recruitment）

企業在面臨人力需求時，透過不同媒介，以吸引具有工作能力又有興趣的人前來求職，以尋覓合格求職者的過程。

迴歸分析（regression analysis）

它是使用在人力資源規劃的一種統計工具，用來確定企業未來某一時刻所需要的員額。

信度（reliability）

它係決定個別考選工具的測量結果是否具考選決策的參考價值，亦即指一個人重複接受相同或類似的測驗之所有得分之間的一致程度（衡量結果的一致性與穩定性），不會因爲衡量時間或判斷者的不同而有所差異。

S

甄選（selection）

它爲某項工作決定「僱用」或「不僱用」求職者的過程。

情境式面談（situational interview）

它是在面談時給予應徵者一種假設情境，然後要求應徵者發表對此特殊事件的處理方法。

管控幅度（span of control）

它係指一位經理人手下直接管制的人數。對於這個理想的人數，衆說紛紜，端視組織架構的需要而定，一般認爲最理想的人數是七至八人。

策略（strategy）

它是達到特定目標所訂定的一般原則。此字源由希臘文的「兵法」演繹而來，到現在還有軍事涵義「策劃」並遂行戰爭的藝術。

壓力面試（stress interview）

一種將應徵者置於壓力之下，從而確定他是否非常情緒化的面試方法。

結構式面談（structured interview）

一種根據工作分析爲基礎的預設大綱來引導的面試。

T

能力（talent）

一種可辨識的能力，可以爲現在或未來的活動、訓練或企業組織增值。

U

自我推薦（unsolicited）

自我推薦通常又稱爲walk in，是指應徵者主動來到公司，與人力資源管理單位的招募人員直接接觸，以尋求工作的機會。

非結構式面談（unstructured interview）

一種不以預設的問題清單而採用自由回答的問話方式來引導的面試。

效度（validity）

效度決定哪些測量結果（對知識、技術或能力的衡量程度）所得的資訊能作為決策參考，應用在甄選的背景裡，效度則是指測驗分數或面談評比相對於實際工作績效的程度。例如：一位文書處理員的工作成功標準，可用應徵者的打字速度來預測。

效度係數（validity coefficient）

在驗證一項測驗的過程中所使用到的相關係數。

工作樣本（work sample）

工作樣本基本上是一種工作內容的模擬，例如：組裝馬達。它常用於秘書和文書工作的職位，因為電腦操作可以用客觀的方法評估。實際的工作樣本要視應徵的工作職務而定，例如：應徵業務員時，可能要求模擬拜訪一位潛在客戶。

參考書目

2013迪思科企業報告中文版（DISCO CORPORATE REPORT 2013），頁2、17、18、19、23。

Bernard Girard著，吳浩、李娜譯（2013）。《科技精英最想任職的公司：Google如何思考？怎樣運作？》。台北：上奇資訊公司。

Daniel Goleman著，李田樹譯（1999）。〈EQ——好領導人的條件〉。《EMBA世界經理文摘》，第149期（1999/01），頁38。

David Walker著，江麗美譯（2001）。《有效求才》。台北：智庫文化。

EMBA世界經理文摘編輯部（1998）。〈管理集短篇：面談新人要注意什麼？〉。《EMBA世界經理文摘》，第143期（1998/07），頁17。

EMBA世界經理文摘編輯部（1998）。〈擁抱銀髮上班族〉。《EMBA世界經理文摘》，第139期（1998/03），頁126-127。

EMBA世界經理文摘編輯部（1999）。〈積極上網搶人才〉。《EMBA世界經理文摘》，第156期（1999/08），頁16。

EMBA世界經理文摘編輯部（2002）。〈小心落入僱用的陷阱〉。《EMBA世界經理文摘》，第162期（2002/02），頁89、91-92。

EMBA世界經理文摘編輯部（2006）。〈如何僱用熱情的員工？〉。《EMBA世界經理文摘》，第235期（2006/03），頁126。

G. Bohlander、S. Snell著（2005）。《人力資源管理》。台北：新加坡商湯姆生亞洲私人有限公司台灣分公司。

Gary Dessler著，李茂興譯（1992）。《人事管理》。台北：曉園。

H. T. Graham、R. Bennett著，創意力編輯組譯（1995）。《人力資源管理（二）》。台北：創意力文化。

J. H. McQuaig、P. L. McQuaig、D. H. McQuaig著，編輯部譯（1995）。《面試與選才》。台北：授學出版社。

James P. Lewis著，劉孟華譯（2004）。《專案管理聖經》（*Mastering Project Management*）。台北：臉譜。

Jay Elliot、William L. Simon著，陳信宏譯（2011）。《賈伯斯憑什麼領導世

界：我在蘋果的近身觀察與體悟》。台北：先覺。

Julie Bick著，葉康雄譯（1997）。《微軟成功啓示錄》。台北：圓智文化。

K. L. Freiberg、J. A. Freiberg著，董更生譯（1999）。《西南航空：讓員工熱愛公司的瘋狂處方》。台北：智庫文化。

Katlina Green著，葛翎譯（2006）。《把蠢才變人才：CEO必須知道的「理才」戰略》。台北：前景文化。

L. R. Gomez-Mejia、D. B. Balkin、R. L. Cardy著，胡瑋珊譯（2005）。《人力資源管理》。台北：台灣培生教育。

Lawrence S. Kleiman著，孫非等譯（2000）。《人力資源管理——獲取競爭優勢的工具》（*Human Resource Management- A Tool for Competitive Advantage*）。北京：機械工業出版社。

Michael Bergdahl著，郝麗珍譯（2005）。《沃爾瑪：沃爾瑪經營的七大定律》。台北：梅霖文化。

Nick Schreiber（2006）。〈領導風格之想法〉（Leadership Thoughts），《統一月刊》，第322期（2006/05），頁24-25。

Peter F. Drucker著，Joseph A. Maciariello編，胡瑋珊、張元嘉、張玉文譯（2005）。《每日遇見杜拉克》。台北：天下文化。

R. A. Noe、J. R. Hollenbeck、B. Gerhard、P. M. Wright著，王精文編譯（2012）。《人力資源管理》。台北：美商麥格羅．希爾。

R. D. Gatewood、H. S. Feild著，薛在興、張林、崔秀明譯（2005）。《人力資源甄選》（*Human Resource Selection*）。北京：清華大學出版社。

R. L. Mathis、J. H. Jackson著，李小平譯（2000）。《人力資源管理培訓教程》（*Human Resource Management: Essential Perspectives*）。北京：機械工業出版社。

R. W. Mondy、R. M. Noe著，莊立民、陳永承譯（2005）。《人力資源管理》。台北：台灣培生教育。

Richard Luecke編著，賴俊達譯（2005）。《掌握最佳人力資源》。台北：天下文化。

Robert Half著，余國芳譯（1987）。《人才僱用決策》。台北：遠流出版公司。

Stephen P. Robbins著，李炳林、林思伶譯（2004）。《管理人的箴言》。台北：台灣培生教育。

Vikram Bhalla等，廖建容譯（2012）。〈組織設計的四項原則〉，《EMBA世界經理文摘》，第309期（2012/05），頁62、64。

中華英才網，〈讓你一次看個夠——知名企業招聘案例集錦〉，http://www.chinahr.com/news/news.asp?newid=200409160027&channelid=au02。

方正儀（2004）。〈聘僱合約書該寫些什麼？〉。《管理雜誌》，第361期（2004/07），頁118-119。

王秉鈞（2005）。〈人力資源管理〉。《經理人月刊》（*Manager Today*），第10期（2005/09），頁143。

王福明（2003）。〈內部提拔：精挑細選的藝術〉。《企業研究》，總第220期，2003年5月下半月刊。

王麗娟（2006）。《員工招聘與配置》。上海：復旦大學出版社。

王繼承（2001）。《人事測評技術：建立人力資產採購的質檢體系》。廣州：廣東經濟出版社。

田浴（2004）。〈觀相識人求特殊人才〉。《人力資源》，總第194期（2004/10），頁24。

石才員（2012）。〈做好人力資源規劃的關鍵環節〉。《人力資源開發與管理》。北京：中博思達管理諮詢有限公司。

石銳（2004）。〈企業人才資本的保母〉。《能力雜誌》，總第584期（2004/10），頁111。

任天文（2000）。《我國營建業人力規劃與管理之實證研究》。高雄：國立中山大學人力資源管理研究所論文。

后東升（2006）。《36家跨國公司的人才戰略》。北京：中國水利水電出版社。

朱侃如（2006）。〈中小企業如何留住優秀人才〉。《EMBA世界經理文摘》，第237期（2006/05），頁136-137。

行政院勞工委員會職業訓練局（主辦單位），工業技術研究院產業學院（執行單位）（2013/03）。職能分析方法簡介。iCAP職能發展應用平台，http://icap.evta.gov.tw/download/職能分析方法簡介.pdf。

何輝、胡迪（2005）。〈應對「倖存者綜合症」〉。《人力資源》，總第214期（2005/11），頁7。

余琛（2005）。〈背景調查：是不能忘記的〉。《人力資源》，總第216期（2005/12），頁50。

吳怡銘（2005）。〈台灣百事：攬才因地制宜　薈萃南北菁英〉。《能力雜誌》，第591期（2005/05），頁36-37。

吳美蓮、林俊毅（2002）。《人力資源管理：理論與實務》。台北：智勝文化。

吳偉文、李右婷（2003）。《Competency導向人力資源管理》。台北：普林斯頓國際。

吳偉文、李右婷（2006）。《人力資源管理：讀解職能密碼》。台北：普林斯頓國際。

吳惠娥（2005）。《大陸派外人員甄選策略之研究：以連鎖視聽娛樂業為例》。高雄：國立中山大學人力資源管理研究所碩士論文。

呂玉娟（2005）。〈讓優秀人才留下來〉。《能力雜誌》，總第591期（2005/05），頁12。

呂建華（2005）。〈理智待人：育人用人上的心理效應〉。《人力資源》，總第216期（2005/12），頁75。

宋秉忠、林宜諄（2004）。〈讓諸葛亮不再遺憾：CEO如何用對人〉。《遠見雜誌》，第216期（2004/06），頁204。

李正綱、黃金印（2001）。《人力資源管理：新世紀的觀點》。台北：前程企管。

李佳礫（2006）。〈工作分析向何處去？〉。《人力資源》，總第230期（2006/06），頁9。

李長貴（2000）。《人力資源管理：組織的生產力與競爭力》。台北：華泰文化。

李家雄（1998）。《企業相人術》。台北：卓越文化。

李晨寔（2004）。〈台灣飛利浦：創新、協調的A級人才策略〉。《能力雜誌》，第577期（2004/03），頁62。

李瑞華（2006）。〈打造組織　老闆員工一起來〉。《大師輕鬆讀》，第187

期（2006/07/20），頁65。
李誠、周慧如（2006）。《趨勢科技：企業國際化的典範》。台北：天下文化。
李運亭、陳雲兒（2006）。〈工作分析：人力資源管理的基石〉。《人力資源》，總第220期（2006/01），頁41、42-44。
李漢雄（2000）。《人力資源策略管理》。新北市：揚智文化。
李學澄、苗德荃（2005）。〈三個關鍵要點：徵聘與留才為何不再奏效？〉。《管理雜誌》，第374期（2005/08），頁60、84。
李學澄、苗德荃（2005）。〈勞動力結構改變：2008人才在哪裡？〉。《管理雜誌》，第373期（2005/07），頁47。
岳鵬（2003）。〈以人力資源規劃為綱〉。《企業研究》，總第220期（2003/05），頁30。
林文政（2006）。〈留住組織中20%的頂尖菁英：職能與人才管理〉。《人力資本》，第2期（2006/05），頁8-9。
郃啓揚、張衛峰（2003）。《人力資源管理教程》。北京：社會科學文獻出版社。
侯箴（2006）。〈印象管理與求職面試〉。《人力資源》（2006/11），頁50-51。
姚若松、苗群鷹（2003）。《工作崗位分析》。北京：中國紡織出版社。
施義輝（2006）。〈運用結構性面談：發覺冰山下的人才〉。《管理雜誌》，第381期（2006/03），頁113。
胡幼偉（1998）。《媒體徵才：新聞機構甄募記者的理念與實務》。台北：正中書局。
胡宗鳳（2006）。〈徵人廣告限性別 高縣開罰〉。《聯合報》（2006/09/02），A12版。
胡麗紅（2006）。〈戰略導向的人力資源規劃〉。《人力資源》，總第221期（2006/02），頁43。
英國雅特楊資深管理顧問師群（1989）。《管理者手冊》（*The Manager Handbook*）。台北：中華企管中心。
孫寶義（1993）。《讀三國識人才》。台北：方智出版社。

徐峰志譯（2006）。〈搶人才！人才市場趨勢〉。《大師輕鬆讀》，第178期（2006/05/18），頁15。

徐增圓、李俊明、游紫華（2001）。《企業人力資源作業手冊：選才》。台北：行政院勞工委員會職業訓練局。

高占龍（2006）。《節儉管理》。新北：百善書房。

高添財（1998）。〈識人九招〉。載於楊國華策劃，張怡榆主編，《新人力經營》。台北：工商時報。

常昭鳴（2005）。《PHR人資基礎工程：創新與變革時代的職位說明書與職位評價》。台北：博頡策略顧問公司。

張一弛（1999）。《人力資源管理教程》。北京：北京大學出版社。

張玲娟（2004）。〈人才管理——企業基業常青的基石〉。《能力雜誌》，第581期（2004/07），頁62。

張凱娜（1997）。〈競業禁止與營業秘密之保護〉。《月旦法學雜誌》，第20期（1997/01），頁71-74。

張靜（no date），〈我國營業秘密法之介紹〉，http://old.moeaipo.gov.tw/sub2/sub2-4-1a.htm（visited2002/09/11）

符益群、凌文輇（2004）。〈結構化面試題庫是如何獲得的？〉。《人力資源》，總第186期（2004/02），頁70。

莊芬玲（2000）。《89年度企業人力資源作業實務研討會實錄（初階）——企業實例發表：選才篇》。台北：行政院勞工委員會職業訓練局。

莊敏瀅（2004）。《以核心職能為本之線上甄選系統之發展：以某汽車製造公司為例》。中壢：國立中央大學人力資源管理研究所碩士論文。

許書揚（1998）。《你可以更搶手：23位人事主管教你求職高招：透過心理測驗瞭解自我》。台北：奧林文化。

許韶芹（2006）。〈Google選才首重人格〉。《聯合報》（2006/12/22），B2版。

許韶芹、陳宛茜（2006）。〈李開復：Google員工誠信比學歷重要〉。《聯合報》（2006/12/22），B1版。

陳正芬譯（2006）。〈反向思考　打敗不景氣〉。《大師輕鬆讀》，第176期（2006/05/04），頁27。

陳京民、韓松（2006）。《人力資源規劃》。上海：上海交通大學出版社。

陳珈琦（2004）。《人力資源管理活動對管理職能發展之影響——以銀行業為例》。中壢：國立中央大學人力資源管理研究所碩士論文。

陳家慶（2004）。《管理與專業職能模式之建立：以C公司行政部門為例》。中壢：國立中央大學人力資源管理研究所碩士論文。

陳海鳴、萬同軒（1999）。〈中國古代的人員篩選方法：以《古今圖書集成》「觀人部」為例〉。《管理與系統》，第6卷第2期（1999/04），頁191-205。

陳珮馨（2006）。〈網路招募　大玩行銷術〉。《經濟日報》（2006/08/20），管理大師C2版。

陳培光、陳碧芬（2001）。〈華邦的留人政策〉。載於李誠主編，《高科技產業人力資源管理》。台北：天下文化。

陳基瑩（2006）。〈企業的存續由未來的人力資源決定〉。《台灣鞋訊》，第16期（2006/04），頁39-40。

陳萬思（2006）。〈中國企業人力資源經理勝任力模型實證研究〉。《經濟管理》，總第386期（2006/01），頁55。

陳麗容（2005）。《國際培訓總會第33屆印度新德里國際年會報告2004/11/22-11/25）——人才管理：人力資源管理的新挑戰》。台北：中華民國訓練協會編印。

傅亞和（2005）。《工作分析》。上海：復旦大學出版社。

彭若青（2006）。〈對抗人才大地震：僱用完整的人〉。《管理雜誌》，第381期（2006/03），頁117。

曾如瑩（2005）。〈能力重要　契合度更重要：要留人才台積電從選對人做起〉。《商業周刊》，第926期（2005/08/22），頁93。

華英惠（2006）。〈人，公司最大資產〉。《聯合報》（2006/04/19），A13版。

馮震宇（2003）。《企業管理的法律策略及風險》。台北：元照。

黃一峰（1999）。〈管理才能評鑑中心——演進與應用現況〉。載於R. T. Golembiewski、孫本初、江岷欽主編，《公共管理論文精選Ｉ》。台北：元照。

黃一峰、李右婷（2006）。〈高級行政主管遴用制度之探討〉。《考銓季刊》，第45期（2006/01），頁48。

黃海珍（2006），〈世界知名企業的人才標準〉。《中國就業》，總第103期（2006/01），頁49。

黃惠玲（2004）。《人力派遣大革命：派遣公司亂象知多少？》（*The Revolution of Dispatch*）。台北：才庫人力資源事業群。

楊平遠（2000）。《89年度企業人力資源作業實務研討會實錄（初階）——企業實例發表：選才篇》。台北：行政院勞工委員會職業訓練局。

楊永妙（2005）。〈企業的鑽石：人才，別走！〉。《管理雜誌》，第374期（2005/08），頁54。

楊尊恩（2003）。〈職能模式在企業中實施之現況調查〉。《第九屆企業人力資源管理實務專題研究成果發表會論文集》。中壢：國立中央大學人力資源管理研究所主辦。

詹翔霖（2014）。〈發展型教育訓練企業效能up up〉。《能力雜誌》，總號第695期（2014/01），頁48。

賈如靜（2004）。〈問卷調查法：在崗位分析中的規範應用〉。《人力資源》，總第193期（2004/09），頁47。

廖志德（2004）。〈尋找組織的A級人才〉。《能力雜誌》，第577期（2004/03），頁18、19-20。

劉玉新、張建衛（2006）。〈工作分析方法應用方略〉。《人力資源》，總第220期（2006/01），頁47-49。

劉立（2003）。《GE通用電氣》（*The General Electric Story*）。高雄：宏文館圖書公司。

劉季旋（1989）。〈細細選好好用：兩情相悅的企業求才術〉。《現代管理月刊》，第153期（1989/11），頁83。

劉延隆（2000）。《89年度企業人力資源作業實務研討會實錄（初階）——企業實例發表：選才篇》。台北：行政院勞工委員會職業訓練局。

劉淑婷（2013）。〈專訪「世界大型企業研究會」資深副總裁雷佩佳：讓執行長半夜睡不著覺的事〉。《EMBA世界經理文摘》，第321期（2013/05），頁56-57。

劉曉雯（2003）。《主管核心職能模式及評鑑系統之設計：以Z公司為例》。中壢：國立中央大學人力資源管理研究所碩士論文。

劉興昭（2006）。〈更快更準找人才：博世電動工具公司的招聘之道〉。《人力經理人雜誌》（*HR MANAGER*），總第232期（2006/07），頁31。

潘秀菊（2013）。《新北市政府防制就業歧視案例實錄11：從就業服務法修法論勞工隱私權及雇主經營管理權之衡平性》。新北市政府勞工局。

蔡正飛（1988）。《面談藝術》。台北：卓越文化。

蔡維奇（2000）。《人力資源管理的12堂課：招募策略——精挑細選的戰術》。台北：天下文化。

鄭君仲（2006）。〈工作分析，進而設計好工作！〉。《經理人月刊》，第24期（2006/11），頁147。

黎曉珍、左慧（2006）。《英特爾晶片攻略》。新北市：如意文化。

盧韻如（2001）。《網路求職者的特性及需求之研究》。高雄：國立中山大學人力資源管理研究所碩士論文。

諶新民（2005）。《員工招聘成本收益分析》。廣州：廣東經濟出版社。

謝佳宇（2006）。〈創造雙贏的管理藝術：股票＋願景　好人才不請自來〉。《卓越雜誌》，第260期（2006/06），頁100-103。

謝鴻鈞（1996）。《工業社會工作實務：員工協助方案》。台北：桂冠圖書。

藍虹波（2005）。〈妥善管理面試環境〉。《人力資源》，總第216期（2005/12），頁53。

顏長川（2006）。〈職場3Q：現在流行什麼Q？〉。《管理雜誌》，第379期，頁120-122。

顏雅倫（2002）。〈人才跳槽的緊箍咒：談競業禁止條款的合理運用〉。《管理雜誌》，第339期（2002/09），頁28-31。

魏紜鈴（2014）。〈派遣難檔　不如立法好好管〉。《全球中央雜誌》，第64期（2014/04），頁44。

管理叢書 15

招聘管理

作　　者／丁志達
出 版 者／揚智文化事業股份有限公司
發 行 人／葉忠賢
總 編 輯／閻富萍
特約執編／鄭美珠
地　　址／新北市深坑區北深路三段 260 號 8 樓
電　　話／(02)8662-6826
傳　　真／(02)2664-7633
網　　址／http://www.ycrc.com.tw
E-mail／service@ycrc.com.tw
印　　刷／鼎易印刷事業股份有限公司
ISBN／978-986-298-175-7
初版一刷／2015 年 3 月
定　　價／新台幣 500 元

國家圖書館出版品預行編目資料

招聘管理 / 丁志達著. -- 初版. -- 新北市 :
揚智文化, 2015.03
面； 公分. -- (管理叢書 ; 15)

ISBN 978-986-298-175-7（平裝）

1.僱傭管理 2.人力資源管理

494.311 104003408